Karpfen und Nasen

Fischerei und Fischzucht
auf der Basler Landschaft
im Spätmittelalter und in
der Frühen Neuzeit

Marco Geu

Quellen und Forschungen zur Geschichte und
Landeskunde des Kantons Basel-Landschaft, Band 96

Karpfen und Nasen

Fischerei und Fischzucht auf der Basler Landschaft im Spätmittelalter und in der Frühen Neuzeit

Marco Geu

verlag Basel-Landschaft 2015

Dieses Buch erscheint als Band 96 der Reihe Quellen und Forschungen zur Geschichte und Landeskunde des Kantons Basel-Landschaft

Autor
Marco Geu

Lektorat
Dr. Elisabeth Balscheit, Känerkinden

Herstellung
Schwabe AG, Muttenz/Basel

Buchbinderei
Grollimund AG, Reinach

Diese Publikation wurde mit Mitteln
von Swisslos Basel-Landschaft ermöglicht.

ISBN 978-3-85673-289-9

Inhalt

Vorwort

Ein Buch über Fischerei und Fischzucht auf der alten Basler Landschaft zu schreiben erscheint auf den ersten Blick doch eher ungewöhnlich. Als Binnenland verfügt unsere Region heute über keinen besonderen Bezug zum Wasser und somit auch zum Fisch. Einzig die Rheinfischerei ist, vor allem im Zusammenhang mit Umweltkatastrophen sowie der Diskussion über die Umweltverträglichkeit der energetischen Nutzung des Stroms, im letzten Drittel des 20. Jahrhunderts wieder vermehrt in den Fokus der Öffentlichkeit geraten. Hier dürfen insbesondere die Anstrengungen und Erfolge bei der Wiederansiedlung des atlantischen Lachses im Rhein lobend erwähnt werden. Diese bewegten aber vor allem die Stadt am Rhein und nicht so sehr deren ehemaliges Untertanengebiet fern des Stroms. Dass aber auch auf der Basler Landschaft Fischerei und Fischzucht betrieben wurden, ist heute vielfach in Vergessenheit geraten. Dieses Buch unternimmt den Versuch, diesem Vergessen entgegenzuwirken. Insbesondere die Thematik der Binnenfischzucht enthält aber auch eine tiefere Brisanz. In Zeiten von explodierendem Fischkonsum und fast leer gefischten Ozeanen wird die Produktion von Fisch im Binnengebiet in Zukunft wieder an Wichtigkeit gewinnen. Damit die Bevölkerung nachhaltig und preisgünstig mit Fisch versorgt werden kann, sind insbesondere ein geringer Energieaufwand für die Zucht und kurze Vertriebswege von grosser Bedeutung. Beide Faktoren waren schon für unsere Vorfahren im Spätmittelalter ein entscheidendes Argument dafür, in unserer Region erfolgreich Fischzucht zu betreiben. Ihr Wissen kann uns helfen, die Probleme unserer Zeit zu lösen. Dies ist ein Grund mehr, warum wir es nicht vergessen sollten.

An der Entstehung dieses Buches haben viele Menschen Anteil. Ich danke vor allem Prof. Dr. Dorothee Rippmann Tauber, die mich während meiner Masterarbeit an der Universität Zürich, welche diesem Werk zu Grunde liegt, engagiert unterstützt und gefördert hat. Ferner danke ich der Kommission für Quellen und Forschungen Basel-Landschaft für ihren Entschluss, meine Arbeit in ihr Publikationsprogramm aufzunehmen. Mein Dank gilt insbesondere Dr. Martin Furter und Dr. Stephan Schneider für die gute und fruchtbare Zusammenarbeit. Ein herzliches Dankeschön geht ebenfalls an meine kompetente Lektorin Dr. Elisabeth Balscheit. Ferner danke ich allen Mitarbeitenden der Staatsarchive Basel-Stadt und Basel-Landschaft für ihre Beratung und Unterstützung. Ein letzter Dank schliesslich geht an meine ehemaligen Mitstudierenden der Universitäten Basel und Zürich sowie an alle meine Freunde, die mich mit ihren Fragen und Kommentaren immer wieder zum Forschen motiviert haben.

Marco Geu, im Frühjahr 2015

Teil A
Flussfischerei

1. Einleitung

Der Fang und der Verzehr von Fisch gehören zu den ältesten Ernährungsgewohnheiten der Menschheit. Dies gilt auch für die Region Basel. Durch das Fehlen von Seen musste sich die Fischerei in dieser Region allerdings vor allem auf die Fliessgewässer beschränken, worunter der Rhein, die Birs und die Ergolz als die Hauptgewässer zu zählen sind. Aber auch in den kleinen Nebenbächen des mittleren und oberen Baselbiets wurden seit jeher Fische gefangen. Die lokalen Fischgründe waren aber sehr limitiert, weshalb das einheimische Fischangebot die lokale Nachfrage nie zu decken vermochte und deshalb immer Fisch in grossen Mengen aus den Seen des Schweizer Mittellands oder vom Meer her importiert wurde.

Die Fischereirechte der Region waren seit jeher im Besitz von Herrschaftsträgern in Form von Adel und Aristokratie. Auch die demokratischen Gemeinwesen, die mit der Revolution 1798 deren Nachfolge antraten, beanspruchten das Fischregal für sich, weshalb noch heute das Recht auf den Fischfang juristisch dem Staat vorbehalten ist. Dieser verleiht es zwar an Private weiter, aber ein allgemeines Recht der Bürger auf den Fischfang existiert bis heute nicht. In dieser Beziehung handhaben die modernen Staaten die Fischrechte sehr viel restriktiver als die vormodernen Gemeinwesen. Als beispielsweise die eidgenössische Tagsatzung am 16. Mai 1525 die Beschwerdeartikel der Stadt Laufen im Fürstbistum Basel gegen ihren Landesherrn, den Fürstbischof von Basel, verhandelte, stellte sie fest: «*Der Fischenzen halb ist erkannt: es sollen die verbotenen Wasser, die Lehen sind oder sonst von Alter her der Obrigkeit angehört haben, derselben auch ferner zustehen, doch mit der Einschränkung, dass der gemeine Mann für die Nothdurft kranker Leute und das Gelüsten («lust») schwangerer Frauen fischen darf mit einem Netz («Beren»), mit der Hand und der Schnur (Angel), nicht zum Verkauf, und mit Erlaubnis der Obrigkeit, (die nicht versagt werden soll). Es sollen auch weder «Rüschen», «Wartolf*[1]*» noch Angeln, Garne oder Trisel*[2] *gebraucht, und in der Laichzeit gar nicht gefischt werden, bei der bisher darauf gestandenen Busse*». Dabei sollte man aber nur auf dem eigenen Gemeindegebiet fischen.[3] Die Tagsatzung räumte also auch den Untertanen, die rechtlich Leibeigene waren, ein gewisses Selbstversorgungsrecht mit Fisch ein.

Die spätmittelalterlichen und frühneuzeitlichen Obrigkeiten waren darüber hinaus stets darum bemüht, ihre Untertanen mit ausreichend preisgünstigem Fisch zu versorgen, was die zahlreichen überlieferten Fischmarktordnungen deutlich zeigen. Die Verfügungsgewalt über die lokalen Fischgründe blieb jedoch immer in der Hand der Obrigkeit, die den Ertrag daraus, sei es in der Form von Fisch oder als Gelderträge, für sich beanspruchte. Erst mit der Entstehung des liberalen Staats im 19. Jahrhundert wandelte sich die Fischerei vom obrigkeitlichen Privileg zum nach ökonomischen Prinzipien betriebenen Geschäft.

Im folgenden Abschnitt werden vor allem die Fischenzen im mittleren und oberen Baselbiet, im Rhein und in der Birs sowie der Nasenfang in Birs und Ergolz thematisiert. Ausgeklammert bleibt hingegen die Lachsfischerei, welche im Rhein bis ins 20. Jahrhundert einen grossen Stellenwert hatte. Geringere Mengen an Lachsen wurden aber auch in Birs und Ergolz gefangen.

2. Fischenzen

2.1 Mittleres und oberes Baselbiet

Das Fischereirecht, die sogenannte Fischenz oder Fischweide, war auf der Basler Landschaft ein herrschaftliches Privileg und gehörte juristisch den Inhabern der Landgrafschaft im Sisgau. Der Sisgauische Landtag vom 25. März 1367 stellte fest, dass alle Fischenzen und die Rechte zur Nutzung von Fliessgewässern im Sisgau landgräfliche, also landesherrliche Rechte seien.[4] Abgeleitet von landgräflichen Rechten, wurden die Fischenzen entweder an andere Adelige oder an Dorf- resp. Stadtgemeinschaften verliehen. Aufgrund der geringen Präsenz der Herrschaft wurden einige Fischenzen aber auch gewohnheitsrechtlich von Gemeinden oder Privaten genutzt.

Bis ins 16. Jahrhundert war der lokale Adel Besitzer von Fischereirechten auf der späteren Basler Landschaft. Diese Fischenzen gehörten meistens zu einzelnen Dorfherrschaften und waren mit ihnen zusammen im Besitz des Dorfherrn, also des Inhabers von Zwing und Bann. Viele Fischenzen tauchen deshalb in den Lehens- oder Kaufurkunden über einzelne Dörfer auf. Aus diesen Urkunden aber auf die wirkliche Existenz einer Fischenz im fraglichen Dorf oder Bann zu schliessen, welche sich im tatsächlichen Besitz einer Herrschaft befand und von dieser auch ausgebeutet wurde, ist hingegen nicht unbedingt angezeigt. Aufgrund der oft unklaren und unübersichtlichen Rechtsverhältnisse wurden in den Pertinenzformeln der Urkunden meistens alle möglichen Rechte aufgezählt, die theoretisch zum fraglichen Lehens- oder Kaufobjekt gehören konnten. Dies diente als juristische Absicherung, da selbst die aktuellen Inhaber von Grund- und Dorfherrschaften oftmals nicht alle ihre Rechte genau kannten oder ausübten. Die Erwähnung von Fischenzen in Urkunden ist deshalb aus quellenkritischer Sicht mit Vorsicht zu geniessen. Die Möglichkeit und hohe Wahrscheinlichkeit der Existenz dieser Fischenzen ist hingegen natürlich gegeben.

1406 beispielsweise verkauften die Edelknechte Hans und Wernher von Frick das Dorf Zunzgen mit Wasser und Fischenzen für 890 Rheinische Gulden an Heintzman von Eptingen.[5] 1464 verkaufte Ludwig von Eptingen die Dörfer Zunzgen und Ifenthal wiederum mitsamt Weihern und Fischenzen an die Stadt Basel.[6] 1487 verkauften die Eptinger die Dörfer Wild-Eptingen und Ober-Diegten mitsamt Fischenzen an die Stadt Basel.[7] Über die Nutzung dieser Fischenzen durch die neue Eigentümerin ist allerdings nichts bekannt, weshalb es möglich ist, dass diese entweder gar nicht bestanden oder nicht dem Verkäufer gehört hatten. 1467 hingegen verkaufte Werner Truchsess von Rheinfelden das Dorf Böckten mitsamt Fischenz und Weihern, welche er seinerseits als Lehen von Thomas von Falkenstein hielt, für 1690 Rheinische Gulden an die Stadt Basel.[8] Die Fischenz in Böckten wurde dann tatsächlich eine Zeit lang von der Stadt Basel weiterverliehen, denn sie taucht zwischen 1471/1472 und 1486/1487 in den Stadtrechnungen auf. Die fast stereotypen Aufzählungen von Fischenzen in den Kaufurkunden waren also einerseits Formalität, andererseits konnten sie, wie im Falle des Dorfs Böckten, aber auch tatsächliche Zustände abbilden.

Als Quellen zuverlässiger sind die sogenannten Kundschaften, also obrigkeitliche Zeugenbefragungen über Rechtsverhältnisse. Sie dienten zur Feststellung und rechtlichen (sowie schriftlichen) Fixierung von tatsächlichen, gelebten Herrschaftsverhältnissen und haben als Quellen deshalb einen hohen Aussagewert. Auch die Fischenzen waren Gegenstand von Kundschaften. Vor allem die diesbezüglichen Rechtsverhältnisse im anno 1400 von der Stadt Basel erworbenen Waldenburgeramt scheinen sehr unklar gewesen zu sein, denn es liegen dazu verschiedene Kundschaften vor. 1406 wurde in einer Kundschaft über die Rechte des Vogts zu Waldenburg festgestellt, dass dieser auch über die Fischenzen *«von der steynen bruke gelegen zwüschent Liestal und Buobendorff untz in die Wasservallen ob Rigoltzwilr herre sin und die benne besetzen und entsetzen sol und mag (…)»*.[9] 1418 wurde eine Kundschaft über die Zugehörigkeit des hohen Gerichts und der Fischenz im Bann Hölstein eingeholt. Der befragte Clewi Cristan, Geschworener aus Waldenburg, gab an, dass die Fischenz von Hölstein zum Schloss Waldenburg gehöre, so wie man dies bereits beim Übergang der Herrschaft Waldenburg an die Stadt Basel festgestellt habe. Es wurde festgehalten, «*das die hohen gerichte und vischentzen von der steynigen brugg ob Liestal hinuff untz gen Langenbrugg in die Musbach und nebent uff untz uff die Wasservallen und gen Nunningen an den stein gen Waldemburg gehoerent und soellent hoeren und das ouch die herschafft von Froburg und ander herschaffte jewelten dieselben hohen gerichte und vischentzen geminet und genutzet*[10] *habent und anders nieman, es were denne mit derselben herschaffte willen und wissen (…).*[11] Auch die übrigen befragten Gewährspersonen gaben die gleiche Auskunft.[12] Auffallend bei dieser Kundschaft ist die enge Verbindung zwischen hohem Gericht und Fischereirechten, was vermuten lässt, dass es sich bei der Fischenz um ein für die Herrschaft hoch gewichtetes Herrschaftsprivileg handelte.

1422 wurde eine erneute Kundschaft über das Hochgericht und die Fischenz in Hölstein eingeholt. Der Zeuge, Hans Uolrich Bomer, ehemaliger Vogt des Markgrafen von Rötteln in Waldenburg, berichtete: «*Als denn gefragt ist von der vischentzen wegen, spricht er, daz er in dem obgenanten zyte einem knechte genant Martin gesessen ze Lampenberg lihe die vischentzen under Onotzwilr untz hinab als verre der obgenant sin herre der marggraf recht hat, also daz er davon alle wuochen einen dienschvisch geben soelte. Item er gebe ouch demselben knechte alle jor ein viernzal korns, daz er der wasser hueten soelte und wurde im ouch das nye nyemand gewert. So verneme er ouch nit, daz es dem obgenanten Martin ye gewert wurde oder yemant anders recht dartzuo hette, denn allein die herschafft Waldemburg. Er habe ouch gehoert von demselben knechte so er spoeter keme und vische bracht, daz er sprach: ich hab die visch under Hoelnstein gefangen, so hab ich die da gefangen und die da, darumb bin ich lange uszgesin.*»[13] Diese Kundschaft belegt, dass adelige Inhaber von Fischenzen diese schon in vorbaslerischer Zeit an Dritte weiterverliehen. Im Falle des Martin von Lampenberg handelte es sich offenbar um einen «gewöhnlichen» Untertan, der ansonsten kein herrschaftliches Amt ausübte und somit eher nicht zur lokalen Oberschicht gehörte. Der Lohn von einem Viernzel Korn jährlich, den Martin für seine Arbeit mit den Fischenzen erhielt, dürfte sein Einkommen hingegen deutlich verbessert haben, was ihm zu einem höheren Sozialprestige verhelfen konnte.

Nebst den Fischenzen im Besitz von einzelnen Adeligen erscheinen auch einzelne Gemeinden als Inhaber von Fischereirechten. Insbesondere die Stadtgemeinde von Liestal war im Besitz umfassender Fischereirechte in der Umgebung der Stadt, die sie ursprünglich als Lehen ihres Stadtherrn hielt.

1336 belehnte Bischof Johannes von Basel die Grafen Johannes von Frohburg und Siegmund von Thierstein mit der Landgrafschaft im Sisgau. Nebst den Grenzen der Landgrafschaft werden in der Urkunde auch die Fischereirechte des Bischofs um Liestal genannt: *«Ouch haben wir uns und unsern burgern in der selben unser statt die vischentzen in der Ergentzen als der bach zuo Fulistorf darin flusset und des hin die Ergentz uff untz gen der kilchen ze Langsen*[14] *und von der Ergentzen die Frenckinen uff untz an die statt, der man spricht an der steinenbrugg, das ist obwendig dem alten merckt, der enhalb der Frenkinen lit, obwendig unverr.»*[15] Als einzige Stadt im Sisgau verfügte Liestal also über umfassende Fischereirechte, die sich in der Ergolz von Füllinsdorf bis hinauf zur Kirche von Lausen und in der Frenke bis zum Steinenbrüggli erstreckte.

Liestal nutzte oder beanspruchte aber noch weitere Fischweiden. 1397 schlichtete das Basler Domkapitel einen Streit um Abgaben zwischen dem Dorf Füllinsdorf und der Stadt Liestal. Die Füllinsdorfer warfen dabei den Liestalern auch die Missachtung ihrer Fischereirechte vor. *«Item so denn um die vischentze, so da stat in dem pfantbriefe der zuo gehoert hern Henmans seligen von Ramstein erben, die klagent, daz die von Liestal dar in farent und dar inne vischent frevelich uber daz es inen verbotten ist und brechent erberen luten ire wuore, damitte si ire matten wasserent und tuont groszen teglichen schaden daran, da si doch kein reht zuo habend; da vorderent die erben, daz man inen ir smacheit und frevel benemme und ablege, den sy schetzend fur hundert guldin und me und daz die von Liestal hinnant fur nit me in die vischentz komen, die doch nemlich in den pfant briefen versetzt ist.»*[16] Das Gericht entschied zugunsten der Füllinsdorfer: *«Och sprechen wir von der vischentzen wegen, daz die von Liestal nutz soellent zeschaffent han in den vischentzen die da gelegen sint in twingen und bennen der egenanten von Fulistorf.»*[17]

1436 wurde vor dem bischöflichen Offizial eine Kundschaft über die Fischereirechte im Orisbach eingeholt. Als Zeugen erschienen Leute von Liestal und Büren. Es ging um einen Streit zwischen der Stadt Liestal einerseits und dem Abt von Beinwil und den Leuten von Nuglar andererseits, *«von der vischentzen des wassers, so man nempt die Orusz»*.[18] Ruotzscho Zuntziger aus Büren sagte aus, dass die Fischenz im Orisbach seit jeher den Liestalern gehöre, und zwar *«bis an die mulen in der Orusz»*.[19] Die übrigen Zeugen sagten das Gleiche aus.[20] Der Streit mit dem Abt von Beinwil schwelte allerdings wohl weiter. Erst 1509 konnte er beigelegt werden. In der Urkunde wurde damals vereinbart, «*daz dieselb vischenzen inn dem Orisbach von der statt Liestal hinüff biss glych ze ruor an die Orismuly denselben von Liestal und nit wyter zugehoeren unnd dem gotzhuse Benwyler uss guoter fruntlicher unnd umb bittlicher anker willen der statt Soloturn von der Orissmuly hinuff bis an Lupsinger steg hinfur zustendig sin*».[21]

Die herausragende Stellung Liestals als einzige Stadt im Sisgau und in der alten Basler Landschaft schlug sich auch in der Fischerordnung nieder, die der Basler Rat als Nachtrag zum Liestaler Stadtrecht im Jahr 1506 erliess. Sie betraf die Fischer von Liestal, Füllinsdorf und Lausen. Sie wurden verpflichtet, die von ihnen gefangenen Fische in Liestal «*an offenem fischbank*», also öffentlich zu verkaufen «*und nit heimblichen in die wirtshüser*» zu tragen, damit «*der gemeind und mengklichem, so fischen begerend, bescheye und begegne, das billichen sye*».[22] Der Rat erliess ebenfalls Vorschriften über die Art und Weise des Fischfangs in der Ergolz und der Frenke. Die Fische sollten in den Gemeinden verzehrt und nicht verkauft werden. Als Busse bei Übertretung der Fischordnung drohte ein Pfund Geldes.[23] Diese erste Regelung für die Fischer in und um Liestal war einerseits geprägt vom Bestreben der Basler Obrigkeit, auch die Liestaler Bürger mit günstigem Fisch zu versorgen, weshalb auch in Liestal die gefangenen Fische auf den Markt gelangen mussten. Andererseits klang schon damals eine obrigkeitliche Haltung an, welche die Rechte ihrer Untertanen einzuschränken suchte.

Liestals Fischereirechte sowie das Recht zum Fischfang im Allgemeinen waren aber auch Gegenstand von handfesten Konflikten zwischen der Herrschaft und den Untertanen. Im Bauernkrieg von 1525 forderten die Untertanen auch das Recht zum freien Fischfang. Diese Forderung war in der Beschwerdeschrift enthalten, welche die Ausschüsse der Untertanen einer Basler Ratsdelegation am 6. Mai 1525 übergaben.[24] In den weiteren Verhandlungen am 20. Mai in Liestal forderten die Liestaler die Befreiung bestimmter Fischarten vom Importzoll. Dies wurde ihnen vom Rat zugestanden.[25] Mehrheitlich konnte die Obrigkeit allerdings ihre Rechte am Fischfang gegenüber den Untertanen verteidigen.[26] Der Schwerpunkt von deren Forderungen lag bei den Nutzungsrechten und der totalen Freigabe von Jagd, Fischerei, Vogelfang und Holznutzung. Darin waren sich alle Ämter einig. Nur das Amt Liestal beschränkte sich auf die Forderung nach Freigabe des Nasenfangs in der Ergolz. Anders als in anderen Regionen der Schweiz begründeten die Basler Untertanen ihre Forderungen nicht näher, auch nicht biblisch. Nur die Waldenburger sahen in der Abgabe des Fasnachtshuhns eine Abgeltung für das Jagd- und Fischereirecht und dasselbe als Teil der persönlichen Freiheit.[27] Damit anerkannten sie faktisch die Oberhoheit der Obrigkeit über die Wildbänne, sahen aber im Fasnachtshuhn eine Gebühr für das freie Jagen und Fischen der Untertanen. Die Waldenburger waren indes die einzigen, die ihre Forderung begründeten. Die anderen Ämter beliessen es bei einer unbegründeten Forderung.[28]

In den von der Basler Obrigkeit 1525 ausgestellten Freiheitsbriefen wurden die neuen Rechte der Untertanen bestätigt. Interessant ist vor allem der Freiheitsbrief für das Liestaler Amt. Nebst Zollerleichterungen für Importfisch[29] wurden den Liestalern der Nasenfang in der Ergolz übertragen und ihre sonstigen Fischrechte bestätigt.[30] Für die übrigen Ämter wurde festgelegt, dass niemand den freien Fischzug stören durfte und das Fischen zur Laichzeit verboten war. In der Birs wurde allen Untertanen ein Fischereirecht eingeräumt. «Von der Brücke zu Münchenstein bis zur Gipsgrube war den Untertanen in Münchenstein und Muttenz zu ihrem eigenen Gebrauch zu fischen erlaubt», allerdings nur mit bestimmten Fanggeräten, mit Angel und Schnur. Den Vögten war das Fischen für die Obrigkeit jederzeit und überall erlaubt.[31] Die Zugeständnisse der Obrigkeit im Bauernkrieg schmälerten deren Machtbefugnisse nicht merklich, und gerade im Bereich der Fischerei konnte die Obrigkeit ihren Standpunkt durchsetzen. Die geringfügigen Zugeständnisse an die Untertanen wurden mit der erzwungenen Rückgabe der Freiheitsbriefe im Jahr 1532 aber ohnehin hinfällig, so dass sich die kurzzeitig vergrösserte Freiheit der Untertanen wieder in Luft auflöste und sich die Herrschaft der Stadt Basel über ihr Territorium immer mehr intensivierte.

Im Licht der immer stärkeren Konzentration der Herrschaft beim Basler Rat ist es zu sehen, dass 1560 die Fischerordnung für Liestal durch einen Ratsbeschluss ergänzt wurde, wonach die Fischer nicht mehr mit Bären fischen oder Bären besitzen durften. Generell wurde Bürgern und Hintersassen zu Stadt und Land das Fischen nur noch einmal wöchentlich erlaubt, bei einem Pfund Strafe.[32] 1654 wurde diese Fischerordnung im Nachgang des Bauernkriegs nochmals erheblich verschärft. Es wurde festgelegt, «*dass die Ergoltz von oben, soweit Liechstaler Bahn gegen Itingen und Bubendorf geht, biss zur Reinlins Mühlin, dessgleichen die Frenckhen, soweit der Liechstalern Gerechtigkeit sich erstreckht, sowohl als Orisbach verbanndt und darinnen ohne des Schultheissen Erlaubnus zu fischen Tags bei 5 Pfund und Nachts bei 10 Pfund allen gleichen verbotten sein solle, von Reinlins Mühlin aber biss an den Rhein soll mit Bären und Anglen bescheidenlich zu fischen erlaubt, die Wartolf aber und Reuschen, dessleichen die Abkehrungen,*[33] *Gertneze, Nachtangel,*[34] *Hürst*[35] *ausszuhawen auch zu Herbstzeit Stigen und Gruben zu versetzen bei Straf 5 Pfund ebenmässig verbotten sein».*[36] Die starke Einschränkung von Rechten Liestals nach dem Bauernkrieg von 1653 traf also auch die Fischerei, so dass die Fischenzen faktisch an den Schultheissen übergingen, welcher nach dem Bauernkrieg Basler Bürger sein musste. Das zuvor von den Liestalern selbst verwaltete Fischrecht fiel so in die Hände des Basler Rats, der seine Herrschaft über die Landstadt so merklich intensivieren konnte.

Der Ort des Fischverkaufs in Liestal war mit hoher Wahrscheinlichkeit der «Fischmarkt», die noch heute so benannte westliche der drei Altstadtgassen. Ähnlich wie auf dem Basler Fischmarkt war hier vor allem genügend Frischwasser vorhanden, um die Fische bis zum Verkauf frisch zu halten. Dieses konnte jederzeit aus dem vom Wasserturm her durch den Fischmarkt zur Stadtmühle fliessenden Kanal entnommen werden.[37] Über die Organisation des Liestaler Fischmarkts ist ansonsten praktisch nichts bekannt. Wahrscheinlich lag er in der Zuständigkeit von Schult-

Abbildung 1: Zusammenfluss von Ergolz und Violenbach unterhalb der Brücke von Augst. Rechts das ehemalige Lehenwirtshaus. Dieser Ort war beliebt für den Nasenfang. Stich von Emanuel Büchel.

heiss und Stadtgemeinde, die seit der Stadtgründung ein Marktrecht hielten. Die Tatsache, dass der Basler Rat hingegen eine eigene Fischerordnung für Liestal erliess, deutet auf einen eher geringen Regulierungsgrad von Seiten der Stadtbehörden hin. Hinweise auf eine zünftische Vereinigung von Liestaler Fischern fehlen ebenfalls. Der Liestaler Fischmarkt bedürfte deshalb einer eingehenderen Untersuchung, die ich an dieser Stelle nicht vornehmen kann.

Bis heute bewahrt hat sich die Stadt Liestal die Fischenz in der Ergolz zwischen Liestal und der Mündung in den Rhein. Diese war aber lange Zeit umstritten, und immer wieder kam es deshalb zu Streitigkeiten zwischen Liestalern, Augstern und Prattelern. Bereits 1455 war ein erster Schiedsspruch ergangen, in dem den Liestalern gegen die Augster die Fischenz bis in den Rhein zugesprochen wurde.[38]

1479 liess der Basler Rat von Notar Johannes Salczmann aus Massmünster erneut eine Kundschaft über die Wildbänne, also Jagd und Fischerei im Bann von Pratteln aufnehmen. Dabei kam heraus, dass diese in die Herrschaft Farnsburg gehörten und dass die Fischenz in der Ergolz seit jeher ins Liestaler Amt gehöre und die Leute von Liestal und Füllinsdorf seit jeher in der Ergolz fischen würden.[39] 1480 wurde über die gleiche Kundschaft eine weitere Urkunde angefertigt. Der Zeuge Hanns Marstaller bestätigte primär die Zugehörigkeit Prattelns zur Landgrafschaft Sisgau. Zur Fischenz in der Ergolz wusste er folgende Anekdote: «*Aber der vischentz inn der Ergetz halb seit dieser gezug, dz uff das mal, als er, sin bruoder und Cunrat Schriber selig inn der muly zuo Ougst ubernacht warent (...) sehen sy einen berren an der want hangen und retden, wir wellen den berren nemmen und inn der Ergentz vischen, das hoert der genant muller und sprach: ir sollen mir minen berren nit nemmen und domit inn der Ergitz fischen, dann kaemen die von Liechstal und sehen uch da fischen, so nemmen sy uch den berren, domit kem ich umb minen berren, dann der bach – und meint die Ergitz – ist der von Liechstall, von Liechstall ab bisz inn den Rin, und ich getar ouch darinn nit fischen, sunder bruch den berren, so der Rin trueb ist, so gang ich mit streifen etc.*»[40] Der Konflikt um die Fischenz in der Ergolz schwelte aber offensichtlich weiter, denn erst 1601 entschied der Basler Rat definitiv zugunsten der Liestaler. Bruckner schreibt dazu: «*Unter den Einwohnern von Liechstall und Brattelen, wegen der Bannscheide und dem Recht zu fischen in der Ergolz, ein Streit entstanden, ward solcher den 15. Augustmonats 1601 von dem Raht zu Basel, nach Inhalt der alten Urkunden, dahin entschieden, dass der Bratteler Bann nur bis an die*

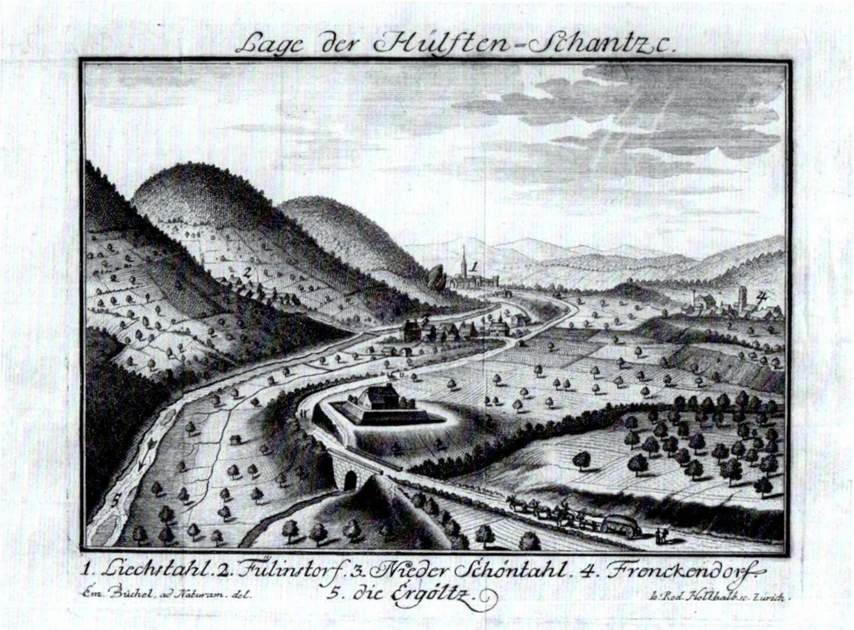

Abbildung 2: Fischweide der Stadt Liestal am Unterlauf der Ergolz. Stich von Emanuel Büchel.

Ergolz gehe, und die Liechstaler in der Ergolz und auch in dem Rhein, so weit als ein Reisiger mit seinem Pferde in den Rhein reiten, und mit seinem Spiesse darein langen möge, zu fischen, das Recht haben sollen.»[41] Auch diese Fischenz fiel nach dem Bauernkrieg den Vergeltungsmassnahmen des Basler Rats zum Opfer. Bruckner schreibt Mitte des 18. Jahrhunderts: «*Dises Flüsslein, wie alle andere des Liestalerammts, werden von dem Schuldheiss, so Bürger von Basel ist, verbannet und gefischet. Doch ist den Gemeinden Liestal und Fülistorf gestattet, von dem Drahtziehersteg bis in Rhein bescheidenlich sich etliche Fische zu fangen*».[42] Das Recht der Liestaler, in diesem Ergolzabschnitt zu fischen, hat sich bis heute erhalten. Ein Teil desselben, von der Mündung bis hinauf zur Hülftenpritsche, erhielt daher den Namen «Burgerbach».[43] Seit der Revolution 1798 ist diese Fischenz im Besitz der Bürgergemeinde Liestal als Rechtsnachfolgerin der ehemaligen Stadtgemeinde.

1798 wurden noch weitere alte Regelungen aufgehoben. Die Gemeinde Sissach musste beispielsweise von nun an für ihre Fischpacht in der Ergolz dem Untervogt, der sie zugunsten der Obrigkeit verpachtete, den jährlichen Zins von 2 lb 10 ß nicht mehr entrichten.[44] Ebenso wurde der sogenannte Fisch- oder Bachhaber abgeschafft, eine Naturalabgabe, die bestimmte Gemeinden zur Nutzung des obrigkeitlichen Fischrechts entrichteten.[45] Über diese verschiedenen Fischrechte in den einzelnen Gemeinden haben sich allerdings kaum Quellen erhalten, so dass keine zuverlässigen Aussagen darüber möglich sind.

2.2 Rhein

Die Fischerei im Rhein betraf das Gebiet der Basler Landschaft nur geringfügig, da sie nur auf einer verhältnismässig kleinen Strecke, nämlich zwischen dem Birsfeld und der Ergolzmündung in Augst an den Rhein grenzte. Birs, Rhein und Ergolz waren in diesem Bereich zugleich die nördliche Grenze der Landgrafschaft Sisgau. 1336 verlieh der Bischof von Basel diese Landgrafschaft den Grafen Johannes von Frohburg und Sigmund von Thierstein und 1510 der Stadt Basel. In den jeweiligen ausführlichen Urkunden wird deren Gebiet genau bezeichnet. Die Grenze des Sisgaus verlief gemäss diesen Urkunden von dort, wo *«die Byrsz inn den Rin flueszt den Rin uf, als verre einer uf einem rosz inn den Rin geritenn unnd mit einem Basel spere inn den Rin reichen mag unnd den Rin uf inn die Ergentz uf bisz inn die Vyelinenn*[46] *(…)»*.[47] Der Sisgauische Landtag vom 25. März 1367 stellte fest, dass alle Fischenzen und die Rechte zur Nutzung von Fliessgewässern im Sisgau landgräfliche, also landesherrliche Rechte seien.[48] Entsprechend fielen auch die Fischereirechte im Rhein grundsätzlich dem jeweiligen Inhaber der Landgrafschaft zu.

Trotz der juristischen Zugehörigkeit eines Teils des Rheins zum Sisgau und somit zum Basler Territorium waren die Basler auf diesem Rheinabschnitt wenig präsent. Das traditionelle Fanggebiet der Basler Fischer lag vom Stadtbann rheinabwärts bis nach Rheinweiler. Rheinaufwärts waren die Basler Fischer praktisch nicht anzutreffen, auch wenn sich ihre Fischereirechte im Rhein theoretisch bis zur Ergolzmündung in Augst erstreckten. Seit dem 16. Jahrhundert waren auf dem Abschnitt zwischen Stadtbann und Augst nur noch die sogenannten Rheingenossen fischereiberechtigt, respektive die Basler Fischer nahmen ihre Rechte in diesem Rheinabschnitt nicht mehr wahr.[49] Die Rheingenossen ihrerseits fischten nicht mehr im Basler Stadtbann. Trotz dieser Überschneidung der Fischenzen scheint es über die Jahrhunderte nur zu wenigen Streitigkeiten gekommen zu sein, weshalb es sich wahrscheinlich um eine «stillschweigende Vereinbarung» handelte.[50]

Die Rheingenossen waren bis zum Jahr 1879 eine Korporation von Fischern und Weidgenossen am Rhein mit einem umfassenden Fischereirecht, welches sich nominell von der Brücke von Säckingen bis zur Kapelle von Kleinhüningen erstreckte.[51] Trotzdem bestanden auf diesem Rheinabschnitt noch unzählige private Fischenzen, welche zwar juristisch eigenständig, aber praktisch von den Rechten der Korporation nur schwer zu trennen waren. Eine erste Erwähnung der Rheingenossen findet sich im sogenannten «Mayenbrief» Kaiser Maximilians I., welcher im Jahr 1559 erneuert wurde, nachdem das Original bei einem Brand im Hause des Rheinvogts Jakob Golder in Augst zerstört worden war. 1587 erliess Erzherzog Ferdinand einen neuen Mayenbrief, der aus dem älteren rekonstruiert wurde. Darin gestand der Landesherr von Vorderösterreich den Rheingenossen umfassende Privilegien für Schifffahrt, Flösserei und Fischfang im Rhein zu. Mitglieder der Rheingenossenschaft waren die Fischer von Säckingen, Mumpf, Wallbach, Ober-Wallbach, Schwörstadt, Riedmatt, Karsau, Rheinfelden, Warmbach, Kaiseraugst und Grenzach, vormals auch noch diejenigen von Ryburg und Wehr. Oberhaupt der Rheingenossen war der sogenannte Rheinvogt.[52] Ihm zur Seite standen vier bis acht Geschworene, von denen zwei den Titel «Rheinfähndrich» führten, denn sie trugen an den Korporationstagen, den sogenannten Mayengerichten, die Korporationsfahne. In jedem Zunftort war ein «Rhein-

Abbildung 3: Blick auf den Rheinabschnitt zwischen dem Rothaus und der Stadt Basel. Das Fischereirecht auf diesem Abschnitt gehörte traditionell den Rheingenossen. Stich von Emanuel Büchel.

weibel» für die Ausführung der Rheinordnung zuständig, welcher auch den Kontakt zum vorgesetzten Rheinvogt hielt. Für interne Streitigkeiten unterhielt die Korporation ein eigenes Mayengericht. Wann die Rheingenossenschaft entstand, ist ungewiss. Noch Ende des 15. Jahrhunderts scheinen die privaten Inhaber der Fischenzen im Rhein ihre Rechte allein ausgeübt zu haben.[53] Das erste belegte Mayengericht fand erst 1587 statt, und danach sind alle weiteren Gerichtstage belegt, weshalb zu vermuten ist, dass es sich bei der Rheingenossenschaft um keine sehr alte Korporation handelte. Auch ist ein erster Rheinvogt erst 1559 belegt. Vieles spricht deshalb dafür, dass die Rheingenossenschaft ihre Privilegien erst von Maximilian I. erhielt und folglich eine relativ junge Organisation war.[54]

1767 wiederholte Kaiserin Maria Theresia das Privileg für die Rheingenossen, allerdings mussten sie ihre Privilegien bei jedem Herrscherwechsel wieder neu beantragen.[55] Deren Bestätigung durch die Kaiserin geschah wahrscheinlich auch wegen Streitigkeiten, welche die Vorderösterreicher mit den Baslern wegen Transitrechten auf dem Rhein hatten.[56] Beim Rheinprivileg handelte es sich also folglich um kein Erblehen, und wahrscheinlich wurde es auch aus der Landesherrschaft in Vorderösterreich abgeleitet, weshalb eine Gründung der Rheingenossenschaft nicht vor dem 15. Jahrhundert anzunehmen ist. Eine erste Privilegierung ist für den Zeitraum zwischen 1480 und 1493 anzunehmen. «Die Rheingenossenschaft qualifiziert sich demnach als reine Privilegskorporation, als Körperschaft, deren Wesen durch ein ihr zustehendes Privileg oder den Inbegriff von Privilegien bedingt und bestimmt war».[57] Sie war «Trägerin einer Gesamtgerechtsame, eines genossenschaftlichen Gesamtrechts. Neben diesem Zunftrecht stand den Mayengenossen ausserdem die Fischerei in demjenigen Stromgebiet zu, in welchem noch keine zu respektierenden Privatfischenzen bestanden.»[58] Inhaber von privaten Fischrechten konnten diese also im Gebiet der Rheingenossenschaft seit deren Bestehen nicht mehr selbst wahrnehmen, wenn sie nicht Rheingenossen waren, sondern mussten rheingenössische Fischer dafür hinzuziehen. Dies sicherte den Rheingenossen ein faktisches Fischereimonopol zwischen Säckingen und Basel. Der Abschnitt zwischen Rheinfelden und Kleinhüningen war den Fischern von Rheinfelden, Warmbach, Kaiseraugst und Grenzach vorbehalten, welche sich das Gesamtfischereirecht als Unter-Korporation teilten.[59]

Eine gewichtige Einschränkung der Korporationsrechte gegenüber den privaten Fischenzen war die Regelung, dass während der Lachsfangzeit im November nur die privaten Fischer ihr Recht ausüben durften und genossenschaftliches Fischen nur bei Nichtausübung der Privatrechte gestattet war. So wurde von den Genossen letztlich keine private Fischweide gestört, wenn sie deren Eigentümer nutzen wollte.[60]

Erst mit dem Übergang der ehemals vorderösterreichischen Lande an das Grossherzogtum Baden und den Kanton Aargau wurde der Rhein zur Grenze, und die Fischereirechte mussten deshalb neu geordnet werden. Ein entsprechender Vertrag aus dem Jahre 1808 bestätigte grösstenteils die Bestimmungen von 1767. Erst durch eine zwischen der Schweizerischen Eidgenossenschaft und dem Grossherzogtum Baden 1879 geschlossene Übereinkunft wurde die Rheingenossenschaft aufgelöst.[61] Die ehemaligen Rheingenossen übten ihr Fischrecht aber weiterhin aus, da sie davon ausgingen, Rechtsnachfolger der Genossenschaft zu sein. Der daraus entstandene Rechtsstreit zwischen den Fischern und dem Kanton Aargau wurde erst 1901 in einem Urteil des Bundesgerichts zuungunsten der Fischer entschieden.[62] Die Rechte der ehemaligen Korporation gingen vollumfänglich an den Kanton Aargau über, die Privatfischenzen blieben hingegen bestehen.[63]

Wie bereits erwähnt, bestanden im Rhein seit jeher private Fischenzen. Eine der wichtigsten Privatfischenzen zwischen Basel und Augst war diejenige des Klosters Rothaus im Hardwald. 1383 gestiftet und von Angehörigen des Paulusordens bewohnt, erhielt es viele Schenkungen und erlebte vor allem nach dem Übergang der Herrschaft Muttenz von den Eptingern an die Münch von Münchenstein, die neue Kastvögte des Klosters wurden, einen Aufschwung.[64] Schon 1421 wurde dem Kloster von Hans Thüring Münch ein Anteil aus der Ausbeute einer Salmenwaage zugestanden.[65] 1448 verlieh Hans Thüring Münch von Münchenstein dem Kloster *«das holtz und den wird mit der vischenz und den vachen[66] in dem Ryn (...) so gelegen sind in dem bann ze Muttentz uff dem Ryn»*. Das Kloster erhielt die Fischenz als Erblehen auf unbestimmte Zeit. Als jährlichen Zins verlangte Münch vier Pfund neue Basler Pfennige und vier Hühner. Auf Fronfasten nach Aschermittwoch mussten Münch zusätzlich Fische im Wert von fünf Schilling geliefert werden. Aus der Urkunde geht auch hervor, dass zuvor ein Fischer namens Henni Werlin dieses Lehen von Münch innegehabt habe.[67] Die Fischenz war folglich entweder im privaten Besitz von Münch gewesen oder gehörte fest zum Bann Muttenz. Mit dem Übergang der Herrschaft über Muttenz an Basel übernahm der Rat auch die Kastvogtei über das Kloster Rothaus, welches aber immer mehr verödete, 1512 teilweise niederbrannte und 1525 schliesslich mitsamt Fischenz versteigert wurde.[68] Seither ist die Fischenz im Besitz der jeweiligen Eigentümer des Rothausguts gewesen, und der Versuch der Gemeinde Muttenz, dem Besitzer das Fischereirecht zu entziehen, scheiterte 1874 vor Gericht. 1906 ging das Rothaus mitsamt Fischenz an die Christoph Merian'sche Stiftung über, 1920 schliesslich an das Chemiewerk Sandoz in Schweizerhalle, welches die Fischenz an Pächter übergab.[69]

Auf diesem Rheinabschnitt bestehen bis heute etliche weitere private Fischenzen, die meistens sehr alt sind und schon vor der Rheingenossenschaft existierten. Von Bedeutung sind vor allem die sogenannten Fisch- oder Salmenwaagen, auch Fischergalgen genannt, mit denen vor allem Salme und Lachse gefangen wurden. Zu ihnen gehört jeweils auch ein kleiner Teil des sie umgebenden Rheins.[70] Zusätzlich bestehen bis heute private Fischweiden im Rhein.[71]

2.3 Birs

Die einzige Fischenz in der Birs auf Stadtbasler Gebiet lag im Bann von Muttenz. Sie gehörte zur Herrschaft Münchenstein, welche im Spätmittelalter beim Adelsgeschlecht der Münch von Münchenstein lag. 1456 mussten sich ein Müllerknecht und ein Hafnerknecht vor Conrad Münch wegen unerlaubten Fischfangs in der Birs verantworten.

Ein Jahr später musste Conrad Münch seine Herrschaft an die Stadt Basel verpfänden, womit nun definitiv auch seine Fischereirechte in der Birs an den Rat der Stadt Basel übergingen.[72] Die Fischenz in der Birs blieb an das Schloss Münchenstein gebunden und gehörte somit dem jeweiligen Landvogt von Münchenstein. Dieser verlieh sie aber an Private weiter. Im Rechnungsjahr 1479/1480 taucht erstmals ein Zins «*von der vischentz under der brugk*» in Münchenstein in den Basler Stadtrechnungen auf, der von da an regelmässig einging.[73] Dies lässt auf eine kontinuierliche Verpachtung der Fischenz schliessen.

Mit diesen privaten Pächtern gab es aber auch immer wieder Probleme. 1496 kam es zum Streit zwischen dem Inhaber der Fischenz, Peter Mennly, und der Gemeinde Muttenz, die unerlaubt in der Birs «*eyn gemeyn vischen*»[74] veranstaltet hatte. Der Rat entschied zugunsten von Mennly und verbot den Muttenzern das Fischen in der Birs.[75]

1513 war Jörg Schönkind im Besitz der Fischenz. Dieser verlieh sie weiter an die Gemeinde Muttenz, was aber den Pflegern von St. Jakob missfiel, da das Gotteshaus selber Ansprüche an der Fischenz geltend machen wollte. Der Rat entschied salomonisch, indem er Schönkind verpflichtete, seine Fischenz nach Ablauf der Pacht durch die Muttenzer einem Basler Bürger zu verleihen, welcher kein Mitglied der Fischerzunft sein durfte. Der neue Pächter wiederum sollte den Leprösen von St. Jakob erlauben, in seiner Fischenz zu fischen.[76]

Später im 16. Jahrhundert gehörte die Fischenz in der Birs einem Claus Weber. Da des Öfteren unerlaubt in seiner Fischenz gefischt wurde, griff Weber zur Selbstjustiz und bestrafte die Schuldigen selbst. Der Rat griff in dieses Vorgehen ein und legte zugunsten von Weber offizielle Bussentarife fest. Beim unerlaubten Fischen am Tag wurden 5 lb, in der Nacht sogar 10 lb Busse fällig, jedoch wurde Weber und seinen Nachkommen jegliche Selbstjustiz untersagt. Vielmehr sollte er Fehlbare beim Landvogt von Münchenstein anzeigen, welcher seinerseits die Bussen einzutreiben und Weber sowie seinen Nachkommen einen Drittel davon abzugeben hatte.[77]

1585 kam es zu einem grösseren Streit zwischen der Gemeinde Münchenstein und ihrem Obervogt Hans Jakob Keller. In einer Bittschrift an den Rat gaben die Münchensteiner an, dass sie bis jetzt das Recht gehabt hätten, zugunsten von Schwangeren und stillenden Frauen, Alten und

Abbildung 4: Schloss und Dorf Münchenstein, Zentrum der gleichnamigen Herrschaft, welche 1470 von der Familie Münch an den Rat der Stadt Basel überging. Stich von Emanuel Büchel.

Kranken jährlich anfangs August einen Tag lang in der Birs im Münchensteiner Bann zu fischen. Dieses Recht mache ihnen nun der Landvogt streitig und habe ihnen das Fischen verboten. Die Münchensteiner argwöhnten, der Landvogt wolle selber fischen und habe als Kompensation für ein Essen in der Gemeinde nur jeweils eine Platte Fisch pro Tisch angeboten. Die Untertanen baten den Rat, zu ihren Gunsten einzuschreiten.[78] Die Antwort des Landvogts fiel sehr formalistisch aus: Es sei den Untertanen durch ein Mandat von 1564 verboten, in den obrigkeitlichen Gewässern zu fischen, die Münchensteiner würden jedoch immer wieder obrigkeitliche Anordnungen missachten. Am ersten Sonntag im August werde jeweils die verbotene Kirchweihe gehalten und am folgenden Dienstag in der Birs von Münchenstein bis in den Rhein unerlaubt gefischt. Danach würden sie sich noch zum Trunk im Wirtshaus treffen. Die alten Rechte, welche die Münchensteiner einforderten, könnten sie aber nicht beweisen, und darum sei ihr Tun illegal. Im Jahr 1584 erreichte der Konflikt seinen Höhepunkt, als die Münchensteiner am Tag des Fischens frühmorgens eine Gemeindeversammlung abhielten und beschlossen, das Fischen trotz Verbot durchzuführen. Daraufhin schritt der Landvogt ein und verjagte die Fischer von der Birs.[79]

Die Münchensteiner verwiesen damals auch auf das Recht des freien Fischfangs, das ihnen in ihrem Freiheitsbrief von 1525 eingeräumt, 1532 aber widerrufen worden war. Das Beispiel dieses Streits zeigt deshalb deutlich den langjährig schwelenden Konflikt zwischen den Untertanen, die alte Gewohnheitsrechte beanspruchten, und der Obrigkeit, die diese Rechte immer stärker einzuschränken versuchte. Auch nach 50 Jahren hatten die Untertanen ihre Rechtsansprüche noch nicht aufgegeben. Meistens konnten sie sie aber nicht schriftlich beweisen, weshalb sie oft am kürzeren Hebel sassen. Im Fall der Freiheitsurkunden von 1525 war ihnen willentlich die Rechtsgrundlage für ihre Ansprüche entzogen worden, indem die Stadt die Freiheitsbriefe 1532 wieder zurückverlangt hatte. Es handelte sich also nicht nur um einen Streit um materielle Güter, in diesem Fall Fisch, sondern auch um einen Streit um das Rechtsverständnis, in welchem die Untertanen mit ihren gewohnheitsrechtlichen Vorstellungen auf die römisch-rechtlich argumentierende Obrigkeit trafen.

Auch im 17. Jahrhundert gab es verschiedene Konflikte über die Fischenzen in der Birs. Franz Platter schrieb 1663 an seinen Vetter, den Landvogt von Münchenstein, dass ihm von den Basler Fischern Ehrlacher berichtet worden sei, drei Basler hätten unerlaubt in der Birs gefischt. Als die Fehlbaren darauf angesprochen und mit Anzeige bedroht wurden, entstand ein Schlaghändel, und die Ehrlachers wurden *«gewaltig under die feüst genommen»*. Einer der Fischer, Wolf Dutt, sei gemäss Platter *«schedlicher als kein otter»*, und ihm sei von Nachbarn aus der St. Johannsvorstadt[80] berichtet worden, dass *«kein dag under der sonne auch den sontag nit ausgenommen, fürgange, darinnen er die Birss nit ausraube»*. Als gegenwärtiger Pächter der Fischenz beschwerte sich Platter beim Landvogt, dass, wenn er schon seinen Zins bezahle, sein Recht auch geschützt werden müsse. Der Landvogt solle diese *«gsellen, on sonderheit dissen Wolff, so sein nammen nach ein rechter fisch wolff, mit seinem ihme von der hohen obrigkeit gegebenen gewalt alsso ansehen»*.[81] In seiner Antwort schrieb Landvogt Daniel Burckhardt, dass sein Vetter Platter, Besitzer des Landguts Grosses Gundeldingen, die Fischweide vom Schloss Münchenstein gepachtet habe und ihm *«durch theils ihme unbekandte vorstadtleüth»* die Fischweide geplündert werde. Burckhardt habe die Beschuldigten zwar nach Münchenstein aufgeboten, sie seien aber nicht erschienen. Burckhardt bat den Rat um Hilfe in dieser Angelegenheit.[82]

1684 rügte der Rat die Fischer der Fischerzunft und der Vorstadtgesellschaft zur Mägd, weil sie offenbar vor der Birsmündung unerlaubt Lachse gefangen hatten, und befahl ihnen, dies inskünftig zu unterlassen.[83]

Abbildung 5: Blick vom «Schänzli» gegen die wilde Birs und das Siechenhaus von St. Jakob. Der naturbelassene Flusslauf war ein idealer Fischbrutplatz und ein gutes Fanggebiet. Stich von Emanuel Büchel.

1685 fand wegen unerlaubten Fischens von Mitgliedern der Gesellschaft zum Hohen Dolder[84] eine Einvernahme statt. Jacob Seidmann gab zu Protokoll, dass er vor zwei Jahren Sebastian und Mattias Fauscht oberhalb der Birsbrücke habe fischen sehen. Auch Balthasar Fischer sah die beiden zusammen mit Christioph Rimel *«oben beÿ der Hagnow*[85] *und letstlich oberhalb der birssbruckhen»* fischen.[86] Ebenfalls hätten *«Ruodolff Rimelin, Clauss der wasserknecht, wie auch der junge Huggeli von Münchenstein, in der Newen welt lächs gefangen, in grosser zahl, alss aber der lohnherr und Clauss Hauser herzu kommen, haben sie solche in ein scheüren verstelt, und hernach under sich getheilt, dessgleichen seÿen (...) durch Ruodolff Rimelin fünff Lächs gestochen, und für sich behalten worden»*.[87] Er habe *«vor jahr und tag in der lechenleüten teüch*[88] *beim thürlin in der underen breite in gegenwart herren Caelius Laurin 12 lächs gestochen, dieselben über ein hag in die reben geworffen, und volgenden tags getheilt, dem herrn Laurin aber ein loss vertheilt. Item es haben mehr gedachter Ruodolff Rimelin, Teodor Fischer und Rudolff Gennler verwichen januarii ein jahr, ein grosse zahl Sälmling gefangen, solche in Teodor Fischers gut getheilt und sich im kornhaus dessen und dass die alss nachts die besten fisch fangen berühmet.»* Ähnliches sagte auch Hieronymus Guth aus. Ruodolf Gennler gab zu Protokoll, er habe *«Matteis Meÿer und sein sohn in der Birss mit dem setzberren offt fischen sehen und habe er, Ruodolff Rimelin und Teodor Fischer vor einem jahr am sontag beÿ erstellung dess newen rhats in der Birss selmling gefangen, und dieselben in Teodor Fischers feld getheilt»*.[89]

Bei diesen drei Fällen schimmert die Problematik der Vorstadtleute durch, waren es doch in allen drei beschriebenen Fällen Mitglieder der Vorstadtgesellschaften, die des illegalen Fischens bezichtigt wurden. In der Vorstadtgesellschaft zur Mägd in der St. Johannsvorstadt waren die nicht zünftigen Fischer zusammengeschlossen, in der Gesellschaft zum Hohen Dolder die Vorstadtleute zu St. Alban. Beide Quartiere waren räumliche und soziale Randregionen der Stadt, in denen wirtschaftlich eher schlecht gestellte Handwerker lebten, die wenig Sozialprestige genossen. Gerade die Leute der St. Albanvorstadt waren durch ihre Wohnlage prädestiniert, sich in der nahen Birs dann und wann mit etwas Fisch einzudecken.

Die Verpachtung der Fischweide in der Birs war für die Obrigkeit des Öfteren mit administrativem Aufwand verbunden, den vor allem die Landvögte von Münchenstein zu bewältigen hatten.

1745 schrieb Landvogt Peter Müller an den Rat, dass am 21. Januar 1740 die obrigkeitliche Fischweide in der Birs zwischen der Birsbrücke und der Neuen Welt öffentlich versteigert worden sei, worauf der Fischermeister Robert Kromer für 44 lb jährlich auf sechs Jahre den Zuschlag erhielt. Müller beklagte sich nun allerdings, dass von den sechs Jahreszinsen erst deren vier eingegangen seien und insgesamt noch 176 lb offen stünden. Müller erklärte Kromers fehlende Zinsen damit, dass aufgrund des Baus der neuen Birsbrücke die Fische nicht im Fluss aufsteigen konnten und ihm die Fischweide deshalb keinen Ertrag eingebracht habe. Er bat den Rat um einen entsprechenden Zinsnachlass für Kromer.[90]

1763 meldete Landvogt Dietrich von Münchenstein, dass, obwohl der Zins für die Fischweide vor Antritt derselben bezahlt werden müsse, der Pächter Stähelin sich weigere und lieber auf die Pacht verzichten würde. Auch nach vier Wochen sei in dieser Angelegenheit noch nichts Weiteres passiert. Für die Zeit zwischen Lichtmess bis zum 17. Februar 1763 wurden Stähelin für die Fischweide 5 lb in Rechnung gestellt.[91]

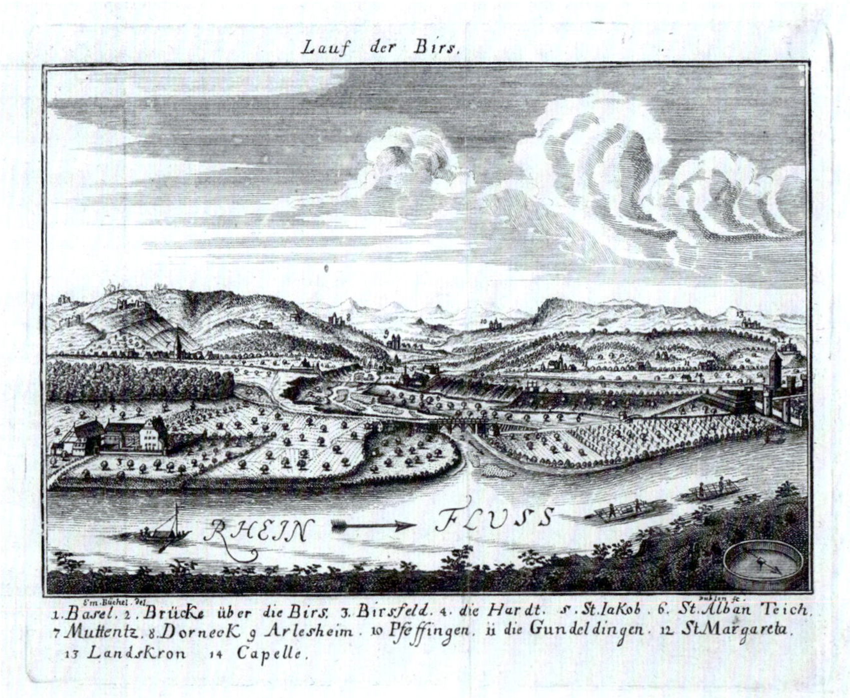

Abbildung 6: Blick von der Birsmündung südwärts, im Bild nach oben (auf Karten und Stichen des 17. und 18. Jahrhunderts ist Süden oft oben). Links das Gut im Kleinen Rheinfeld, St. Jakob und Schloss Münchenstein im Hintergrund. Auf diesem Birsabschnitt befand sich die wichtigste Basler Fischweide. Stich von Emanuel Büchel.

Landvogt Paravicini schrieb 1787 an den Rat, dass die Fischenz in der Birs von den Birsstegen bis zur Gipsgrube am 19. April 1781 an Lucas Pfannenschmid auf sechs Jahre für 57 lb jährlichen Zins vergeben worden sei und die Pacht folglich in diesem Jahr ende. Obwohl bei der Versteigerung abgemacht war, dass der Jahreszins immer im Voraus bezahlt werden müsse, sei noch ein Jahreszins ausstehend.[92] Ebenfalls ende die Pacht für die Fischenz in der Wiese zwischen Schliesse und dem Riehener Bann, welche bis dato für sechs Jahre an Meister Jakob Imhof für 39 lb Jahreszins vergeben war.[93] Am 28. März 1786 habe Bannwart Matzinger die Fischenz zwischen Kurzen Erlen und Schliesse auf der Wiese für sechs Jahre à 17 lb angetreten. Nach einem Jahr aber habe sich Matzinger beim Rat gemeldet und berichtet, er könne aufgrund seines Amts die Pacht nicht bewältigen, worauf der Rat am 16. Mai entschied, Matzinger solle den ersten Jahreszins abliefern und dann werde man weitersehen. Der Zins von Matzinger sei aber bis jetzt noch nicht eingetroffen.[94]

Wegen des Fischens in der Birs kam es im Laufe der Zeit auch immer wieder zu Konflikten mit den Herrschaftsträgern am Oberlauf des Flusses, insbesondere mit dem Fürstbischof von Basel und dem Rat der Stadt Solothurn, resp. dessen Vertreter, dem Landvogt auf Dorneck. Die Klagen betrafen meistens die gleichen Problemkreise, nämlich unerlaubtes Fischen in fremdem Territorium oder das Versperren des Flusses, entweder für die Fische oder für die Fischer.

1547 klagte der Bischof beim Basler Rat, dass Basler Fischer in seinem Teil der Birs im Amt Pfeffingen fischen würden und darunter sogar ein Basler Ratsherr sei. Er forderte den Rat auf, die Schuldigen zu bestrafen und solches Fischen in Zukunft zu unterlassen.[95]

Auch der solothurnische Vogt von Dorneck klagte 1590 beim Rat, dass der Landvogt von Münchenstein den von ihm bestellten Fischer für die solothurnischen Fischenzen, der noch dazu ein Basler Bürger war, daran hindere, mit Weidling und Garn auf der Birs auf und ab zu fahren und zu fischen, obwohl die Solothurner ihrerseits die Passage von Bau- und Brennholz für die Stadt immer gestattet hätten. Solothurn verlieh zu dieser Zeit offenbar seine Fischenz in der Birs auch an Basler Bürger.[96]

1608 klagte der Vogt auf Dorneck erneut, nämlich dass die Basler Fischer die Birs derart mit Garnen versperren würden, dass kein Fisch mehr bis ins Solothurner Gebiet vordringen könne und *«das wasser alhir öd unnd nicht besetzt»* sei. Der Rat möge dafür sorgen, dass die Fische wieder in der Birs aufsteigen könnten.[97]

1621 musste sich Landvogt Büdinger von Münchenstein aufgrund einer Klage der Solothurner, dass er wiederum die Fischer, die in Dornach fischten, nicht passieren lasse, verantworten. Er gab zu bedenken, dass er allein von Amtes wegen die Passage nicht bewilligen könne, sondern dass auch die Pächter der Fischweiden damit einverstanden sein müssten. Pächter der Fischenz war damals offenbar Theobald Ryff, der sie seinerseits auf sechs Jahre an Emanuel Rüedin verliehen hatte, und Sebastian und Hans Ulrich Beck. Sie alle müssten dazu Stellung nehmen. Zudem hätten die Fischer von Dornach vor 20 Jahren das Wuhr, welche die Leute von St. Alban wegen Wassermangels in der Birs anlegten, gewaltsam entfernt und sich so ausserhalb ihres Landes strafbar gemacht.[98] Auch sei ihm unbekannt, dass die Basler Obrigkeit jemals die solothurnischen Fischer einfach hätte passieren lassen, sondern dass dies lediglich dem ehemaligen Wirt von Münchenstein, Hans Fuchs, als Basler Bürger gestattet worden sei.[99] Die Pächter der Fischenz berichteten dem Landvogt weiter, das die Basler Fischer noch vor 50 Jahren nicht auf der Birs bis nach Münchenstein gefahren seien, sondern ihre Weidlinge auf Wagen hinaufgeführt hätten, um die Fischweiden der Pächter nicht zu stören. Ferner liessen es die Solothurner zu, das ein gewisser Pächter namens Müller den Fluss mit einem Wuhr verschliesse, so dass die Fische im Herbst nicht mehr flussabwärts schwimmen könnten, und der Landvogt befürchtete, weitere Pächter könnten es ihm gleichtun. Er berichtete weiter, dass kurz nach seinem Amtsantritt zwei Fischer aus der St. Johannsvorstadt in Basel in Dornach bei der Brücke nachts beim Fischen erwischt wurden und behauptet hatten, dass sie im Auftrag des Landvogts von Dorneck fischten.[100] Emanuel Rüedin sagte aus, der Wuhr-Fischer habe vor nicht langer Zeit ein paar unbekannte Fischer mit Steinen von der Fahrt birsaufwärts abhalten müssen. Das Hinauffahren sei zwar für die Solothurner Obrigkeit kein Problem, für die Basler Fischpächter allerdings schon.[101]

Der grosse Problemkreis, der sich durch die Geschichte der Flussfischerei im Allgemeinen zieht, ist das unerlaubte Fischen in fremden Fischenzen. Verständlicherweise verteidigten die regulären Pächter einer Fischenz ihre Rechte am Fischertrag, hatten sie doch dafür jährlich ihren Zins abzuliefern. Aufgrund mangelnder Kontrollmöglichkeiten kam es aber immer wieder zu «Fischfreveln», also zum unerlaubten Fischen Dritter in den verpachteten Fischenzen. Dies lag einerseits sicherlich an der wirtschaftlichen Not vieler Stadt- und Landbewohner. Sich in Zeiten des Mangels oder generell günstig mit Fischen zu versorgen, war für viele

Haushalte entweder überlebenswichtig oder sicherlich eine willkommene Abwechslung in der ansonsten eintönigen und einseitigen Ernährung. Ebenso mögen ältere Rechtsvorstellungen vom Recht der Untertanen auf bescheidene Selbstversorgung mit Fisch, wie sie beispielsweise im Beschluss der Tagsatzung von 1525 im Fürstbistum noch geschützt oder 1585 von den Münchensteinern reklamiert wurden, dazu beigetragen haben, dass es die Untertanen mit der Einhaltung der Besitzrechte nicht immer so genau nahmen.

Bei den Streitigkeiten zwischen den Obrigkeiten rund um die Fischenz in der Birs war natürlich deren Lage von entscheidender Bedeutung. Da in der Birs vor allem Fische gefangen wurden, die aus dem Rhein aufstiegen (vor allem Lachse und Nasen), war die Stadt Basel als Herrin des Mündungsgebiets des Flusses in der komfortablen Lage, den Fischzug birsaufwärts faktisch zu kontrollieren. Im Gegenzug war sie aber auch von Umwelteinflüssen am Oberlauf des Flusses (Hochwasser, Gewässerverunreinigungen) betroffen, was alles in allem zu einem doch eher mühsamen Nebeneinander der Herrschaften an der Birs und immer wieder zu Streit zwischen Basel, Solothurn und dem Fürstbischof führte.

2.4 Aare

Aus der kurzen Zeit, in der die Stadt Basel auch Herrschaftsrechte über die Stadt Olten ausübte, sind auch Informationen über den dortigen Fischfang überliefert. 1415 verlieh der Rat die nächsten fünf Nasenfänge um Ostern herum an die Fischer Henin Pfawelin und Hanns Meder. Beide sollten wie bis anhin einen Teil des Fangs an den Schultheissen und die Bürger von Olten abgeben, einen weiteren Teil dem Basler Zoller in Olten. Vom übrigen Fang mussten sie einen Drittel dem Basler Rat abliefern. 1421 wurde die Pacht von Pfawelin und Meder um weitere fünf Nasenfänge verlängert.[102]

1418/1419 erscheint ein Müller als Pächter der Fischenz in Olten.[103] Offenbar stand diese Fischenz in Zusammenhang mit einer Mühle, da 1422/1423 von der «*mulin vischenczen*» gesprochen wird.[104] Die Einträge in den Basler Stadtrechnungen sind allerdings nur zwischen 1413 und 1427 belegt. Danach fiel die Herrschaft über Olten an den Rat von Solothurn.

3. Nasenfang

3.1 Birs

3.1.1 Allgemeines

Ausgenommen von der regulären Fischenz in der Birs war das Recht des Nasenfangs. Die Nase (Chondrostoma nasus) stieg bis ins 20. Jahrhundert in grossen Mengen aus dem Rhein in seine Nebenflüsse auf, um dort zu laichen. Aus der Bewegung des «flussaufwärts-Streichens» der Fische erhielt der Laichzug der Nasen den Namen «Nasenstrich».

Die wirtschaftliche Bedeutung des Nasenfangs lag in mehreren Faktoren begründet. Der Nasenstrich fiel gewöhnlich in die Frühlingsmonate März, April oder Mai, in denen sich die Getreidevorräte des Winters langsam erschöpften und deshalb eine grosse Nachfrage nach zusätzlichen Lebensmitteln bestand. Die Nasen traten zudem in solch grosser Anzahl auf, dass sie ohne grosse Anstrengung oder technische Hilfsmittel gefischt werden konnten. Die grosse Menge und der geringe Aufwand beim Fischen hielten den Marktpreis für eine Nase sehr niedrig. Die Nase darf deshalb zu Recht als «Brotfisch»[105] bezeichnet werden.

Obwohl die Nasen grätenreich und daher schwierig zu essen waren, konnten sich dank der tiefen Preise auch Stadtbewohner mit geringem Verdienst mit Fisch eindecken. Dem massenhaften Angebot stand somit auch eine massenhafte Nachfrage auf dem Markt gegenüber, welche gute Erträge garantierte. Der Nasenfang in der Birs war deshalb das einträglichste Fischereirecht auf der alten Basler Landschaft.

Die Birs war vor ihrer Korrektion mit ihren zahlreichen, von Kiesbänken gesäumten Armen zwischen der Mündung in den Rhein und der Neuen Welt ein idealer Laichgrund für die Nase. Gefischt wurde sie meist unmittelbar oberhalb der Birsbrücke, wo sich der Flusslauf zur Mündung hin verengte. Dort wurde die Birs mit Netzen (Garnen) regelrecht abgeschlossen, so dass es für die aufsteigenden Nasen nur wenig Durchkommen gab.

Für den Nasenfang auf der Birs von grosser Bedeutung war der sogenannte «Nasenbach» oder «Nasengraben». Dabei handelte es sich um einen vom St. Albanteich abgeleiteten Kanal, welcher wenig oberhalb der Birsbrücke in die Birs mündete. Im Nasenbach wurden die gefangenen Nasen «zwischengelagert» und so frisch gehalten. Aus dem Nasenbach wurden sie dann auf den Fischmarkt gebracht. Aus dem St. Albanteich konnte Wasser in den Nasenbach geleitet und darin gestaut werden, so dass die gefangenen Nasen mit ausreichend Frischwasser versorgt waren. Das Datum der Anlage des Nasenbachs ist nicht bekannt. Er erscheint jedoch bereits auf den Plänen von Jakob Meyer aus der Mitte des 17. Jahrhunderts. Später auch als Gewerbekanal genutzt, wurde der Nasenbach erst im 20. Jahrhundert aufgegeben und zugeschüttet. An ihn erinnert heute nur noch der Strassenname «Nasenweg».[106] In den Quellen taucht auch ein Haus auf, in welchem die Fischer während des Nasenfangs im besagten Gebiet übernachtet und Festivitäten abgehalten haben. Dieses Gebäude, das sogenannte Fischerhaus, befand sich am Westufer der Birs, wenig unterhalb der Birsbrücke. Wie aus den Zeichnungen von Emanuel Büchel hervorgeht, handelte sich um ein stattliches, zweistöckiges Steingebäude mit Krüppelwalmdach.

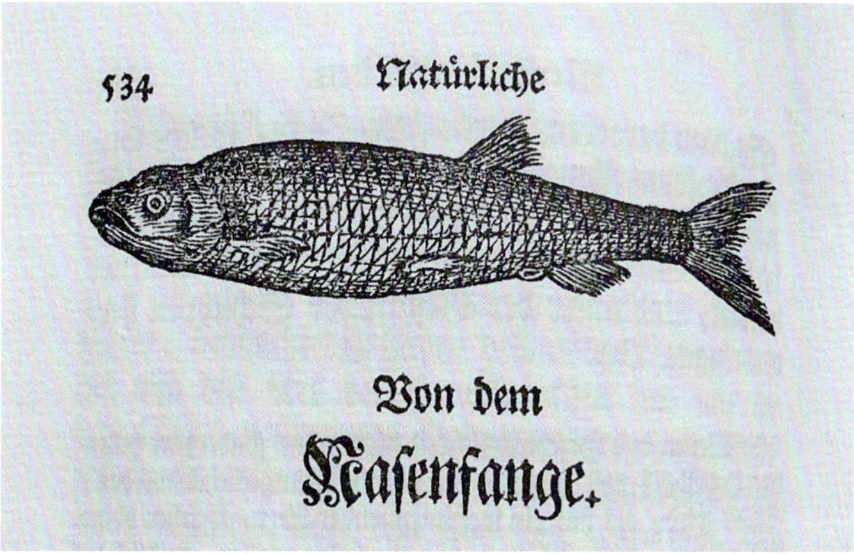

Abbildung 7: Bild einer Nase aus Bruckners Merkwürdigkeiten. Stich von Emauel Büchel.

Abbildung 8: Birsbrücke mit Fischerhaus von Süden, im Vordergrund der Nasenbach mit Stauvorrichtung. Federzeichnung von Emanuel Büchel.

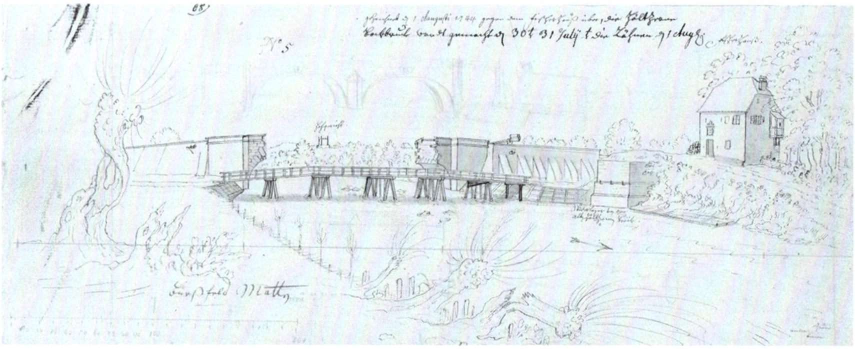

Abbildung 9: Birsbrücke mit Fischerhaus von Norden. Im Hintergrund die vom Hochwasser 1744 zerstörte, steinerne Birsbrücke. Federzeichnung von Emanuel Büchel.

Der Nasenfang in der Birs war nebst einem wirtschaftlichen auch ein gesellschaftliches Ereignis. Um den Rudolfstag (17. April) begaben sich jeweils viele Städter nach St. Jakob an der Birs, um dort gebackene Nasen zu essen. Getrunken wurde dazu der dort wachsende Blauburgunder, den man in Gedenken an die dortige Schlacht von 1444 «Schweizerblut» nannte. Eröffnet wurde diese «Wallfahrt» jeweils durch den Auszug der Waisenkinder am Ostermontag. Im Wirtshaus des zum Waisenhaus gehörenden Guts St. Jakob wurde den Kindern dann ein kleines Fest ausgerichtet.[107]

3.1.2 Organisatorische Zuständigkeiten

Auch das Recht des Nasenfangs in der Birs gehörte ursprünglich in den Bann von Muttenz und somit zur Herrschaft Münchenstein, war aber offenbar immer wieder umstritten. 1445 lag Conrad Münch deshalb im Streit mit dem Rat von Basel. Münch und zwei weitere Schuldner verpflichteten sich, die Summe von 71 lb und 10 ß, die ihm zuvor die Stadt überwiesen hatte, wieder zurückzuerstatten.[108] Der gleiche Conrad Münch lag 1465 wieder im Streit mit dem Rat von Basel über das Recht des Nasenfangs in der Birs und weitere Rechte des Dinghofs von Muttenz. Münch und der Rat überliessen die Entscheidung der strittigen Fragen einem Schiedsgericht.[109] Der Streit zog sich offenbar über Jahre hin, denn noch 1469 versicherte Münch, dass er das Geld aus dem Nasenfang der letzten Jahre, das während des Streits hinterlegt worden war, zwar auslöste, aber zurückzahlen wolle, falls er den Rechtsstreit verlieren sollte.[110] Als Conrad Münch 1470 seine Nutzungsrechte in Muttenz und Münchenstein aufzählte, waren darunter auch der Nasenfang im Bann Muttenz, der jährlich etwa 12 lb einbrachte, und zwei weitere Fischenzen in Muttenz für 7 lb, die damals von Müllern und Schindlern aus dem St. Albantal gehalten wurden.[111] Mit dem (zuerst nur pfandweisen) Übergang der Herrschaft über Muttenz und Münchenstein gelangte auch der Nasenfang in der Birs 1470 an die Stadt Basel. Diese verlieh ihn offenbar sogleich an Angehörige der Basler Fischerzunft und 1487 dann an die ganze Fischerzunft.[112] Zuvor war er offensichtlich nur den Ratsherren und Meistern der Fischerzunft verliehen gewesen. 1487 erschienen die Vertreter der Zunftgemeinde nämlich vor dem Rat und verlangten, dass der Nasenfang zukünftig der ganzen Fischerzunft verliehen werde. Der Rat gestand dies zu, vorerst begrenzt auf ein Jahr. Die Zunftbrüder wurden allerdings ermahnt, nicht mehr, wie in früheren Zeiten, als sie bereits einmal den Nasenfang innehatten, so viel Geld für Zehrung und anderes aufzuwenden.[113] 1497 entschied der Rat über die Verwendung des Erlöses aus dem Nasenfang in der Birs. Bis anhin hatten die Fischer den Ertrag unter sich aufgeteilt. Jetzt wurde beschlossen, dass inskünftig die Hälfte des Erlöses dem Rat abzuliefern sei. Das gesamte Geld musste, wenn es beisammen war, zugunsten des Rats an die Dreierherren abgeliefert werden. Den Fischern wurde auch das Recht eingeräumt, beim Zählen des Geldes anwesend zu sein, um genau zu kontrollieren, dass die Dreierherren nicht mehr als ihren Anteil am Gewinn für sich behielten.[114] Diese Praxis blieb bis zum Ende des Ancien Régime erhalten. 1798 wurde die Fischerzunft von der helvetischen Munizipalität darum gebeten, einen schriftlichen Bericht einzureichen, wie es die alte Obrigkeit bisher mit dem Nasenfang in der Birs gehalten habe. Die Fischerzunft hatte sich ihrerseits gemeldet, um zu erfahren, wie der diesjährige Nasenfang ablaufen sollte.[115] Die Fischer gaben Folgendes an: Der Nasenfang in der Birs war ein obrigkeitliches Regal, dessen Ertrag zur Hälfte der Fischerzunft und zur Hälfte der Obrigkeit zustand. Je nach Witterung meldeten sich im Monat März oder April die Fischer innerhalb der Zunft, welche nach einer internen Ordnung von 1693 in diesem Jahr mit Birsfischen an der Reihe waren, für eine Sitzung des Kleinen Rats an,[116] vor dem sie den folgenden Eid ablegen mussten:

«dass sie mit dem fischen auf der Birs und allen dazu gehörigen sachen ihr bestes und wegstes, so ihnen möglich zuthun sich verpflichten, die gefangenen fische fleissiglich bewahren, desgleichen so wohl auf der Birs als am fischmarkt und also an jedwedem ort besonders, als auf der Birs zwo, und auf dem fischmarkt eine verschlossene büchsen zu haben, und so ein büchs voll erlösten gelts, selbige in die canzleÿ tragen und daselbst in die verschlossene büchsen auslären, und das erlösende nasengeld jeweilen getreülich so es seÿn könne, im beÿseÿn und gegen wärtigkeit der kaüfern darein zu stossen, hiemit in diesem anvertrauten geschäft gemeiner statt nutzen zu fürdern und schaden zu wenden, getreülich, ehrbarlich, gefährde vermitten.»[117]

Nach der Eidesleistung begaben sich die Fischer an die Birs und begannen mit dem Fang. Der Nasenfang sei jeweils die grösste Einkommensquelle für die Fischer gewesen, es sei aber auch häufig vorgekommen, dass nur 5 bis 8 lb pro Fischer erlöst wurden.[118] In diesem Fall wurden die gleichen Birsfischer für das nächste Jahr wieder automatisch ernannt.[119] Die Kosten des Nasenfangs wurden von den Fischern aus ihrem Ertrag finanziert. Die Obrigkeit steuerte jeweils Folgendes bei:

- 3 bis 6 Saum Wein, je nachdem wie gut der Fang gewesen war
- 3 Säcke Korn
- 25 Wellen Stroh
- 25 Stück Stroh-Schäube[120]
- 2 bis 3 Wagen eichenes Feuerholz, je nach Witterung
- 1 Louis d'or[121] vom Dreieramt für die Anschaffung des Holzes zum Backen.[122]

Das Steinenkloster lieferte jeweils 12 alte Mass Wein.[123] Ebenso viel Wein lieferte das Gotteshaus zu St. Jakob. Im Gegenzug wurden diesem für seine Beamten, den Zoller und die Armen 150 Stück Nasen geschenkt. Die Gemeinde Muttenz war ferner dazu verpflichtet, als Frondienst den Fischern beim Übersetzen der Fische aus der Birs in den Nasenbach zu helfen, und erhielt dafür pro Mann einen Schoppen Wein und 5 bis 20 Nasen.[124]

Ratsherr und Meister der Fischerzunft wurden, anders als die gewöhnlichen Zunftbrüder, jedes Jahr zum Nasenfang zugelassen und mussten nicht jeweils ein Jahr warten. Dies lag in ihrem Amt begründet, weil sie als Vorsteher am meisten Arbeiten zu erledigen hatten und ihnen auch der Einzug und die Aufsicht über die Gelder aus dem Nasenfang oblagen.[125]

Aus den Quellen geht also hervor, dass der jährliche Nasenfang für die Beteiligten ein grösseres Ereignis darstellte. Da die Fischer während Wochen bei der Birsmündung beschäftigt waren, mussten sie auch entsprechend verpflegt und unterhalten werden, weshalb grössere Mengen Wein und Brot, respektive Back- und Feuerholz benötigt wurden. Beim Fischen an der Birs konnte es dann und wann im Fischerhaus, das sich direkt an der vielbefahrenen Strasse über die Birsbrücke befand, schon mal hoch hergehen, was der Obrigkeit ein Dorn im Auge war. Natürlich nahm der Rat aber die Erträge aus dem Nasenfang gerne an und unterstützte dafür auch die Fischerzunft mit reichlichen Zuwendungen.

3.1.3 Zunftinterne Streitigkeiten

Die Basler Zunft der Schiffleute und Fischer war die jüngste der alten Basler Zünfte. Als sogenannte gespaltene Zunft, bestehend aus Fischerzunft und Schiffleutenzunft, wurde sie erst 1354 durch eine Urkunde des Bischofs gegründet. Die Zunft war vor allem ein politisches Gebilde, das die Repräsentation der beiden Handwerke im Stadtregiment garantierte. Weiter hatte sie militärische und gewerbepolizeiliche Aufgaben. Ihr oblag etwa die Überwachung des Basler Fischmarkts. In der Hierarchie der Basler Zünfte rangierten die Schiffleute und Fischer aber ganz am Schluss. Das Fischerhandwerk war wenig geachtet, und die Zunftangehörigen gehörten zu den ärmsten Gewerbetreibenden in der Stadt. Viele von ihnen mussten einem weiteren Gewerbe nachgehen, um wirtschaftlich zu überleben.

Die besondere Stellung der zünftigen Fischer lag vor allem in ihrem Recht, Fisch an- und verkaufen zu dürfen. In den Quellen taucht die Zunft deshalb auch unter dem Namen «zu den Fischkäufern» auf. Das Handwerk des Fischfangs teilten sich die zünftigen Fischer mit den politisch nicht vertretenen Fischern, die sich in der Vorstadtgesellschaft zur Mägd mit den zünftig ebenfalls nicht repräsentierten Schiffleuten zusammengeschlossen hatten. Ihr Gesellschaftshaus in der St. Johannsvorstadt lag im Gebiet, in dem die Basler Fischer hauptsächlich ansässig waren.[126]

Die wirtschaftlich meist eher prekäre Situation vieler Angehöriger der Fischerzunft mag dann wohl auch der Grund gewesen sein, wieso es wegen des Nasenfangs in der Birs immer wieder zu Streitigkeiten unter den Zünftern kam. Denn obwohl sie letztlich vor dem Rat vereidigt wurden, war die Bestellung der sogenannten «Birsfischer» eine interne Angelegenheit der Fischerzunft und unterlag zunftinternen Regelungen. Genau diese Regeln oder deren Fehlen gaben immer wieder Anlass zu Streitigkeiten innerhalb der Zunft. Grundsätzlich waren der Ratsherr und der Meister der Zunft für den Nasenfang verantwortlich. Zusätzlich zu den Zunftvorstehern wurden aus den Zunftbrüdern jährlich zwei bis drei Männer gewählt, die beim Nasenfang helfen sollten und dann auch an dessen Gewinn beteiligt waren. Ein einzelner Fischer konnte so mindestens 10% des gesamten Erlöses aus dem Nasenfang für sich behalten. Bei Fangmengen von über 100 000 Nasen konnte also in einem guten Jahr, trotz niedriger Preise, ein ansehnlicher Gewinn gemacht werden, mit dem ein Fischer sich über längere Zeit über Wasser halten konnte. Entsprechend begehrt und folglich auch umkämpft war deshalb das «Birsfischen» unter den Mitgliedern der Fischerzunft. So gross der wirtschaftliche Segen bei einem guten Fang sein konnte, so gross konnte aber auch der Schaden bei einem schlechten Fang sein, denn im schlimmsten Fall blieben die Birsfischer auf ihren Unkosten sitzen. Die Erträge aus dem Nasenfang konnten von Jahr zu Jahr extrem schwanken, was auch die Einträge in den Basler Stadtrechnungen belegen. Für einen ohnehin schon minderbemittelten Fischermeister konnte ein schlechter Fang existenzbedrohend sein. Die Zunft versuchte deshalb auch, ausgleichende Massnahmen zu treffen, damit alle Fischer in den Genuss des Vorteils kamen und ein möglichst geringes Risiko eingehen mussten. Aufgrund der jährlich stark schwankenden Fangerträge war dies allerdings beinahe ein Ding der Unmöglichkeit.

Eine feste Ordnung, wer in einem Jahr zum Birsfischen zugelassen wurde, scheint es innerhalb der Zunft erst vergleichsweise spät gegeben zu haben, oder es existierten teilweise gegensätzliche Ordnungen und Auffassungen. Immer wieder gelangten Fischer, die sich übervorteilt fühlten, deshalb an den Rat, um für ihre Interessen zu kämpfen.

1599 beklagten sich Angehörige der Fischerzunft beim Rat über die Modalitäten der Vergabe des Nasenfangs. Lange Zeit sei es üblich gewesen, dass abwechslungsweise der Zunftmeister oder der Ratsherr die Aufsicht beim Nasenfang gehabt habe. Die normalen Zunftbrüder wurden an Fronfasten[127] zur Hilfe beim Nasenfang aufgeboten oder halfen in einer festen Reihenfolge mit, so dass jeder Fischer einmal einen Anteil am Verdienst hatte. Die Helfer mussten vor der versammelten Zunftgemeinde einen Eid ablegen. Vor einem Jahr aber habe der Rat erlaubt, dass Zunftmeister und Ratsherr zusammen den Nasenfang überwachen sollten, womit die Zunft einverstanden sei. Hingegen hätten diese beiden die Zunftbrüder nun nicht mehr abwechslungsweise per Gebot zur Hilfe herangezogen, sondern immer nur Heinrich Löichlin und Georg Zwilchenbart, die keinen Eid vor der Zunft abgelegt hätten.[128] Angesichts der vielen Dienste und Kosten, welche die Zunftangehörigen für die Zunft und die Stadt leisteten, wäre es nicht zu viel verlangt, wenn alle Zunftbrüder etwas am Nasenfang verdienen könnten, wie dies auch die Zunftordnung vorsehe.[129] Die Fischer baten den Rat, Löichlin und Zwilchenbart zu verbieten, die Pfähle mit den Netzen in der Birs einzuschlagen, zwei gewöhnliche Zunftangehörige dazu zu verpflichten oder die Zunftvorsteher anzuweisen, dies zu tun, und alle fähigen Zunftbrüder, vom jüngsten bis zum ältesten dafür in Betracht zu ziehen. So sei der Ertrag aus dem Nasenfang gerecht unter den Zunftbrüdern verteilt.[130] Offenbar rügte daraufhin der Rat das Verhalten der Zunftvorsteher, weshalb sie sich zu einer Rechtfertigung veranlasst sahen. Bis zum vorigen Jahr habe man tatsächlich jährlich zum Helfen beim Nasenfang aufgeboten. In diesem Jahr aber sei es aufgrund von internen Streitigkeiten nicht dazu gekommen, und die Zunftvorsteher seien ferner mit Arbeiten an den Weihern beschäftigt gewesen und hätten darum das ordentliche Fronfasten-Aufgebot nicht organisieren können. Der Rat habe aber im letzten Jahr beschlossen, dass in einem solchen Fall den Zunftvorstehern das Recht zustehe, zum Nasenfang mitzunehmen, wen sie wollten. Hauptsache, die Betreffenden könnten mit Fischgarnen umgehen. Diese Leute vor der Zunft zu vereidigen, sei nicht vorgesehen und deshalb auch nicht geschehen.[131] Aufgrund von Streit hätten die Zunftvorsteher auch keine Vereidigung vor versammelter Zunft gewünscht. Es sei auch falsch, dass nur Löichlin und Zwilchenbart immer zum Nasenfang mitgenommen worden seien, sondern in den neun Amtsjahren der Zunftvorsteher seien Löichlin und Zwilchenbart je zwei Jahre, Grossrat Muntzinger und der junge Park zwei Jahre und Albrecht Roth ein Jahr mitgekommen. Andere seien von gewissen Zunftbrüdern an der Teilnahme gehindert worden. Wer mit Roth gefischt habe, sei beim Fischen durch unrühmliches Verhalten aufgefallen und habe sich geweigert, mit Roth zusammenzuarbeiten, *«weil er dahin gantz untauglich und zu träg seÿe»*. Roth habe deshalb im letzten Jahr das Fischen abgelehnt.[132] Daher sei in diesem Jahr auch Löichlin aufgeboten worden, überdies auch weil er im letzten Jahr einen schlechten Fang gemacht habe. Der Kläger und Sechser[133] Hieronymus Gürtler jedenfalls habe sich beim Gebot nie gemeldet und immer angegeben, er habe mit seinen Gütern genug zu tun. Auch der Sechser Heinrich Gysin habe angegeben, aufgrund seines Alters nicht mehr auf die Birs gehen zu wollen. Auch Joder Muntzinger, ehemaliger Wirt in Riehen und jetzt Torwächter beim Riehentor, habe aufgrund seiner Arbeit nie am Fischen teilnehmen können.[134] Den Vorwurf, die Zunftbrüder müssten die Garne der Zunft finanzieren, könnten aber davon dann nicht profitieren, bestritten die Vorsteher, die Zunftbrüder müssten nicht gesondert dafür zahlen, sondern diese Kosten würden aus der allgemeinen Zunftkasse bestritten, welche aus den Abgaben aus dem Fischverkauf gespeist werde.[135] Auch müssten die Zunftbrüder, anders als in anderen Zünften, kein Heizgeld bezahlen. Alles in allem seien die Vorwürfe der Kläger befremdlich. Die Zustände in der Fischerzunft seien derzeit so bedenklich, dass sogar ein Zunftbruder, Peter Muntzinger, eigenmächtig ein Aufgebot erlassen und den Ratsherr der Zunft aus der Sitzung des Kleinen Rats herausgeholt habe. Wolle der Rat solche Zustände nicht auch in anderen Zünften riskieren, solle er gegen die Widerspenstigen vorgehen, sie bestrafen und ferner die Organisation des Nasenfangs unverändert belassen.[136]

1631 kam es erneut zu Spannungen innerhalb der Fischerzunft. Die Fischer beschwerten sich beim Rat, dass Zunftmeister Albrecht Roth das Recht des Nasenfangs für sich alleine oder für ihm genehme Zunftmitglieder[137] beanspruche und es nicht mit den anderen Zunftgenossen teilen wolle, obwohl die Obrigkeit doch den Nasenfang der ganzen Zunft übertragen habe.[138] Die übrigen Zünfter gingen leer aus, was man eine Zeit lang geduldet hätte, jetzt aber anzeigen müsse. Dies vor allem auch deshalb, weil die Garne für den Nasenfang aus der allgemeinen Zunftkasse finanziert würden. Aus diesem Grund hätten die Fischer beim Aufgebot zur Verleihung des Nasenfangs an Fronfasten protestiert und verlangt, dass der Nasenfang gerecht unter den Zunftangehörigen aufgeteilt werde. Sie schlugen vor, jeweils einen ausgebildeten Fischer aus ihrer Mitte mit dem Nasenfang zu betrauen. Das Resultat davon sei aber anders gewesen, als sie gedacht hätten, und sie müssten deshalb beim Rat Klage erheben.[139] Die Zunftvorstände hätten nämlich den Nasenfang einem völlig fremden Mann aufgetragen und die eigenen Zunftmitglieder übergangen. Wenn der Zunftmeister sich das Lehen der Zunft selbst nehme und so sogar die ganze Bürgerschaft geschädigt werde, sei es die Pflicht der Fischer, die Obrigkeit darauf aufmerksam zu machen.[140] Sie verlangten das Eingreifen des Rats und einen verbindlichen Entscheid, wie der Nasenfang innerhalb der Zunft in Zukunft gehandhabt werden solle. Es unterschrieben Jacob Rot der Ältere, Hans Werner Beck, Niclaus Gürtler, Zunftschreiber Bartholomäus Genath und der Säckelmeister Sebastian Falkner.[141]

1751 klagten die Fischer Georg Alt, Lucas Brändlin und Bernhart Gretter beim Rat darüber, dass der Nasenfang auf der Birs in diesem Jahr sehr schlecht ausgefallen sei, so dass die Fischer nichts verdient hätten und unter den angefallenen Unkosten litten. Die Fischer hofften deshalb, dass sie wegen des schlechten Fangs im nächsten Jahr automatisch vom Rat wieder als Birsfischer angenommen würden, da sie den entsprechenden Eid vor dem Rat geleistet hatten. Zwei Zunftangehörige würden sich allerdings diesem Vorhaben widersetzen und auf die Einhaltung der Zunftordnung pochen, weshalb die Fischer direkt beim Rat vorstellig wurden.[142] Wenn ein Fischer fünf bis sechs Jahre darauf warten müsse, wieder mit Birsfischen an der Reihe zu sein, und dann einen schlechten Fang mache und wiederum sechs Jahre in Ungewissheit sei, dann sei es nicht sicher, ob er überhaupt je einmal in seinem Leben einen Nutzen aus der Birs ziehen und seine Kosten für Garne und Stiefel erstatten könne, so dass er zugrunde gehen müsse.[143] Ihre Gegner bezögen sich auf Zunfterlasse, die jedoch nicht in Stein gemeisselt seien, sondern immer wieder geändert würden. Sie bezögen sich selbst auch auf solche, beispielsweise auf einen Beschluss von 1652, gemäss dem derjenige, der auf der Birs nicht mehr als 20 lb verdient habe, im nächsten Jahr automatisch wieder zum Birsfischer ernannt werde. 1693 sei diese Ordnung wiederum angepasst und beschlossen worden, dass in Zukunft jeder sich mit dem erzielten Gewinn – ob hoch oder tief – zufrieden geben müsse, es sei denn, es habe gar keinen Ertrag gegeben wie im Jahr 1689.[144] Im Jahre 1712 hätten die Birsfischer je nur 6 lb verdient und 1718 sogar nur 6 ß und seien dann, ungeachtet der Bestimmung von 1693, im nächsten Jahr wieder als Birsfischer angenommen worden.[145] 1730 lösten die Fischer jeweils 12 oder 13 lb, wurden aber im nächsten Jahr nicht zum Fang zugelassen, so dass hier wiederum die Regelung von 1693 angewandt wurde. Die Fischer befänden sich nun aber genau in einem solchen Fall, indem sie rein gar nichts verdient, sondern nur Kosten gehabt hätten. Die Petenten baten nun den Rat, aus diesem Grund die Fischerzunft anzuweisen, sie im nächsten Jahr wieder als Birsfischer vorzuschlagen.[146] Ein Vermittlungsversuch des Vorstands der Schiffleutenzunft bei den Fischern scheiterte, und der Rat sollte entscheiden, welche Regel forthin gelten solle.[147]

Die Zunftvorsteher rechtfertigten sich in einem langen Schreiben an den Rat. Sie führten die Klage von Seiten der genannten Fischer auf deren Niederlage in der zunftinternen Abstimmung zurück. Bei den ehemaligen Meistern habe man ferner nachgefragt, wie die Birsfischer früher ernannt worden seien, und alle hätten einstimmig Auskunft gegeben, dass die Regelung von 1730 gelte und die Fischer von 1729, obwohl sie nur 13 lb pro Person bezogen hätten, für 1730 nicht wieder zum Fischen zugelassen worden seien.[148] Die Vorgänge in den Jahren 1713 und 1719 wurden nicht bestritten. Damals sei es aber noch Brauch gewesen, dass die Kandidaten am Tag ihrer Wahl durch die Zunftmehrheit, da es keine Ordnung zu diesem Thema gab, für die Meister der Schiffleuten- und Fischerzunft ein Festmahl, den sogenannten «Birspfahl» hätten ausrichten müssen. Die Fischer hätten somit bereits vor dem Fang und bei ungewissem Ausgang erhebliche Kosten auf sich nehmen müssen und eventuell auch bei einem guten Fang einen Verlust gemacht, weshalb man sie gemäss der Ordnung von 1693 wieder zum nächsten Nasenfang zulassen konnte.[149] Dieses Vorgehen wurde mit der Ordnung von 1730 beseitigt, und jegliches Rekurrieren auf die Zeit davor war aus Sicht der Zunftoberen unzulässig.[150] Die im Jahr 1729 von jedem Fischer verdienten 13 lb seien durch Kosten für Aufenthalt, Kleider und Stiefel längstens verzehrt worden. Aber auch wenn die Fischer damals unter dem Strich keinen Gewinn gemacht hätten, seien sie für das nächste Jahr nicht zum Nasenfang zugelassen worden. 1742 habe jeder 4 lb erhalten, 1743 und 1748 trotz Aufwand gar nichts, und nicht einmal dem kurz vor dem Nasenfang von 1743 verstorbenen Birsfischer Heinrich Martin sei für seine Frau und Kinder etwas von den Kosten erstattet worden.[151] Die anderen Fischer hätten also über ihre Verluste nicht geklagt und diese trotz hohem Aufwand ertragen, wohingegen die jetzigen Kläger nicht viel Aufwand betrieben hätten und erst noch in den Genuss des seit 1737 von der Obrigkeit gespendeten Weins und Korns gekommen seien. Wolle man die jetzige Ordnung ändern, dann müsse der gesamte Nasenfang aus der Zunftkasse finanziert, der Gewinn zu gleichen Teilen zugewiesen oder ein angemessener Anteil pro Fischer definiert werden. Täte man dies, wären aber in erster Linie diejenigen Fischer zu entschädigen, welche seit 1720 immer wieder schlechte Fänge gemacht hätten und so den viel grösseren Schaden erlitten hätten als die Kläger.[152] Der Rat solle folglich die gegebene Ordnung nicht antasten und sie schützen, da man die Birsfischer nicht nach Gutdünken ernennen dürfe, wolle man sich nicht jedes Jahr wieder mit neuen Klagen beschäftigen.[153]

1760 beklagte sich der Fischermeister Lucas Ehrlacher beim Rat, dass es bis anhin Brauch gewesen sei, dass kein Fischer zum Nasenfang in der Birs zugelassen worden sei, der nicht mindestens schon fünf bis sechs Jahre Zunftmitglied gewesen sei. So seien die alten Meister den jüngeren immer vorgezogen worden.[154] Ehrlacher selbst sei am 2. Februar 1755 zum Birsfischer ernannt worden, im gleichen Jahr aber am 17. März der junge Meister Lucas Brändlin, obwohl dieser nach alter Ordnung noch nicht dazu fähig gewesen sei.[155] In diesem Jahr sei er nun wieder an der Reihe gewesen, und wieder sollte ihm der junge Brändlin vorgezogen werden, was vor allem auf die Ränkespiele des Zunftschreibers, Meister Preiswerk, zurückzuführen sei.[156] Brändlin habe sogar dem Zunftmeister Muntzinger zu verstehen gegeben, dass dieser für Ehrlacher stimmen solle, obwohl die Mehrheit bereits Brändlin gehörte, dies um sich bei Ehrlacher gut zu stellen.[157] Die älteren Meister hätten die Bevorzugung Brändlins gerügt, und eine Diskussion sei entstanden, wobei sogar einer die Zunftstube verlassen habe. Einen solchen Fall habe es erst einmal gegeben, nämlich bei der Ernennung von Peter Langmesser, wobei dieser Fall nicht vergleichbar gewesen sei, weil damals einfach kein älterer Meister zur Wahl stand.[158] Ehrlacher bat den Rat, einzusehen, dass ihm sein Recht vorenthalten werde, und man möge die Zunft anweisen, ihn als diesjährigen Birsfischer zu bestimmen.[159]

Auf Ehrlachers Klage hin rechtfertigten sich die Vorsteher der Fischerzunft vor dem Rat. Ratsherr und Meister gaben an, dass Rheinzoller Ehrlachers Behauptung, dass nur ältere Meister zum Nasenfang zugelassen würden, frei erfunden sei. Die älteste Ordnung der Fischer in Bezug auf den Nasenfang stamme aus dem Jahr 1599 und besage, dass Ratsherr und Meister alljährlich zwei geeignete Fischer auswählen und mit sich zum Nasenfang mitnehmen könnten. Diese Regel sei aber irgendwann in Vergessenheit geraten, so dass bis im Jahr 1729 teilweise immer wieder die gleichen Fischer zum alljährlichen Nasenfang beigezogen worden seien, je nachdem wieviel Gewinn sie im letzten Jahr gemacht hätten. 1729 sei dann zur Beseitigung dieser Ungerechtigkeiten eine neue Ordnung eingeführt worden.[160] Man teilte alle Zunftangehörigen in Klassen von je drei Meistern ein, die nun nach einer festen Reihenfolge zum Nasenfang zugelassen wurden.[161] Wenn jemand aus einer Klasse ausschied, wurde er ergänzt. Junge Meister mussten sich zugunsten älterer zurückziehen, wurden dann aber im Folgejahr bevorzugt behandelt. Diese Ordnung habe den Rückfall in die Unordnung der früheren Zeiten verhindert. Die Zunft habe diese Regelung nun schon 30 Jahre lang befolgt und deshalb die Obrigkeit nie behelligen müssen. Genau nach dieser Ordnung sei nun auch der

Rheinzoller Ehrlacher behandelt worden.[162] Es sei also ganz eindeutig, dass er sowohl aufgrund der Ordnung als auch, weil er die nötige Stimmenmehrheit nicht bekommen habe, dem jungen Meister Brändlin weichen müsse.[163] Brändlin habe auch aufgrund seines Fleisses das Birsfischen verdient, während der Rheinzoller sich in den letzten Jahren bei der Mithilfe geziert habe. Vor sechs bis sieben Jahren habe Ehrlacher zwar einen schlechten Fang gemacht, seinen Tageslohn in Fischen von 12 bis 15 Batzen aber erhalten. Die Zunftvorsteher baten den Rat, Ehrlachers Klage abzuweisen und die Fischer bei der geltenden Ordnung zu belassen.[164]

1764 gelangte Jakob Christoph Brenner an den Rat. Ihm waren offensichtlich aufgrund eines Vorfalls die bürgerlichen Ehrenrechte entzogen worden, weshalb ihn die Zunft nicht zum Nasenfang zuliess, obwohl er an der Reihe gewesen wäre. Da er vom Rat für tot angesehen werde, flehe er um *«gnädige lebendigmachung»*.[165] In Rücksicht auf seine Kinder möge man ihn wieder in die Rechte eines Zunftbruders einsetzen.[166] Der Rat holte Erkundigungen über Brenner bei der Zunft ein. Die Zunftvorsteher bestätigten Brenners Ausschluss vom Nasenfang und begründeten ihn mit zwei Ratsbeschlüssen.[167] 1762 hatte der Rat Brenner die bürgerlichen Rechte entzogen, und gemäss Ratsbeschluss von 1599 waren nur Zunftbrüder im Vollbesitz ihrer Rechte zum Nasenfang zugelassen.[168] Die Birsfischer würden nach einem alten Aufgebot ausgewählt, und dabei nehme man nur gute und tüchtige Fischer an, welche auch einen Eid abzulegen hätten. Brenner gehe also falsch in der Annahme, dass ihm der Nasenfang allein aufgrund seines erlernten Berufs zustehe.[169] Zur Vermeidung von Streitigkeiten habe die Zunft interne Regelungen aufgestellt, die Zünfter in Klassen eingeteilt und sogar einen Fischer mehr als von der Obrigkeit gefordert zum Nasenfang zugelassen.[170] Der Ratsherr und der Meister der Fischerzunft hätten das Recht, die Birsfischerei zu regeln, und deshalb sei Brenners Forderung völlig unzulässig. Vor allem werde Brenner an seinem Recht zu fischen gar nicht gehindert, vielmehr habe er trotz erlerntem Fischerhandwerk immer andere Arbeiten verrichtet und sich auch negativ über die Zunft geäussert. Er habe sogar verlangt, dass man ihm die Geschenke, die er zur Erlangung einer Sechserstelle vergeben hatte, wieder zurückgebe, er sich ansonsten eine andere Zunft suche.[171] Brenner wolle diese Geschenke zurückhaben, was sein einziger Beweggrund sei, sich um den Nasenfang zu bemühen. Diese wolle man ihm gerne zurückgeben, sei dann aber im Gegenzug froh, wenn Brenner die Zunft verlasse. Die Zunftvorsteher baten den Rat also, Brenners Klage abzuweisen.[172]

1770 beklagten sich die Fischer beim Rat, dass der Nasenfang in der Birs in diesem Jahr so schlecht ausgefallen sei, dass man keinen einzigen

Fisch gefangen habe. Auch der Nasenfang in der Ergolz sei so kümmerlich gewesen, dass man gerade die Kosten für Speis und Trank habe bezahlen können. Die Fischer wollten sich aus diesem Grund offenbar bereits für das nächste Jahr zum Nasenfang anmelden, wurden aber vom Rat angewiesen, die ordentliche Frist der Vergabe abzuwarten. Als nun aber am Fasnachts-Fronfastensonntag, an dem wie immer die Birsfischer bestellt würden, das Aufgebot gemacht worden sei, hätten sich die in der Reihenfolge der Zunft nachfolgenden Fischer ihrem Ansinnen widersetzt, und eine Mehrheit der Zunftbrüder habe für die neuen Fischer gestimmt.[173] Die Fischer mahnten nun Verfahrensfehler bei der Vergabe des Nasenfangs an und auch, dass Bernhard Greter und zwei Helfer im Jahr 1751 durch einen Ratsbeschluss für das folgende Jahr wieder auf die Birs gelassen wurden, obwohl Greter an seinem schlechten Fang selbst schuld gewesen sei. Die Fischer forderten wiederum die Anwendung der Zunftordnung von 1693.[174] Unterschrieben wurde von Lucas Ehrlacher und Rudolf sowie Ludwig Matzinger.[175]

1794 klagten die Fischer erneut über den Nasenfang in der Birs. Dieser sei von jeher ihre grösste Einnahmequelle gewesen. Vor der Sperrung des Rheins und des Fischhandels *«ware jedem der zeit-punkt willkommen, wo er auch diesen vorteil benutzen und er auch anteil an diesem fang haben konnte»*. Umso sehnlicher hätten sie, die Fischer, deshalb auf den Nasenfang gewartet, da sie in diesem Jahr an der Reihe waren und ihnen gegen den Frühling hin die Nahrungsmittelvorräte langsam ausgingen. Ausserdem sei der Fischhandel gesperrt und der Rhein blockiert.[176] Wasser und Witterung hätten ferner einen guten Fang versprochen. Es sei ihnen deshalb ein Dorn im Auge gewesen, dass die Flösserei auf der Birs während des Nasenfangs nicht eingestellt wurde. Der Fang habe aber unabhängig davon begonnen, und die Fischer hätten innerhalb von fünf Tagen, zwischen dem 25. und dem 29. März 1794 bereits 70 000 Nasen in den Nasenbach eingetragen, welche alle bis am 10. April verkauft worden seien.[177] Am 14. April aber habe die Flösserei begonnen und so auch ihr Schaden, über den sie sich beim Rat beschwerten.[178] Durch das Flössen selber seien die Fische nicht beeinträchtigt, jedoch habe das Wasser der Birs dadurch einen intensiven Holzgeruch angenommen, weshalb aus ihrer Sicht in der Nacht des 19. Mai 42 000 Nasen im Nasenbach gestorben seien. Da vor dem Flössen immer alle Nasen gesund gewesen seien, der zuständige Floss-Unternehmer Girardin den übrigen Pächtern der Fischenz in der Birs eine Entschädigung für das Flössen zahle und die Fischer lange Erfahrung hätten, dass die Nasen durch den Holzgeruch vom Aufstieg aus dem Rhein in die Birs abgehalten würden, forderten die Fischer von Girardin ebenfalls eine Entschädigung in der Höhe von 25 Louis d'or. Dies entspräche dem halben Schaden, und Girardin habe eine mögliche Schuld bereits eingeräumt. Trotz Absprache weigere sich Girardin allerdings zu zahlen und führe an, dass er von der Obrigkeit das Recht zum Flössen auf der Birs ohne Einschränkungen erhalten habe. Die Fischer baten deshalb den Rat, Girardin anzuweisen, ihnen die geschuldete Summe auszurichten.[179] Es unterzeichneten die Ratsherren Münch und Stähelin und die Fischer Jacob Matzinger, Daniel Greter und Johann Bernhard Matzinger.[180]

Die Haushaltung[181] beantwortete das Begehren der Fischer eindeutig. Dass ihnen in der Nacht vom 18. auf den 19. Mai 1794 so viele Nasen im Nasenbach starben, sei allein auf ihre eigene Unfähigkeit zurückzuführen.[182] Der Geruch des Holzes hätte den Fischen nichts anhaben können, wenn das Nasenbächlein ordentlich besorgt worden wäre. Die Fischer hätten den Nasenbach mit viel zu vielen Fischen «vollgestopft» und für zu wenig Wasserdurchfluss gesorgt. Zudem sei in diesem Jahr ein durchschnittlicher Fang möglich gewesen, und wenn die Fischer den Nasenbach regelmässiger ausgefischt und wieder gefüllt hätten, wären die Nasen schneller oder in grösserer Menge auf den Markt gebracht und der Verdienst der Fischer vermehrt worden.[183] So wären auch weniger Nasen gestorben. Es falle auf, dass die Fischer eine Entschädigungsforderung an Girardin stellten, denn sie hätten trotz der Ausfälle mindestens 109 Thaler mehr als in durchschnittlichen Jahren verdient. Vielmehr sei die Obrigkeit dazu berechtigt, für den Schaden an ihrem Anteil am Nasenfang von den Fischern eine Entschädigung zu verlangen.[184] Das Begehren der Fischer sei abzuweisen, und sie sollten sich mit dem erzielten überdurchschnittlichen Ertrag zufrieden geben.[185] Unabhängig vom Nasenfang hingegen befürwortete die Haushaltung einen Beitrag an die Fischerzunft, da diese sich wegen der widrigen Zeiten und der vom Rat erlassenen Einschränkungen der Fischerei *«in einer gedrängten lage befinde»* und man deshalb eine Summe von 12 Louis d'or für angemessen hielt, wobei zwei Ratsherren dagegen waren.[186]

1797 meldeten die Birsfischer dem Rat, dass der Nasenfang in diesem Jahr sehr gut ausgefallen sei. Der Verkauf sei allerdings nur schleppend vor sich gegangen, trotz einem Stückpreis von nur drei Rappen. Leider habe sich dann auch noch das Gerücht verbreitet, dass in einer Nase ein *«finger von einem verfaulten frantzosen gefunden»* worden sei, so dass die Nasen nicht einmal mehr für einen Rappen pro Stück verkauft werden konnten. Die Einnahmen aus den Nasen seien deshalb so gering, dass sie nicht einmal den Aufwand der Fischer deckten. Die Fischer schlugen vor, den Nasenfang für dieses Jahr abzubrechen und die restlichen Fische unbehelligt zu lassen, um dadurch im nächsten Jahr einen umso grösseren Ertrag zu erzielen.[187]

Die Streitigkeiten um den Nasenfang in der Birs zeigen deutlich die vielen Spannungen und Differenzen, die es innerhalb einer Zunft geben konnte. Dabei standen nicht die Fischerei im Vordergrund, sondern die Bemühungen von verschiedenen Personen, sich selbst einen möglichst grossen Anteil am Gewinn aus dem Nasenfang zu sichern. Zugleich werden die verschiedenen zunftinternen Funktionsweisen und Ausgleichsmechanismen sichtbar, die bei der Verleihung des Nasenfangs eine Rolle spielten.

3.1.4 Konflikte mit den Obrigkeiten an der Birs

Gleich wie bei den ordentlichen Fischenzen kam es auch in Bezug auf den Nasenfang in der Birs immer wieder zu Streitigkeiten mit den Herrschaften am Oberlauf des Flusses.

Zu Beginn des 17. Jahrhunderts beklagte sich Bischof Blarer von Wartensee beim Rat, dass der Nasenfang auf seinem Territorium stark beeinträchtigt sei, weil die Basler auf ihrem Gebiet die Birs mit Garnen dermassen versperrten, dass kein Fisch mehr den Fluss hinauf komme.[188] Der Berichterstatter gab zu bedenken, es sei seit undenklichen Zeiten üblich, dass die Basler Fischerzunft im Namen der Obrigkeit während des Nasenstrichs im Frühling ihren Ratsherrn und ihren Meister zusammen mit zwei weiteren Zunftbrüdern mit dem Nasenfang beauftragt habe.[189] Dieselben hätten dann die Birs entweder bei der Brücke, bei St. Jakob oder an einem anderen günstigen Ort mit Garnen versperrt und so die aufsteigenden Nasen eingefangen. Während des Nasenfangs sei es ferner den regulären Pächtern der Fischenzen und allen übrigen Bürgern verboten gewesen, in der Birs zu fischen. Durch den obrigkeitlichen Nasenfang, der jährlich nur zwei bis drei Wochen dauere, sei aber keinem Pächter oder Fischer grosser Schaden entstanden, weil die Fischer ihr Handwerk verstünden. Es sei auch so, dass die Nasen sofort nach dem Ablaichen im Fluss kehrtmachten und wieder in den Rhein abstiegen.[190] Nur einmal habe man wegen viel Wassers bis nach St. Jakob hinauf fischen müssen, aber die Nasen würden gewöhnlich nicht weiter hinauf steigen.[191] Ausser während dieser zwei bis drei Wochen im Jahr sei die Birs aber für die Fische offen, und genügend Nasen könnten bis im Herbst im Fluss auf- und absteigen. Es wundere den Berichterstatter allerdings nicht, dass der Bischof von diesen Gepflogenheiten der Vorfahren nichts wisse, denn zur Vermeidung von Kosten sei das nur für den

Nasenfang an der Birs erbaute Haus samt Umschwung wenig gepflegt worden, weil man gehofft habe, dass die Fischer, wie früher üblich, keine Gelage und «Unartigkeiten» veranstalten würden.[192]

1761 beklagte sich die Fischerzunft beim Rat über Verunreinigungen in der Birs. Das Kloster Lützel[193] hatte offenbar seine Fischteiche am Oberlauf der Birs gereinigt und den angefallenen Schlamm in die Birs abgeleitet. Das Wasser sei deshalb trübe und habe *«von solchem schlamm einen so üblen geruch behaltet, dass die fische von dem einlauf abgehalten, ja gäntzlich davon entfernet werden»*.[194] Die Fischer baten den Rat, da die Reinigungsarbeiten noch längere Zeit anhalten sollten, beim Klostervorsteher vorstellig zu werden, damit die Arbeiten an den Weihern wenigstens während des Nasenstrichs im April eingestellt würden, um den Nasenfang nicht zu beeinträchtigen.[195]

Auch beim Nasenfang kam es mit den Obrigkeiten am Oberlauf der Birs zu den gleichen Auseinandersetzungen wie bezüglich der regulären Fischenzen. Basels Schlüsselstellung für die Fischerei in der Birs verstärkte sich hingegen hier noch, weil die Nasen zum Laichen gewöhnlich nicht besonders weit im Fluss aufstiegen, sondern sich der Nasenstrich vor allem auf stadtbaslerisches Gebiet, also auf den Flussabschnitt zwischen Birsmündung und Münchenstein beschränkte. Die Tatsache, dass folglich ohnehin eher wenige Nasen in der Birs ihren Weg bis in solothurnisches oder fürstbischöfliches Gebiet fanden, wurde vom Abfang im grossen Stil durch die Basler noch zusätzlich verschärft. Solothurn und der Fürstbischof mussten das lukrative Geschäft mit dem Nasenfang somit grösstenteils den Baslern überlassen.

Ein weiterer Problemkreis, insbesondere während des Nasenfangs, war, wie oben erwähnt, die intensive Flösserei auf der Birs, mit der grosse Mengen an Brenn- und Bauholz aus dem Fürstbistum nach Basel gelangten. Die Flösserei auf der Birs kann an dieser Stelle hingegen nicht untersucht werden.

3.2 Ergolz

Wie in der Birs war auch der Nasenfang in der Ergolz von Bedeutung. Dieser fand ebenfalls im Mündungsgebiet des Flusses bei Augst statt. Noch 1857 schrieb Johann Jakob Kettiger: *«Die Nase pflegt im April in grossen Zügen aus dem Rhein (…) in den sogenannten Burgerbach, d.h. in die Ergolz bis zur Hülftenpritsche, einzulaufen und da zu laichen. Der sogen. «Nasenstrich» dauert vier Wochen und der Fisch setzt seinen*

Rogen in so grosser Menge ab, dass der ganze Grund davon bedeckt wird. Bei gutem Wetter wird derselbe in 14 Tagen lebendig.»[196]

Mit dem Erwerb der Herrschaft Liestal kam die Stadt Basel im Jahr 1400 auch an Fischereirechte in der Ergolz. Schon für das Rechnungsjahr 1405/1406 sind Einnahmen aus dem Nasenfang in der Ergolz von 22 lb und 15 ß belegt.[197] Bereits 1417 verlieh der Rat den Nasenfang in der Ergolz in Liestal für sechs Jahre an den Basler Bürger Cüni Rüselin. Rüselin musste dem Rat die Hälfte des Erlöses aus dem Nasenfang abtreten. *«(...) an sin geschirre und kosten»* zahlte ihm der Rat jährlich ein Pfund. Im Jahre 1420 wurde der Nasenfang an Dietschi Hofeman und zwei Männer namens Stähelin verpachtet.[198] Zu den gleichen Bedingungen wie Rüselin wurde der Nasenfang in der Ergolz 1426 an die Fischer Peter Keller und Hanns Hertzbrecher verpachtet. 1431 wurde der Nasenfang auf fünf Jahre wiederum an Hanns Hertzbrecher, seinen Bruder Lienhart und einen gewissen Kempsser verliehen.[199] Ab 1426/1427 gehörte der halbe Nasenfang aus der Ergolz in die Kasse der Basler Obrigkeit,[200] 1435/1436 wird in den Stadtrechnungen erstmals von *«der reten teil»* am Nasenfang

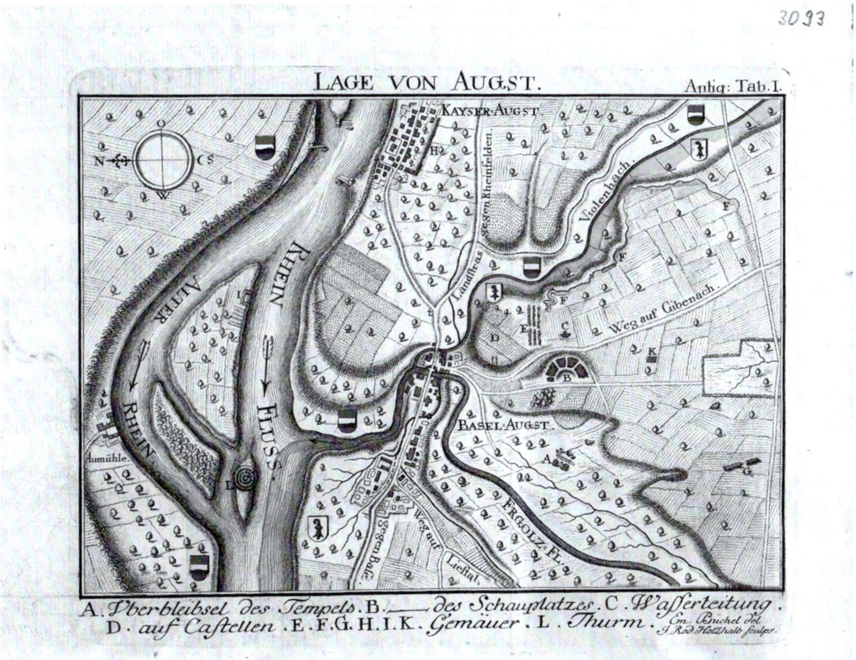

Abbildung 10: Augst an der Brücke. An der Mündung der Ergolz in den Rhein befand sich ein guter Fanggrund für die Nase. Stich von Emanuel Büchel.

in der Ergolz geschrieben,[201] und 1451/1452 erscheint ein *«stat teil»* am Nasenfang in der Ergolz.[202]

Wie lange der Nasenfang in der Ergolz noch an Einzelpersonen verpachtet wurde, ist unklar. Im Laufe der Frühen Neuzeit ging er ebenfalls an die Basler Fischerzunft über. Schon 1474/1475 überbrachte der Fischer Peterhanns Moery den Ertrag aus dem Nasenfang in der Ergolz.[203] Es ist unklar, ob Moery den Nasenfang privat innehatte oder als Mitglied der Fischerzunft fungierte. Zwischen 1525 und 1532 befand sich das Recht zum Nasenfang in der Ergolz kurzzeitig im Besitz der Stadt Liestal, die es sich im Freiheitsbrief von 1525 sichern konnte, 1532 mit der Rückgabe der Urkunden aber wieder verlor.

1798 berichtete der Vorsteher der Basler Fischerzunft, dass die Zunft auch aus Nasen, die in der Ergolz in Augst gefangen wurden, Erträge erhielte. Für die Bemühungen, die Fischer von Augst zu vereidigen, habe die Obrigkeit an die Fischerzunft einen Thaler (Ergolz-Thaler) gezahlt, und die Hälfte der Fische oder der Erlös daraus seien bei der Obrigkeit zusammen mit dem Erlös aus der Birs abgegeben worden.[204] Dies belegt auch die Beteiligung von Augster Fischern am Nasenfang in der Ergolz. Wahrscheinlich handelte es sich um den gleichen Frondienst, den die Muttenzer beim Nasenfang in der Birs leisten mussten.

3.3 Nasenausteilungen

Aus den Jahren 1632 bis 1666 haben sich Quellen erhalten, die belegen, dass die Nasen aus der Birs auch an die Basler Beamten verteilt wurden. Die Austeilung der sogenannten «Birsnasen» erfolgte nach einem bestimmten Schlüssel, der sich kaum veränderte. Es wurde indes nur ein vergleichsweise bescheidenes Quantum von 600 Stück verteilt. Der Grossteil der Nasen gelangte also auch in dieser Zeit auf den Fischmarkt und brachte der Fischerzunft und dem Rat auf diesem Weg Geld ein. Die Nasen wurden unmittelbar während des Nasenfangs auf der Birs im Frühjahr ausgeteilt, was aus den Terminen ersichtlich ist (Vgl. Anhang 4). Für die verantwortlichen Birsfischer war die Austeilung vermutlich kaum mit Mehraufwand verbunden, da sie ohnehin die gefangenen Nasen zum Fischmarkt bringen mussten.

Die folgenden Verteilschlüssel der Birsnasen zeigen die Verteilung nach Ämtern und Zünften:

Jahr / Amt	1633 [205]	1643 [206]	1653 [207]	1664 [208]
Häupter, je	25			
Bürgermeister, je		18	18	24
– als Dreierherr		8	8	8
– als Bauherr		8	8	8
Oberstzunftmeister, je		18	18	22
– als Dreierherr		8	8	8
– als Bauherr		8	8	12
Schlüssel	24	24	24	18
Bären	18	24	24	18
Weinleuten	24	24	18	18
Safran	24	24	24	24
Rebleuten	24	24	24	24
Brodtbecken	24	24	24	24
Schmieden	24	24	24	24
Schuhmachern	12	12	12	12
Gerbern	12	12	12	12
Scheidern	12	12	12	6
Kürschnern	6	12	6	12
Gartnern	24	24	18	24
Metzgern	24	18	24	24
Spinnwettern	24	24	24	24
Himmel	12	12	6	12
Sternen	12	12	12	12
Webern	24	18	24	24
Schiffleuten	12	12	12	6
Fischern	12	12	12	12
Stadtschreiber	18	18	24	24
Ratsschreiber	18	18	18	24
Ratssubstitut	10	10	10	10
Kanzlisten	18	18	18	12
Oberstknecht, Ratsknecht, Richthausknecht	18	18	18	18
Wechselherren, je	6	6	6	6
Lohnherren, je	6	6	6	6
Antistes	8	6	6	6
Stadtsyndicus	8	6		
Wasserträger	4	4	4	4
Türleinschliesser	3	4		
Stubenheizer	4	4	6	6
Rheinzoller	3		4	4
Wachtknecht	4			6
Stadtknecht		4		

Vergleicht man die Anzahl der pro Beamten ausgeteilten Nasen mit derjenigen der aus den Weihern der Basler Landschaft ausgeteilten Karpfen, so ist diese ziemlich identisch. Infolge des geringeren Lebendgewichts der Nasen im Gegensatz zu den Karpfen muss es sich allerdings um eine vergleichsweise bescheidene Fischgabe gehandelt haben. Nur die Häupter kamen wahrscheinlich etwa auf das gleiche Gewicht an Fisch wie bei den Karpfenausteilungen.

Es ist unklar, ob bereits vor 1632, beziehungsweise nach 1666 auch die Nasen aus der Birs wie die Weiherfische von der Basler Landschaft an die städtischen Beamten ausgeteilt wurden. Falls dies nur während des belegten Zeitraums geschah, bleibt offen, warum die Beamten gerade während dieser Periode am Markt vorbei mit preisgünstigem Fisch versorgt werden wollten. Womöglich könnte dies mit eventuellen Versorgungsproblemen während und nach dem Dreissigjährigen Krieg zu tun haben. Durch die Verteilung der Birsnasen konnten sich die Beamten eine zusätzliche kostenlose Fischlieferung pro Jahr sichern, auch wenn die Nasen qualitativ den Karpfen nicht ebenbürtig waren. Gerade dieser Umstand, dass sich sogar die Ratsherren mit Nasen versorgen liessen, deutet auf einen Zustand erhöhter wirtschaftlicher Not selbst in der städtischen Oberschicht hin. Dass die Verteilung mit geringwertigen Nasen, sobald es die Versorgungslage auf dem Fischmarkt zuliess, wieder aufgegeben wurde, erscheint deshalb ebenfalls plausibel, bemühte man sich doch um eine standesgemässe Ernährung. Mit dem Jahr 1666 zumindest bricht die schriftliche Überlieferung der Austeilung von Birsnasen ab, währenddem die Austeilung von Weiherfischen bis zum Ende des Ancien Régime belegt ist.

Das Ende der Austeilung von Birsnasen fällt ferner zeitlich nah mit der Anlage der drei Weiher auf dem Riehener Feld zusammen, die erstmals im Jahr 1660 belegt sind. Es ist deshalb auch denkbar, dass die Austeilung der minderwertigen Birsnasen zugunsten derjenigen von hochwertigen Karpfen aus Riehen aufgegeben wurde.

3.4 Exkurs: Daniel Bruckner: Von dem Nasenfange

Der Nasenfang war für die Region ein derart prominentes Ereignis, dass es auch in der zeitgenössischen Literatur seinen Niederschlag fand. Daniel Bruckner (1707–1781) hat in seinem Monumentalwerk über die Basler Landschaft dem Nasenfang in der Birs 1750 ein ganzes Kapitel gewidmet, welches einerseits die lokale Begebenheit beschreibt, andererseits aber auch Bruckners naturwissenschaftliches Interesse ganz deutlich zeigt.

Daniel Bruckner: Von dem Nasenfange

All jährlich zu Frühlingszeit, gemeiniglich in dem Aprillmonate, bey dem Ausluffe der Birse in Rheine, ein bey uns berühmter Fischfang zu beschehen pfleget; so müssen wir bey Abhandlung der zu St. Jakob gehörigen natürlichen Merckwürdigkeiten, auch einige Nachrichten hiervon erteilen.

Es werden diese Fische, welche allhier in grosser Menge gefangen werden, und derer Abriss hierbey gehet, wie männiglich-bekannt, Nasen genennet. Zu welchem Name Anlas gegeben die sonderbare Gestalt ihres Kopfs, da nemlich der obere und vorderste Teil desselben auf eine besondere Weise über sich gebogen, und einer aufgeworffenen Nase sich vergleichet, so dass, dem Bericht nach der Naturkündiger, nicht leicht eine andere Gattung Fisch zu finden, von welcher sich hierinne unsere Nasen nicht[209] unterscheiden. Ueber das ist auch das Maul in seinem Umkreise mit einem zimlich dicken Bord, gleich als mit dicken Lippen, versehen.

Die Länge einer Nase ist ohngefähr 9 bis 10 Zoll; die Breite aber, wo selbige nemlich am breitesten, mach 2 bis 3 Zoll aus. Die Ohren dises Fisches seyn klein, die Schüppen aber zimlich breit.

An dem inwendigen der Nase ist zu merken, dass das Peritonaeum, oder die Haut, damit der Bauch innerlich überzogen, darinn etwas besonders habt, dass selbige ganz schwarz ist.

Den Geschmack oder die Annemlichkeit dises Fisches anbelangend, so verhaltet es sich damit, wie mit andern Dingen, welche denen Menschen zur Speise dienen; massen einige, darunter auch der berühmte Gesnerus, nicht dafür halten, dass viel Rühmens davon zu machen, und disem Fische ein luckes und ungeschmacktes Fleisch zueignen; andere aber denselben, wann er gebraten zimlich schmackhaft finden. Durchgehends aber werden die viele kleine Kräte, damit derselbe, sonderlich gegen dem Schwanz, angefüllet, für unangenehm und mühsam im Essen gehalten. In vorigen Zeiten wurden viele derselben, gleich den Häringen, eingesalzen.[210]

Sonsten werden die Nasen, was deren Güte antrift, auch unterschieden, in Ansehung der Zeit so wohl, als in Ansehung des Orts, da selbige gefangen werden; da nemlich die, so man Winterszeit fanget, und Eissnasen genennet werden, denen Frühlingsnasen vorgezogen; und die, so aus dem Rhein kommen, für besser gehalten werden, als die Birs- und Wiesennasen.

Es wird von Gesnero[211] noch eine andere Gattung Nase beschrieben, welche die unserige an Schmackhaftigkeit weit übertreffen soll, und Elbnase, zu Latein Capito Anadromus genennet wird. Dise soll, seiner Beschreibung nach, der unserigen zimlich gleich seyn, ausser dass sie mehr weisslicht, auch über das darinn von der unserigen unterschieden, dass sie sich nicht allzeit in Flüssen aufhaltet, sondern nur zu gewissen Zeiten aus dem Meer in die Elbe kommt, da hingegen die unserige nur in Flüssen sich befindet, und die Eigenschaft hat, aus denselben in kleinere und schnell fliessende Wasser hinaufzusteigen; wie denn bey uns dieselbe, im Frühjahre, aus dem Rheine in die Birs kommt, und zu selbiger Zeit darinnen ihren Rogen von sich gibt, allwo sie denn in dem Aprilmonate in grosser Menge gefangen wird, da vorhin zu disem Fange, oberhalb und niderhalb der Birsbrücke, nachdem das Wasser gross oder klein ist, von allhiesigen Fischern die Anstalt und[212] Einrichtung gemacht worden. Bisweilen ist dieser Nasenfang so glücklich, dass während dem Nasenstrich, so eine Zeit von etwan vier Wochen ausmacht, bey hundert tausend, bisweilen auch merklich weniger, gefangen werden, so findet sich, dass die Ausbeute, ein Jahr in das andere, zu vierzig oder fünfzig tausend sich belauffet.

In der Zeit, wenn die Nase in den Birsflusse eintrittet, suchet sie alsobald ihren Rogen, mit deme sie häuffig angefüllet ist, abzulegen, über welchen das Männlein seine Milch ausspritzet, dass die Rogen von der Milch wie eingeschlossen und darmit überzogen werden; welche Materi, als ein dünnes Geplaster, alle Steine, Kiess und Sand, überziehet, und deme sehr fest sich anzuhenken pfleget; also dass vast auf allem Gesteine die angebachene Rogen zu finden und deutlich zu sehen sind, samt denen schwarzen Pünktlein und Merkmalen des Fisches; welcher bey schönem Wetter, nach dem Verlaufe 14. Tagen, ausgeschloffen und lebendig ist.

Bey kleinem Gewässer kann man bemerken, dass der ganze Grund des Wassers von diser Laich, gleich als mit einer dünnen Haute, bedecket ist, welche sich bisweilen zu dreyssig bis mehrere Schritte weit ausdehnet.[213]

Die Nase aber, durch dise Arbeit ermüdet, kehret in den Rhein zurück, und suchet in dem tieffen und stillen Gewässer, durch frisches Waiden die verlorne Kräften sich wiederum anzuschaffen.

Wir haben droben der Elbnase gedacht, welche Gessner Capito Anadromus nennet. Seine Beschreibung ist nicht vollkommen der Natur dises Fisches gemäss; daher wir hie beyzufügen für nöthig erachtet: dass diser Fisch bey uns als ein Vorläuffer des Salmens, und von gleicher wilder Art, angesehen wird. Die Fischer nennen ihn Eltzer, oder Eltzelen; er ist von mehr als dreyfacher Grösse der Nasen, und hat, in Ansehung seines Leibs, einen grossen Kopf. In dem Rheine pflegt er sich öfters in denen Stollen, so die Krümmungen des Wassers sind, welche bey denen Klippen, wo das Wasser schnell darüber lauffet, zur Seite entstehen, und stilles und tieffes Wasser haben, aufzuhalten; wenn er aber in die Birse eintrittet, so geschihet es gemeiniglich in Gesellschaft verschiedener Fische seines Geschlechts, welche in dem Hinauffsteigen so ein grosses Geräusch machen, als kein anderer Fisch zu erwecken pfleget. Wenn er in disen Fluss kommt ist sein Geblüt durch den strengen Lauf sehr erhitzet, dick und zähe, und hat so ein starken unangenemen Geruch, dass jenige, so ihne fangen, ihme[214] gemeiniglich bey dem Schwanze einzuhauen, und dadurch das Blut abzuzäpffen pflegen.

Sonsten finden sich in dem Birsflusse, über diejenige Fische, welche wir, so wohl in disem, als in dem zweyten Stücke, beschrieben, noch verschiedene andere: als die Barbe, der Allet, der Häsel, und andere geringere Arten mehr.[215]

Bruckners Ausführungen bestätigen, dass der Nasenfang noch im 18. Jahrhundert eine hohe Bedeutung für die Region hatte. Dies dürfte zumindest für die stadtnahen Gebiete und die Basler Obrigkeit seine Richtigkeit gehabt haben. Wie wichtig der Nasenfang für die entfernteren Gebiete des mittleren und oberen Baselbiets war, lässt sich nicht abschätzen. Wenn der Grossteil der gefangenen Nasen ausschliesslich über den Basler Fischmarkt verkauft wurde, konnten die ländlichen Untertanen kaum vom günstigen Fischangebot während des Nasenstrichs profitieren.

4. Fischerei im Baselbiet seit der Helvetik

Am Ende dieses Abschnitts möchte ich einen kurzen Ausblick über die weitere Geschichte der Fischerei im nachrevolutionären Kanton Basel, respektive im neuen Kanton Basel-Landschaft wagen. Dabei werden vor allem die bereits für die Vormoderne dargestellten Themenbereiche behandelt. Weitestgehend ausgeklammert bleibt weiterhin die Fischerei im Rhein, mit welcher der neue Kanton Basel-Landschaft erst 1832 konfrontiert wurde. Im Rhein besteht im Hoheitsgebiet des Kantons bis heute ein Nebeneinander von öffentlichen und privaten Fischweiden. Die Fisch-

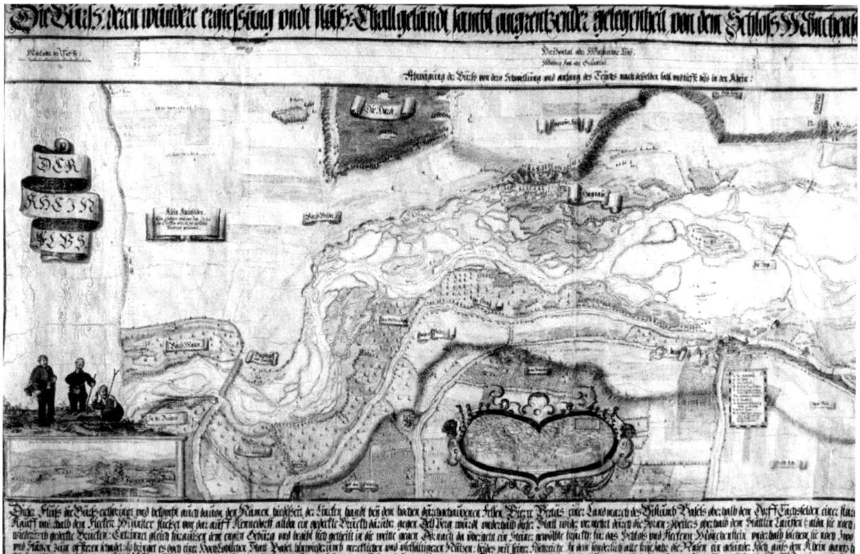

Abbildung 11: Der unkorrigierte Birslauf zwischen St. Jakob und der Mündung in den Rhein im 17. Jahrhundert. Plan von Jakob Meyer 1657.

weiden der Gemeinden Birsfelden und Muttenz wurden 1938 vom Kanton Basel-Landschaft zugunsten der Hafenanlagen in Birsfelden und in der Au abgelöst.[216]

Mit dem Zusammenbruch der alten Ordnung brach auch die bisherige Organisation der Fischerei zusammen. Am 4. Mai 1798 hoben Senat und Grosser Rat der Helvetischen Republik alle Feudalrechte auf, worunter auch die Fischenzen fielen.[217] Viele ehemalige Untertanen fühlten sich nun als gleichwertige Bürger berechtigt, von der Fischerei ebenfalls zu profitieren. In der Folge nahm die freie Fischerei stark zu und geriet faktisch ausser Kontrolle. Am 9. Mai 1798 verfügte das Helvetische Direktorium in Aarau: *«Das Fischen in Teichen und Flüssen soll nur in sofern frey gegeben seyn, als dadurch niemand an Gütern oder anderem Eigenthum Schaden gebracht wird»*.[218] Ende Juli rechtfertigte der Regierungsstatthalter Schmid den Beschluss des Direktoriums. Offenbar waren aus verschiedenen Kantonen Klagen über dessen Beschluss eingegangen. Er gab daher bekannt: *«Dass in denjenigen Gewässern, wo das Fischrecht bis dahin gesetzmässig erworbenes PrivatEigenthum, oder eigentliches GemeindEigenthum war, oder auch wo dasselbe von der Regierung verpachtet worden, ohne dass die Pachtzeit noch zu Ende wäre, das Fischen durch den Beschluss vom 9. May noch nicht frey gegeben sey; und das Gesetz über diese Art von Eigenthum, und im Fall seiner Aufhebung über*[219] *die Zulässigkeit und Weise der Entschädigung, so wie über die Fischerey überhaupt in ihren rechtlichen und staatswirthschaftlichen Beziehungen entscheiden werde. Und dass in Erwartung desselben die Absicht des Vollziehungs-Direktoriums vorzüglich dahin gegangen, dasselbe Recht, welches sonst in manchen Kantonen nur allein die StadtBürger als eine Folge ihrer politischen Rechte genossen hatten, als allen StaatsBürgern zukommend zu erklären.»*[220] Die totale Freigabe der Fischerei erwies sich als nicht durchführbar, und eine gesetzliche Regelung war vonnöten. Aufgrund der gewaltigen Reorganisation des Staatswesens, mit der sich die helvetische Regierung konfrontiert sah, liess die gesetzliche Regelung des Fischereiwesens allerdings lange auf sich warten und tendierte schliesslich wieder in die Richtung der vorrevolutionären Ordnung, nämlich einer Führung von staatlichen Fischenzen und deren Verpachtung an Private. Die Verstösse gegen die Eigentumsrechte an den Fischenzen erfolgten hingegen weiterhin.

Am 5. März 1801 verlieh die Gemeindekammer den Nasenfang in der Birs an die Bürger Johannes Münch, Daniel Greter, Johann Jakob Hofmann, Jakob Matzinger-Brenner und Peter Brändlin. Die Verleihung geschah aus dem Grund, da die Gemeindekammer *«das der Gemeinde zuständige Eigenthumsrecht an der Fischweid in der Birs wieder nutzbar machen»* wollte. Jedermann wurde gewarnt, die Pächter in ihren Nutzungsrechten zu schmälern. Vergehen sollten dem Agenten der St. Albansektion angezeigt und vom Distriktsgericht geahndet werden.[221]

Am 26. November 1801 wurde bekanntgegeben, dass die Verwaltungskammer von der Regierung den Auftrag erhalten habe, *«die ehemaligen Verordnungen wegen dem Fischen wiederum in Kraft zu setzen, und die dem Staat zugehörige Fischrechte neuerdings zu verpachten»*. Gemeinden und Private, welche eigene Eigentumsansprüche auf die Fischweiden geltend machen wollten, wurden aufgerufen, diese innert 14 Tagen bei der Verwaltungskammer mit Beweisen zu belegen. *«Unterdessen wollen die vor der Revolution bestandenen Verordnungen wegen dem Fischen gehandhabt und die darwieder Handelnden an Behörde verzeigt werden»*.[222]

Am 17. Mai 1802 verbot die Munizipalität der Stadt Basel auf Bitte der Gemeindekammer erneut das Fischen in Wiese und Birs mit Bären und Garnen, *«als wodurch diejenigen Bürger, welche die FischWeiden rechtmässig zu benutzen befugt sind, in ihrer Benutzung beeinträchtiget, und die mit vielen Kosten an diesen Flüssen angelegten Wuehr ziemlich beschädiget werden»*. Die Strafe betrug 4 Franken, wobei der Anzeigende 2 Franken erhalten sollte.[223] Am 28. September 1803 verbot der Kleine Rat das Fischen an Sonn- und Feiertagen bei einer Strafe von 4 Franken.[224] Am 22. Oktober 1803 erneuerte der Kleine Rat das strikte Fischverbot in *«eigenthümlichen und verpachteten Fischwaiden»*. Fehlbare waren den Gescheiden oder Statthaltern anzuzeigen und von diesen mit Bussen zwischen 6 und 12 Franken zu bestrafen.[225]

Mit dem Ende der Helvetischen Republik kehrten im Kanton Basel auch in der Fischerei grossmehrheitlich die vorrevolutionären Zustände zurück. Am 27. April 1804 beschloss die Haushaltung, dass infolge des Beschlusses im Kleinen Rat vom 21. April alle Fischweiden im Kanton wieder an ihre alten Eigentümer übergehen sollten. Die Staatsweiden sollten wieder verpachtet und die Pachtbedingungen in einer Verordnung geregelt werden. Bis dies geschehen sei, bleibe das Fischen weiterhin verboten, es sei denn, man könne den Besitz eines Fischereirechts beweisen.[226]

1804 wurden alle staatlichen Fischenzen des Kantons an den Meistbietenden verpachtet. Für den Bezirk Liestal fand die Versteigerung am Mittwoch, 30. Mai, um 8 Uhr im Rathaus in Liestal statt, für den Bezirk Sissach am gleichen Tag nachmittags um 2 Uhr im Restaurant Sonne und für den Bezirk Waldenburg am Donnerstag, 31. Mai, morgens 9 Uhr beim Statthalter. Die Pächter sollten in ihrer Fischweide nichts unternehmen, was dem Fischzug oder anderen Pächtern schaden könnte, und durften die Fischweiden grundsätzlich nicht unterverpachten. Die Pacht wurde auf sechs Jahre vergeben, und die Jahreszinsen mussten jeweils im Voraus bezahlt werden. Allen Nicht-Pächtern wurde das Fischen untersagt. In den Flüssen Rhein, Wiese, Birs und in der Ergolz unterhalb von Liestal blieb das Fischen mit Ruten und Angeln aber wie bis anhin für jedermann erlaubt.[227]

Am 5. Juni wurde auch das Fischen mit Grund- und Federangeln in allen Gewässern verboten.[228] Am 5. Dezember 1804 wurde das Fischfangverbot in der Fischweide in der Birs zwischen St. Jakob und der Neuen Welt erneuert.[229] Am 17. Juli 1805 wiederholte man das Verbot, an Sonn- und Feiertagen zu fischen, weil in den Flüssen und Bächen, besonders in der Ergolz, bezüglich Fischerei «verschiedene Unordnungen» herrschten.[230] Am 5. Oktober 1805 wurden die Fischweiden in der Birs, von der Lettgrube bis zu den Stegen von St. Jakob und vom Wasserhaus bis zur Gipsgrube, nachmittags 14:30 Uhr im Rathaus in Basel versteigert.[231] Dies geschah erneut am 21. November 1807.[232]

Am 19. März 1810 wurden nach sechs Jahren wiederum alle Fischweiden des Kantons zur Versteigerung ausgeschrieben. Dies fand in den verschiedenen Bezirken zwischen dem 10. und dem 12. April statt. Die Bedingungen waren die gleichen wie anno 1804.[233] Auch 1816 verpachtete man alle Fischweiden zu den gleichen Konditionen.[234] 1822 erfolgte die erneute Verpachtung auf sechs Jahre,[235] 1828 die letzte unter der Basler Herrschaft. [236]

Die Fischereipolitik der Helvetischen Republik mit ihrem Anspruch auf grösstmögliche Freiheit scheiterte in grossem Stil. Der nachrevolutionäre Kanton Basel musste inhaltlich zum Zustand von vor 1798 zurückkehren. Die Wiedereinführung eines Fischereiprivilegs für die Obrigkeit konnte allerdings nicht mehr durchgesetzt werden. Formell wurden durch die Verpachtung der Fischenzen an den Meistbietenden gleiche Voraussetzungen für alle Staatsbürger geschaffen, faktisch jedoch konnten nur diejenigen Bürger für sich Fischereirechte ersteigern, die auch über die nötigen finanziellen Mittel verfügten. Die zuvor zumeist ständische Privilegierung wich somit einer solchen nach den finanziellen Möglichkeiten. Somit profitierten auf der Basler Landschaft vor allem diejenigen von den neuen Verhältnissen, die zur lokalen Oberschicht gehörten, bis zur Revolution aber juristisch keine Bürger waren, sondern Untertanen. Diese dünne Schicht aus Grossbauern, Wirten, Müllern und ersten

Industriellen erhielt nun Zugang zu den alten herrschaftlichen Privilegien. Für die überwältigende Mehrheit der Landbevölkerung hingegen änderte sich mit Revolution und Restauration in Bezug auf die Fischerei praktisch nichts. Im Gegenteil verwehrte ihnen nun ein gut organisiertes Staatswesen auf der Basis einer verfassungsmässigen Ordnung den Zugang zu den Fischweiden, während ihnen die vorrevolutionäre, in vielen Teilen flexiblere Ordnung zwar nicht formaljuristisch, jedoch im täglichen Leben sehr viel mehr Spielraum gelassen hatte. Der Wunsch nach der Rückkehr zur «alten Freiheit» durch eine neue Ordnung, den viele Untertanen noch 1798 hegten, wurde jäh enttäuscht.

Der Wunsch nach Einlösung der revolutionären Versprechen beseelte auch die einsetzende Reformbewegung im Kanton Basel, welche sich ab 1830 formierte und letztendlich zum Bürgerkrieg und zur Kantonstrennung führte. Fragen des Fischereirechts waren zwar keine zentralen Punkte der Trennungsdiskussion, wurden aber durch die Veränderungen der Rechtsverhältnisse ebenfalls tangiert.

Die neue Verfassung des Kantons Basel vom 28. Februar 1831 übertrug in § 18 alle Allmenden und die Aufsicht darüber den Gemeinden.[237] Es ist unklar, ob auch die Fischereikompetenz damit auf die Gemeinden überging. Die neue Verfassung des Kantons Basel-Landschaft vom 27. April 1832 bestimmte in § 24: «Jagden und Fischweiden in ihrem ganzen Umfang sind Gerechtsame der Gemeinden».[238] In der Folge begannen die Gemeinden mit der Verpachtung ihrer Fischweiden und mit der Erstellung eigener Regelungen. Auch die zweite Staatsverfassung vom 1. August 1838 behielt diesen Grundsatz im § 24 unverändert bei,[239] wie auch die neue Verfassung vom 6. März 1863 im § 27.[240]

Die Zuständigkeit für die Fischerei und deren Regelung gingen mit der Bundesverfassung von 1874 auf den Bund über (Art. 25). Bereits am 18. September 1875 wurde ein erstes Bundesgesetz über die Fischerei erlassen, das wiederum den Kantonen dessen Vollzug übertrug. In der entsprechenden Vollzugsverordnung des Kantons Basel-Landschaft vom 2. Februar 1878 wurde den Gemeinden das alleinige Verfügungsrecht über die Fischweiden zugesprochen. Die Gemeinden stellten den Pächtern Fischkarten aus und verpachteten ihre Fischweiden auf sechs Jahre an den Meistbietenden. Eine Unterverpachtung wurde verboten, und der Pachtzins musste jährlich und im Voraus entrichtet werden.[241]

1888 wurde ein zweites Eidgenössisches Fischereigesetz erlassen, und 1889 folgte die entsprechende Verordnung. Diese regelte vor allem technische Belange der Fischerei. Das Recht zur Verleihung der Fischenzen blieb bei den Kantonen. Der Regierungsrat des Kantons Basel-Landschaft erliess am 5. Oktober 1889 die Vollzugsverordnung zum Bundesgesetz und zur Bundesverordnung, welche die kantonalen Regelungen von 1878 grösstenteils beibehielt, jedoch detailliertere Bestimmungen enthielt.[242]

Die Fischereiverordnung von 1889 blieb bis zur Einführung des Kantonalen Fischereigesetzes vom 24. Juni 1981 in Kraft. Auch dieses neue Gesetz änderte an der bisherigen Praxis wenig, indem es in § 3 das Fischereiregal den Gemeinden übergab, welche die Fischweiden wiederum für sechs Jahre verpachten sollten.[243] Am 10. November 1981 erliess der Regierungsrat eine ergänzende Verordnung zum Gesetz.[244]

Die heute gültige Kantonsverfassung vom 17. Mai 1984 gesteht den Gemeinden im § 126 das Fischereiregal zu.[245] Das derzeit geltende Fischereigesetz vom 11. Februar 1999 beliess in § 3 das Fischereirecht bei den Einwohnergemeinden. Erstmals wurde jedoch in § 9 vom Grundsatz der Versteigerung von Fischweiden abgewichen und beschlossen, die Fischweiden zu einem zuvor vom Kanton geschätzten Preis an den bisherigen Pächter oder die Gruppierung mit den meisten ortsansässigen Fischerinnen und Fischern zu verpachten. Dabei darf der geschätzte Pachtpreis von den Einwohnergemeinden bis zu 10% erhöht oder reduziert werden. Auch wurde die Pachtdauer der Fischenzen auf acht Jahre verlängert.[246] Auch zu diesem Gesetz besteht eine entsprechende Verordnung vom 29. Juni 1999.[247]

Im Jahr 2009 teilten sich insgesamt 1497 Fischerinnen und Fischer, organisiert in 13 Vereinen und als Private, die 786 Kilometer Fliessgewässer im Kanton Basel-Landschaft.[248] Gesamthaft wird eine Fläche von 205 Hektaren in 120 Revieren verpachtet, und die Pachtdauer beträgt acht Jahre. Viele kleinere Gewässer werden als Aufzuchtbäche genutzt, aus denen die halb ausgewachsenen Fische in grössere Gewässer übersiedelt werden. «Die Vereine sind verpflichtet, eine Besatz- und Fangstatistik zu führen, welche der kantonalen Behörde jährlich zur Verfügung gestellt werden muss».[249]

Ganz verschwunden hingegen ist der Nasenfang in Birs und Ergolz. Dies ist auf das allgemeine Schwinden des Fischbestands durch Überfischung und Umwelteinflüsse einerseits, andererseits auf den ausbleibenden Fischzug infolge des Baus von Wasserkraftwerken am Oberrhein zurückzuführen. Mit dem Bau des Kraftwerks Augst-Wyhlen 1912 gelangten fast keine Nasen mehr in die Ergolzmündung, und mit dem Bau des Kraftwerks Kembs 1932 wurde auch die Birs vom Rhein abgeschnitten. Dies verunmöglichte es den Nasen nach und nach, überhaupt noch in ihre alten Laichgründe aufzusteigen.

Im § 11 der Fischereiverordnung von 1889 wurde den Gemeinden das Recht übertragen, nebst den regulären Fischkarten besondere Patente für den Nasenfang auszustellen, welche während des Nasenstrichs in den Monaten März und April gültig waren und jährlich erneuert werden mussten. Pro Patent sollten mindestens Fr. 1.– an die jeweilige Einwohnerkasse bezahlt werden.[250] Aufgrund der Rechtslage stellten die Gemeinden Birsfelden und Augst jährlich Patente für den Nasenfang aus. In Birsfelden beklagten sich 1889 die Eigentümer der Grundstücke an der Birs über die Nasenfischer, die sich während des Nasenfangs dort tummelten.[251] 1895 monierte der Gemeinderat von Augst, dass in den vergangenen Jahren die Nasen-Patente vom jeweiligen Pächter der Fischenz in der Ergolz zwar zu je Fr. 1.– verkauft, das Geld davon aber nicht in die Einwohnerkasse geflossen sei.[252] Auch in Birsfelden wurde diese Praxis angewendet, und der Gemeinderat wollte es auch dabei belassen.[253] Der Gemeinderat von Muttenz berichtete aber schon damals, dass der Nasenfang in seinem Gemeindebann, seit die Birsbrücke der Centralbahn verstärkt worden sei, *«gleich Null»* ist, *«indem der Zug der Fische vollständig abgeschnitten ist»*. In Muttenz würden überhaupt keine Nasen-Patente mehr abgegeben.[254]

1902 bemühte sich der Gemeinderat von Birsfelden um eine Verlängerung der Frist für den Nasenfang in der Birs, da dieser schon seit etwa 15 Jahren erst Mitte oder Ende April abgehalten werden könne. Wenn die Gemeinde nur für wenige Wochen Patente ausstellen könne, würde sie damit nicht gerade viel verdienen. Der Regierungsrat genehmigte in der Folge den Nasenfang bis zum 15. Mai.[255] Auch im kalten Frühling 1903 stellte sich der Nasenstrich erst spät ein, weshalb er bis Ende Mai genehmigt wurde.[256] Verlängerungen des Nasenfangs wurden auch 1904[257] und 1907[258] wieder erteilt. 1908 schrieb der Gemeinderat von Birsfelden, dass man früher den Nasenstrich für den Rudolfstag habe annehmen können, er jedoch in den letzten Jahren immer später einsetze und in diesem Jahr noch die schlechte Witterung dazu komme.[259] Der Regierungsrat verlängerte den Nasenfang erneut bis Ende Mai, so auch 1909.[260] Im gleichen Jahr gab es in Birsfelden erneut Streit unter den Fischern, denn die Pächter der Fischenzen im Gemeindebann sahen sich automatisch auch zum Nasenfang berechtigt, welcher aber durch die kantonale Fischereiverordnung ausdrücklich von der regulären Fischenz ausgenommen war.[261] Der Gemeinderat von Birsfelden gab zu, dass von den Pächtern bis jetzt keine Patente gelöst werden mussten, ein Pächter jedoch nun damit begonnen habe, selbst Fischkarten und Nasen-Patente zu verkaufen, was auch der Gemeinde missfalle.[262] Der Regierungsrat stützte die Haltung des Gemeinderats, dass die regulären Pächter für den Nasenfang nicht noch zusätzlich bezahlen müssten, jedoch von sich aus auch keine Fischerkarten ausstellen dürften.[263]

1912 stellte die Finanzdirektion des Kantons Aargau beim Eidgenössischen Departement des Innern den Antrag, mit dem Grossherzogtum Baden eine Vereinbarung zum Schutz des Nasenbestands im Oberrhein abzuschliessen, und das Grossherzogtum war zu einer Vereinbarung bereit. Die Regelung sah insbesondere die Einführung von Fangmindestmassen, die gezielte Platzierung von Fischlaich, die Ausscheidung von Schonrevieren sowie generelle Nasenfangverbote vor.[264] Fischereiaufseher Meng konnte nicht allen diesen Punkten etwas abgewinnen. Er berichtete, dass im Frühjahr 1912 in Augst circa 800 Nasen gefangen wurden, deren Laich man abgestreift und «an ruhiger Stelle in Ergolz und Rhein eingesetzt» habe. In Birsfelden habe man nur einige wenige Nasen gefangen. Eine Schonzeit für die Nase mache folglich keinen Sinn und auch die Ausscheidung von Schonrevieren nicht, da im Kanton nur an drei Orten überhaupt Nasen gefangen würden. Den übrigen Vorschlägen stimmte Meng zu.[265]

Der Nasenstrich von 1913 kam so verspätet, dass die Gemeinde Augst eine Verlängerung des Nasenfangs sogar bis zum 15. Juni wünschte. Der Regierungsrat bewilligte sie aber nur bis Ende Mai.[266] 1914 wurde wieder gleich verfahren,[267] 1915 bis zum 20. Mai verlängert.[268] Gemäss Angaben der Gemeindeverwaltung Birsfelden wurden für das Jahr 1915 16 Nasenpatente ausgestellt, und der Nasenfang in der Birs wurde bis 25. Mai verlängert. Ein regulärer Pächter hatte sich im Vorfeld gegen eine Verlängerung stark gemacht, da er fürchtete, die Nasenfischer würden auch andere Fische fangen, die eigentlich ihm als Pächter zustünden.[269] Auch 1916 wurde der Nasenfang in der Birs bis zum 31. Mai verlängert,[270] ebenso 1917[271] und 1918.[272]

Quellen von 1923 belegen schliesslich das faktische Ende des Nasenfangs in Birs und Ergolz. Der Pächter der Fischweiden in Birsfelden, Fritz Schmid, wurde beim Regierungsrat vorstellig, um sich gegen die erneute Verlängerung des Nasenfangs zu wehren, und gab zu bedenken: «Der Nasenstrich ist in den letzten 10 Jahren infolge Rückgang der Fischerei überhaupt und auch infolge ungünstiger Verbauungen der Birs (Ufer & Schwellen) derart zurückgegangen, dass von einem eigentlichen Nasenstrich nicht mehr gesprochen werden kann. Auch in den Monaten März und April ist die Nase keineswegs in einer Menge zu treffen, dass sie an Zahl irgend eine andere in der Birs akklimatisierte Fischart, z. B. Forelle oder Aesche übertreffen würde. Für viele Nasenpatentinhaber ist das

Patent längst nur mehr ein Vorwand zum Fischen». Schmid müsse als Pächter jährlich Fische einsetzen und seinen Zins zahlen, die Patentinhaber aber könnten für eine kleine Gebühr zwei Monate jährlich fischen und hätten keine weiteren Verpflichtungen. Ferner führe die Birs in den Monaten März bis Mai noch genügend Wasser, im Sommer würden wegen des geringen Wasserstands nur noch die Badegäste und die Enten von der Fischerei profitieren. In Anbetracht dessen, «dass die Nasenpatente infolge des starken Rückgangs dieses Fisches jede Berechtigung verloren» hätten, beantragte Schmid die Einstellung der gängigen Praxis, den Nasenfang zu verlängern.[273] Die Direktion des Innern anerkannte sein Anliegen und sicherte zu, die Patente in Zukunft nicht mehr über den 15. Mai hinaus zu verlängern.[274]

Das faktisch zunehmende Ausbleiben der Nase in Birs und Ergolz hat die gesetzlichen Regelungen des Nasenfangs weitgehend obsolet werden lassen, so dass das Fischen der Nase in den regulären Fischweiden aufging und nicht mehr als Sonderrecht galt.

Dem spezifischen Schutz der Nase verschrieb sich der Kanton allerdings erst spät. Noch in der Fischereiverordnung von 1981 wurden für die Nase kein Fangverbot und keine Schonzeit erlassen. In der geltenden Verordnung von 1999 allerdings wurden für die Nase in Rhein, Ergolz und Birs eine Schonzeit vom 1. April bis 31. Mai und ein Fangmindestmass von 30 cm festgelegt.[275] Während des Nasenstrichs ist die Nase also heute vor den Fischern sicher, weshalb sich ihre Bestände auf sehr tiefem Niveau etwas erholen konnten. Gemäss Nasen-Monitoring des Bundesamts für Umwelt zwischen 1995 und 1999 befindet sich der einzige noch namhafte Laichgrund der Nase in der Region Basel in der Mündung der Wiese in Kleinhüningen, wo jährlich noch über 1000 Tiere anzutreffen sind und der Laichgrund deshalb als gesichert gelten kann.[276] Die Zeit der Nase als «Brotfisch» der armen Leute ist in der Region Basel allerdings definitiv vorbei.

5. Fazit

Die Fischerei war auf der Basler Landschaft seit jeher ein Teil der Ernährungsgrundlage. Der Bedarf an Fisch konnte hingegen nie vom einheimischen Angebot gedeckt werden, weshalb Fischimporte zu allen Zeiten notwendig waren.

Die eher geringen Erträge aus den einheimischen Fischweiden waren infolgedessen sehr begehrt und deshalb auch umkämpft. Das Recht zum

Fischfang war ein herrschaftliches Privileg, welches in vorbaslerischer Zeit vom lokalen Adel gehalten und von diesem an Dritte, beispielsweise an Dorf- und Stadtgemeinschaften weiterverliehen wurde. Mit dem Aufbau ihres Territoriums gelangte die Stadt Basel in den Besitz von immer mehr Fischereirechten. Durch den Erwerb der Landgrafschaft im Sisgau wurde sie schliesslich juristisch alleinige Besitzerin der Fischenzen im Baselbiet, musste aber faktisch ihre Fischereirechte noch vom lokalen Adel übernehmen.

In vielen Kaufurkunden von Dorfherrschaften in der Region sind Fischenzen als zum Kaufobjekt gehörig aufgelistet. Dies muss nicht unbedingt, kann aber deren Existenz bestätigen. Mit dem Übergang von Territorien an die Stadt wurden auch die Herrschaftsverhältnisse aufgenommen und geregelt, und dies betraf auch den Bereich der Fischenzen.

Schon im Spätmittelalter waren aber auch Dorf- und Stadtgemeinden im Besitz von Fischereirechten, insbesondere die Stadt Liestal, die als einzige Stadt im Sisgau auch den einzigen Fischmarkt unterhielt und eine eigene Fischerordnung besass. Liestal konnte seine Fischereirechte teilweise bis heute erhalten, während die Obrigkeit den Dorfgemeinschaften im restlichen Baselbiet die Nutzung der Fischenzen immer mehr einschränkte. Dabei kollidierte der Herrschaftsanspruch der Stadt mit den gewohnheitsrechtlichen Vorstellungen vieler Landbewohner.

Die Fischerei im Rhein betraf die Basler Herrschaft ausserhalb des Stadtbanns faktisch wenig, wurde sie doch von der Korporation der Rheingenossen betrieben und gelangte erst mit deren Verschwinden im 19. Jahrhundert grösstenteils in staatliche Obhut.

Die Fischweiden des Münchensteineramts in der Birs wurden von der Stadt an Dritte verpachtet. Dabei kam es zu den üblichen Streitigkeiten, meist wegen unerlaubten Fischens in den verpachteten Fischenzen. Mit ihrem Anteil am Lauf der Birs war die Stadt Basel ferner in einer komfortablen Lage, denn sie kontrollierte faktisch den Fischzug im Fluss, und die Herrschaften an dessen Oberlauf waren von Basels Verhalten abhängig, was zu einem spannungsgeladenen Nebeneinander der Herrschaften an der Birs führte.

Ausgenommen von den regulären Fischenzen war das Recht des Nasenfangs in Birs und Ergolz. Die Obrigkeit verlieh der Basler Fischerzunft das alleinige Recht, in beiden Flüssen Nasen zu fangen und auf dem Markt zu verkaufen. Die Zunft durfte die Hälte des erzielten Gewinns für sich behalten. Innerhalb der Fischerzunft wurde das begehrte, weil lukrative, Amt der «Birsfischer» jährlich an die Zunftmitglieder vergeben. Dabei kam es aber häufig zu internen Streitigkeiten. Die gefischten Nasen wurden mehrheitlich preisgünstig auf dem Basler Fischmarkt verkauft. Für eine Phase von 34 Jahren im 17. Jahrhundert existieren jedoch auch Quellen, die belegen, dass Nasen als Lohnbestandteile der städtischen Beamten ausgeteilt wurden. Es ist unklar, warum nur während dieser Zeit, nebst den Karpfen von der Basler Landschaft, auch Nasen ausgeteilt wurden. Die hohe Bedeutung des Nasenfangs geht auch aus dem entsprechenden Kapitel im Werk von Daniel Bruckner hervor.

Mit dem Ende der Alten Ordnung 1798 wurde der Versuch unternommen, die Fischerei generell frei zu geben, was sich jedoch als undurchführbar erwies. Spätestens in der Restauration wurden auch in der Fischerei auf der Basler Landschaft wieder die alten Verhältnisse eingeführt. Die staatlichen Fischweiden wurden dem Meistbietenden für jeweils sechs Jahre verpachtet, ein letztes Mal 1828.

Der neue Kanton Basel-Landschaft führte diese Praxis im Grundsatz fort, übertrug das Fischereiregal aber auf seine Gemeinden, bei denen es bis heute geblieben ist. Gänzlich verschwunden ist der Nasenfang, weil die Nase im 20. Jahrhundert grösstenteils aus den hiesigen Gewässern verschwunden ist.

Der kurze Überblick über die Fischereigeschichte der Basler Landschaft zeigt vor allem die grosse Präsenz des Fischs im täglichen Leben der Menschen. Fisch war damals wie heute ein hochwertiges Nahrungsmittel und somit begehrt und teuer. Der Besitz von Fischrechten war daher ein einträgliches und krisenresistentes Geschäft. Entsprechend kämpferisch verteidigten deren Inhaber ihre Privilegien oder versuchten Untertanen, in deren Besitz zu kommen. Die werdende Staatsgewalt anerkannte zwar ein minimes Selbstversorgungsrecht der Untertanen, aber eine totale Freigabe des Fischfangs war für sie unvorstellbar. Vor allem bezüglich der herrschaftlichen Regulierung der Fischerei besteht grosse Kontinuität vom Spätmittelalter bis in die heutige Zeit.

Die Bedeutung der Fischerei in der Region wie allgemein in den Binnengebieten begann erst im 18. Jahrhundert zu schwinden, da sich im Zuge der Industrialisierung, Agrarmodernisierung und vermehrter Nahrungsmittelimporte immer mehr Menschen mit günstigem Getreide sowie mit Fleisch als «Fischersatz» eindecken konnten. Überfischung, Umweltprobleme und zunehmende Gewässerregulierung trugen dazu bei, dass die Fischbestände in den heimischen Gewässern immer mehr zurückgingen und die Fischerträge sanken, wodurch die Fischerei ebenfalls ganz massgeblich an Bedeutung verlor. Bestrebungen zum nachhaltigen Umgang mit der natürlichen Ressource Fisch gab es zwar immer, jedoch bereitete erst die tiefgreifende Sensibilisierung der Gesellschaft gegenüber Umweltproblemen in der zweiten Hälfte des 20. Jahrhunderts den Boden für eine tatsächlich nachhaltige Fischerei und Fischereipolitik.

Im zweiten Teil der Untersuchung wird der zweite Bereich der Fischerei auf der Basler Landschaft behandelt: die Fischzucht.

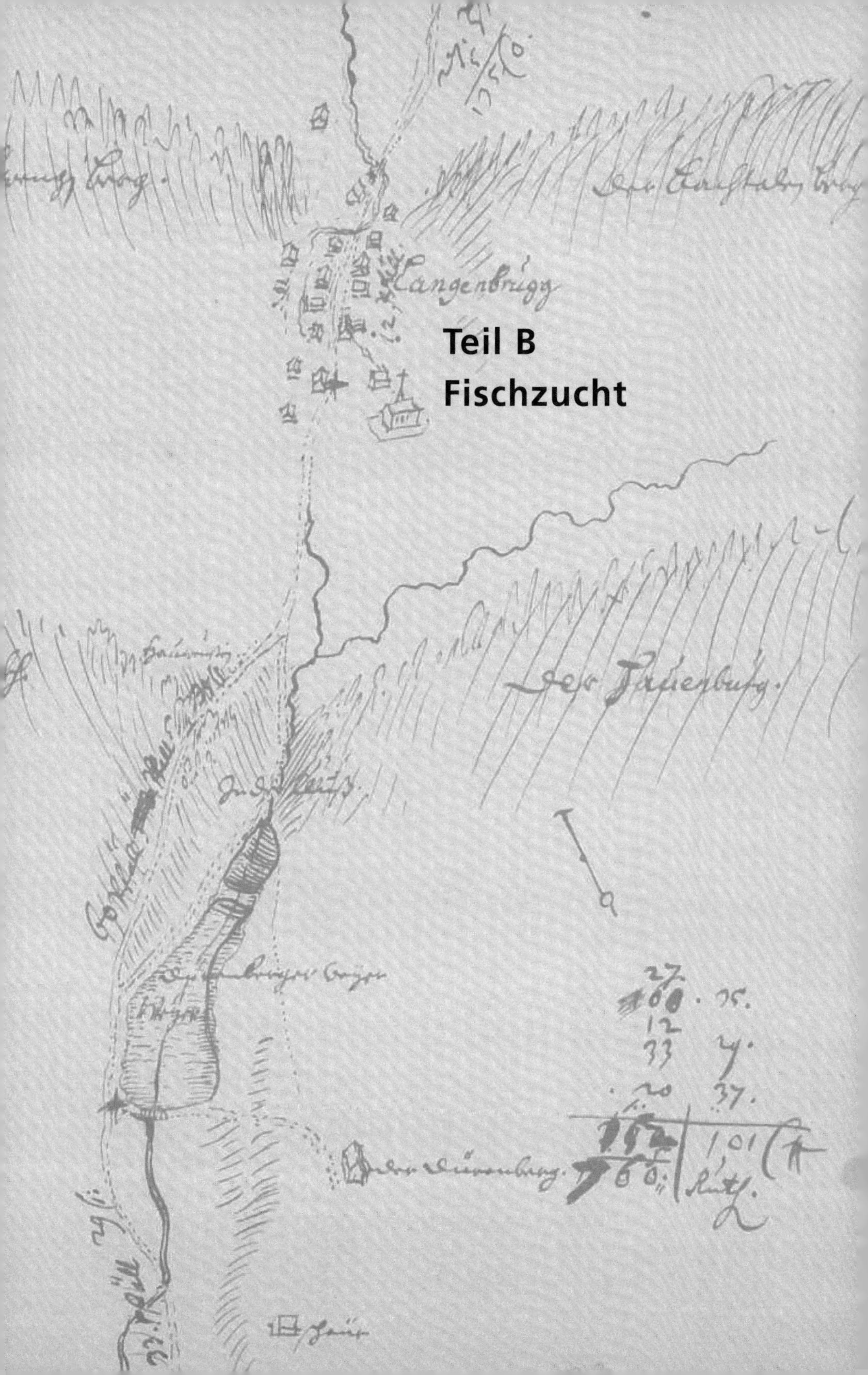

Teil B
Fischzucht

6. Einleitung

Die Stadt Basel betrieb in ihrem ländlichen Herrschaftsgebiet im Spätmittelalter und in der Frühen Neuzeit eine Reihe von Fischweihern in Eigenwirtschaft. Auffallend dabei ist die Tatsache, dass, anders als bei geistlichen Herrschaften und Institutionen, für welche die Verfügbarkeit von grösseren Mengen Fisch als Fastenspeise von herausragender Bedeutung war, hier eine weltliche Stadtrepublik ein eigenes System der Teichwirtschaft betrieb, das auch über die Reformation hinaus bestehen blieb. Die Geschichte dieses Systems, seine Bedeutung, Funktion, Organisation und Verwaltung, ist Gegenstand des zweiten Teils meiner Arbeit.

Die Geschichte der Basler Weiherwirtschaft ermöglicht einen Einblick in verschiedenste Themenbereiche. Die Teichwirtschaft als Teil der Landwirtschaftsgeschichte, Arbeit, Löhne und Preise als Segment der allgemeinen Wirtschaftsgeschichte, herrschaftliche Verwaltung und ländliche Gesellschaft der Vormoderne: Alle diese Themenbereiche werden in diesem Abschnitt berührt. Freilich können in dieser Arbeit nicht alle diese Bereiche gleich vertieft werden. Vielmehr steht eine explizit mikrohistorische Betrachtung der Basler Weiherwirtschaft als historische Fallstudie im Zentrum, die das lokale Beispiel mit dem grossen Ganzen in Verbindung setzt.

Die Existenz von Teichwirtschaft und Fischzucht auf der Basler Landschaft im Spätmittelalter und in der Frühen Neuzeit ist heute praktisch vollständig in Vergessenheit geraten. Einzig Flurnamen deuten in vielen Ortschaften noch auf ehemalige Weiher hin, jedoch verschwinden auch diese Flurnamen zusehends, wenn sie nicht in amtliche Strassennamen übergegangen sind. Dies ist auch auf den zunehmenden Bedeutungsverlust der Landwirtschaft zurückzuführen. Erst im 19. Jahrhundert erlebte die Fischzucht in der Region Basel wieder einen Aufschwung. Dies ist vor allem der Einfuhr der gut zu züchtenden Amerikanischen Regenbogenforelle zu verdanken. Diese Fischzucht «neuen Stils» muss an dieser Stelle aber unbearbeitet bleiben.[277]

7. Weiher auf der Basler Landschaft

7.1 Überlegungen zur Entstehung

Bereits im antiken Italien wurden Fische in künstlichen Fischteichen gehalten, die aber vor allem als Frischhaltebecken und wohl weniger zur

Fischzucht dienten. Ab dem 9. und 10. Jahrhundert vergrösserte sich der Bedarf an Fisch infolge der christlichen Fastengebote, weshalb nun vor allem Klöster mit der Zucht von Fischen in Fischweihern begannen. Karl der Grosse regelte und förderte die Fischzucht für die Krongüter und Reichshöfe um 795 im *Capitulare de villis*.[278] Im Spätmittelalter setzte infolge der Agrarkrise ein regelrechter Boom der Teichwirtschaft ein. «Der Preiszerfall beim Getreide führte zu einer höheren Kaufkraft der nichtbäuerlichen Bevölkerung. Dies erlaubte breiten Bevölkerungsschichten auch teurere Nahrungsmittel wie Fisch zu erwerben.»[279] Die Nachfrage stieg deshalb so stark an, dass sie allein durch Binnenfischerei und Fischimport nicht mehr gedeckt werden konnte und so die Fischproduktion in Teichen zu einem profitablen Geschäft wurde. «Überall dort, wo es das Gelände zuliess, wurden Teiche gebaut, (...) vor allem auf Böden, deren landwirtschaftliche Nutzbarkeit nicht optimal war.» Das Gebiet des heutigen Schweizer Mittellands war an der Schwelle zum 16. Jahrhundert denn auch «mit unzähligen Fischteichen übersät».[280]

Die Ursprünge der Weiher auf der Basler Landschaft liegen, mit einer Ausnahme, weitestgehend im Dunkeln. Der Sisgauische Landtag vom 25. März 1367 stellte fest, dass alle Fischenzen und die Rechte zur Nutzung von Fliessgewässern im Sisgau landgräfliche, also landesherrliche Rechte seien.[281] Also fielen auch die Weiher in diesem Gebiet unter die Landgrafschaft. Im Grundsatz darf dieser starke Einfluss der Landesherrschaft auf die Entstehung der Weiher angenommen werden. Sämtliche Weiher aus vorbaslerischer Zeit standen in sowohl räumlicher als wahrscheinlich auch organisatorischer Verbindung zu den Sitzen der Landesherrschaft. Die Weiher von Liestal lagen unmittelbar vor den Toren der frohburgischen, später bischöflichen Stadt. Die Waldenburger Weiher lagen ebenfalls in der Nähe des Schlosses Waldenburg. Im Liestaler und Waldenburger Amt lag die Landesherrschaft beim Bischof von Basel, da sie aus der Landgrafschaft im Sisgau herausgelöst worden war.[282] Über den «Rest» der Landgrafschaft im Sisgau geboten die Landgrafen mit Sitz auf Farnsburg, wozu auch das Amt Farnsburg gehörte.[283] Aus der Nähe zur Landesherrschaft schliesse ich, dass die Weiher unter der Führung der Landgrafschaft entstanden. Fraglich bleibt hingegen, ob die Landesherren die Weiher in ihrer Eigenschaft als Landgrafen anlegten oder doch eher als Orts- oder Grundherren. Die Landesherrschaft war im Spätmittelalter noch wenig ausgebildet, und ihre Träger hätten es aus meiner Sicht wohl nur mit Mühe geschafft, Weiher auf Gütern anlegen zu lassen, über welche sie nicht selbst auch als Grundherren verfügten. Vielmehr sehe ich die Entstehung der Weiher im engen Zusammenhang mit den lokalen Grundherrschaften. Die Weiher entstanden wahrscheinlich auf deren Eigengut. In Rickenbach und eventuell Ormalingen deutet aufgrund der Nähe zum Schloss Farnsburg einiges darauf hin, dass die Weiher unmittelbar zum Schloss und dessen Besitzern gehörten. In Arisdorf wechselten sich ab Ende des 13. Jahrhunderts die Besitzer von Zwing und Bann ab. Spätestens 1446 aber waren diese nur noch zu drei Vierteln im Besitz der damaligen Landgrafen auf Farnsburg, der Freiherren von Falkenstein, ein Viertel lag bei der Basler Familie von Bärenfels.[284] Dass auch in weitgehender Abwesenheit der Landesherrschaft Weiher entstanden, bestätigt meine Annahme, dass die Weiher seit ihrer Anlage primär einzelnen Grundherren, eventuell als Besitzer von Zwing und Bann in einem Dorf, und vielleicht auch als Inhaber der Landgrafschaft, unterstanden.

Ich vermute, dass es sich bei den späteren Basler Weihern um ehemalige Eigenwirtschaftsbetriebe der lokalen Grundherren handelte. In deren Betrieb konnte die Stadt Basel als neue Eigentümerin der Landgrafschaft, von Ortsherrschaften und von grundherrlichen Rechten in den Ämtern Liestal und Waldenburg 1400, im Farnsburger Amt 1461 und in Arisdorf 1532 einfach einsteigen. Wahrscheinlich fand sie bereits feste Strukturen für Betrieb und Unterhalt vor, die sie nur übernehmen, respektive an die städtische Organisation anpassen musste.

Die Lage der Weiher von Liestal und Waldenburg an der Verkehrsachse des Oberen Hauensteinpasses deutet auf eine frühe marktwirtschaftlich ausgerichtete Fischproduktion hin. Die Basler Landschaft war als «Hinterland» von Basel prädestiniert als Gebiet für die Fischzucht, denn kurze Verkehrswege nach Basel, aber auch ins Mittelland erlaubten die Lieferung von Frischfisch, der nicht noch zusätzlich konserviert werden musste, sondern lebendig oder zumindest noch frisch auf die städtischen Märkte oder auf die Teller der Grundherren gelangen konnte. So konnte unter anderem auch der Gebrauch von teurem Import-Salz zur Fischkonservierung reduziert werden.

In der Folge schildere ich einige Fakten über die verschiedenen obrigkeitlichen Weiher der Basler Landschaft.

7.2 Einzelne Weiher

a) Liestal

Die Weiher von Liestal lagen nordwestlich unmittelbar unterhalb der Stadt und wurden vom Orisbach gespeist. Sie sind wahrscheinlich die ältesten Weiheranlagen der alten Basler Landschaft. Bereits bei der Gründung der

Stadt im 13. Jahrhundert durch die Grafen von Frohburg wurde Liestal über ein ausgeklügeltes hydrografisches System mit Wasser versorgt, dessen Bestandteile auch die insgesamt drei Weiher waren. Die erste Erwähnung eines Weihers findet sich in einer Urkunde von 1302.[285] In einer weiteren Urkunde vom 13. Februar 1343 verkauft der Edelknecht Hug Marschalk von Liestal den *«wier ze Liestal vor dem nidern tor»* mit allen Rechten für 15 Mark Silber an Mathis von Eptingen. Marschalk erwähnt in der Urkunde, dass er den Weiher von seinen Vorfahren geerbt habe.[286] Bei der Familie Marschalk handelte es sich um eine Ministerialenfamilie der Grafen von Frohburg, den Gründern von Liestal.[287] Die Liestaler Weiher gehen also faktisch auf die Stadtgründung zurück. Suter meint, dass die Weiher wegen ihrer unmittelbaren Nähe zur Stadt auch als Verteidigungsanlagen dienten.[288] 1355 scheint dann ein Weiher im Besitz des Bischofs als Stadtherrn gewesen zu sein, denn Bischof Johannes von Basel verlieh damals dem Liestaler Schultheissen Claus Bunglin *«den wyer und das gesesse, so gelegen ist ze Liestal in unserm graben hinder dem sinewelen thurne, und den garten darumb, so zuo dem wyger gehoert»*.[289] Bruckner berichtet, dass die Liestaler Weiher beim Kauf von Liestal durch die Stadt Basel im Besitz von Hans Günther von Eptingen gewesen seien und dieser selbige erst 1415 an die Stadt Basel verkauft habe.[290] Nach der

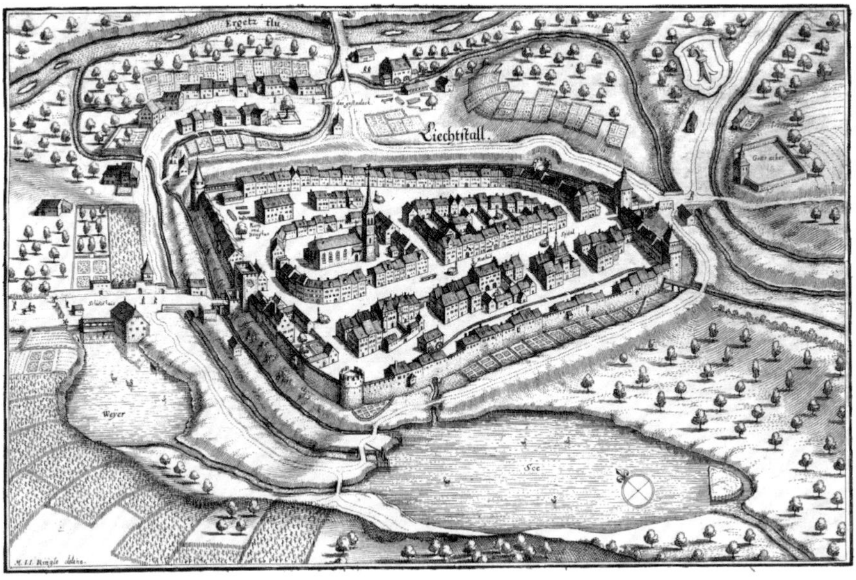

Abbildung 12: Liestal mit See und Weiher Mitte des 17. Jahrhunderts. Gut zu erkennen sind die vielen Kanäle, welche die Stadt mit Frisch- und Brauchwasser versorgten. Radierung von Matthäus Merian, 1642.

Abbildung 13: Der berühmte Plan Liestals von Jakob Meyer zeigt die beiden Weiher in einem realistischen Grössenverhältnis.

bei Bruckner abgedruckten Urkunde verkaufte Günther von Eptingen die Weiher für 99 Florentiner Gulden an Lienhart zum Bluomen, welcher im Namen der Stadt Basel auftrat.[291] In der betreffenden Urkunde ist allerdings vom *«Wiger Garten»* die Rede, weshalb es sich aus meiner Sicht nicht um die Weiher selber handelt, sondern um ein Stück Garten beim Weiher.

In der Basler Stadtrechnung tauchen die Liestaler Weiher auf jeden Fall erstmals im Rechnungsjahr 1416/1417 auf.[292] Während der Frühen Neuzeit ist zwischen dem unteren Weiher, oft einfach «Weiher» genannt, und dem oberen Weiher, «See» genannt, zu unterscheiden. 1430 verliehen

Bürgermeister und Rat der Stadt Basel «*Lienharten zem Bluomen und Hanns Schuomacher irem schultheissen ze Liestal ire beden wigere den obern und den niedern ze Liestal*» auf zwölf Jahre um einen jährlichen Zins von zwölf Gulden.[293] 1518/1519 ist von einem «*Seewiger*» und einem «*Trennckwiger*» die Rede.[294] Der dritte Weiher taucht in den von mir verwendeten Quellen nicht auf.

b) Waldenburg/Langenbruck

Die Waldenburger Weiher lagen am Oberen Hauensteinpass im Tal der Vorderen Frenke, zwischen Waldenburg und Langenbruck, unmittelbar unterhalb des Hofs Dürrenberg. Ein Weiher taucht erstmals in der Basler Stadtrechnung von 1402/1403 auf, als Fische daraus verkauft wurden.[295] Das genaue Datum der Anlage dieses Weihers ist aber unbekannt. Da die Stadt die Herrschaft Waldenburg erst im Jahr 1400 vom Bischof erworben

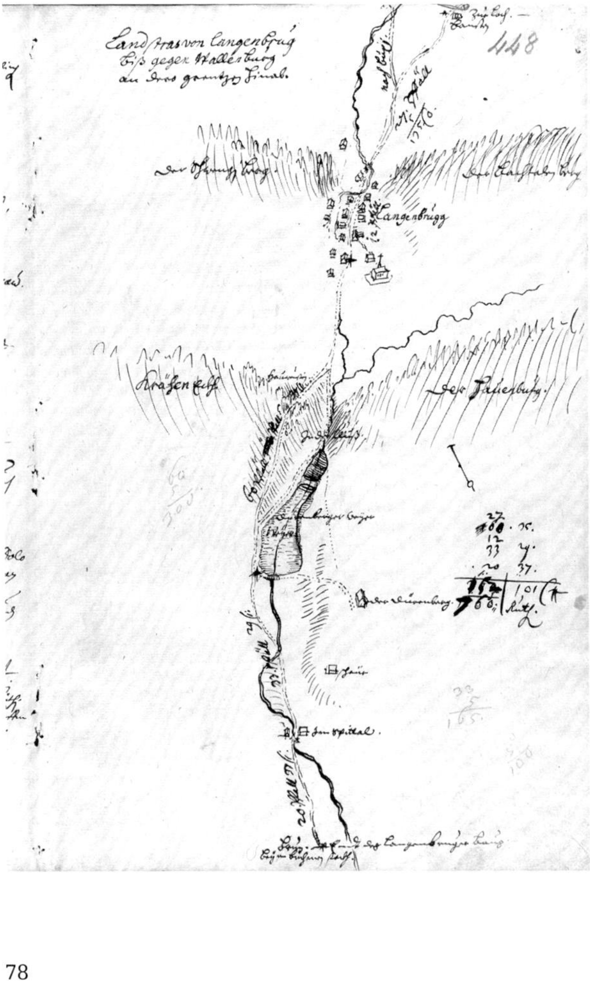

Abbildung 14:
Die Passstrasse am Oberen Hauenstein mit den Waldenburger Weihern und Langenbruck. Zeichnung von G. F. Meyer.

hatte, belegt das Datum des ersten Ertrags aus dem Weiher für die Stadt, dass dieser bereits unter dem Bischof bestanden hatte. 1463/1464 wird ein «oberer» Weiher in der Stadtrechnung genannt. Dies zeigt, dass damals bereits ein kleiner oberer und ein grösserer unterer Weiher bestanden.[296] Suter gibt die Grösse der beiden Weiher um 1680 mit 30 Aren und 200 Aren an.[297] Bruckner schreibt, dass ein Waldenburger Weiher 1670 vergrössert worden sei, um Holz zu flössen. Suter hält dies allerdings für nicht plausibel,[298] und ich teile seine Meinung.

In den Quellen ist manchmal von den Waldenburger Weihern, manchmal aber auch von den Langenbrucker Weihern die Rede. Ich werde jeweils von den Waldenburger Weihern sprechen.

c) Ormalingen

Die zwei Ormalinger Weiher lagen südöstlich des Dorfes Ormalingen in einem erhöhten Seitental des Ergolztals, zwischen Stucklenberg und Baholden.[299] In den von mir verwendeten Quellen tauchen die Weiher erstmals 1588 auf, als Landvogt Brandt nach Basel schrieb, dass die Weiher von Ormalingen gesäubert werden müssten, wenn er darin, wie ihm befohlen worden sei, Setzkarpfen[300] züchten solle.[301] Die Weiher bestanden also schon vor diesem Datum. Von 1595 ist ein Flurname *«beym weyer»* belegt.[302] 1799 wurde die Grösse des grossen Weihers mit circa

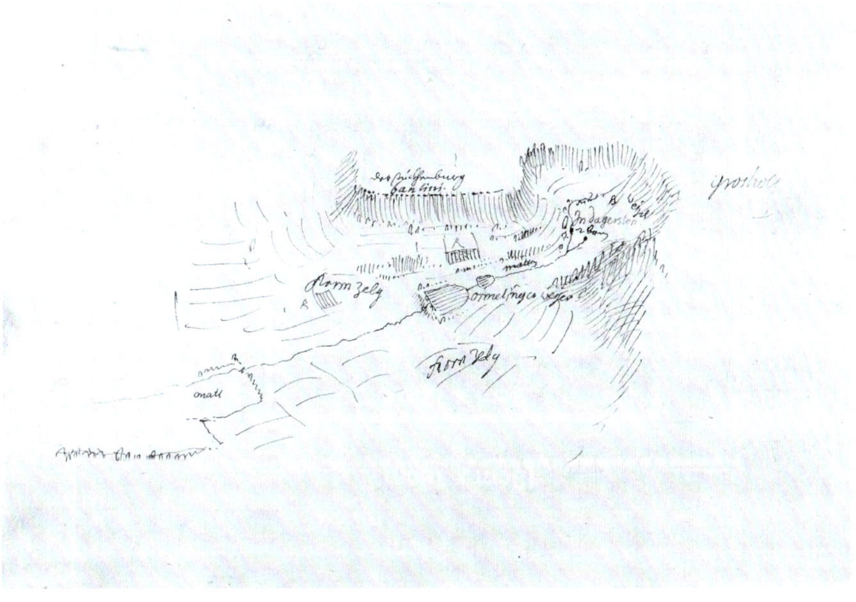

Abbildung 15: Die Weiher von Ormalingen inmitten der Kornzelgen. Zeichnung von G. F. Meyer.

4 Jucharten, diejenige des kleinen mit einer Jucharte angegeben.[303] Der Weiher wurde von fünf Quellen gespeist. 1794 schrieb das Dreieramt auf das Begehren von Johann Rudolf Burckhardt, dem Besitzer des Hofguts Ernthalde ob Gelterkinden, eine der Quellen für seinen Hof fassen zu dürfen, dass der Ormalinger Weiher der einzige Zuchtweiher sei, aus welchem alle anderen Weiher auf der Landschaft besetzt werden müssten.[304] Suter gibt die Grösse der beiden Weiher um 1680 mit 35 Aren und 120 Aren an.[305] Ich halte es für wahrscheinlich, dass die Ormalinger Weiher ursprünglich als Zuchtweiher für den Rickenbacher Weiher entstanden.

d) Rickenbach

Der Weiher von Rickenbach lag im Talboden südwestlich des Dorfes und wurde vom Rickenbächlein gespeist. Die früheste Erwähnung des Weihers findet sich in der Basler Stadtrechnung von 1462/1463, als ein Friese Reparaturen am Weiher vornehmen musste.[306] Da das Farnsburger Amt erst 1461 an die Stadt überging, muss der Weiher bereits vorher bestanden haben. Bruckner schreibt zum Rickenbacher Weiher: *«Dise Gegend war vorzeiten sehr rauch und wilde, wie auch sehr morastig und mit vielem Ungeziefer angefüllt, daher soll der nunmehr allda sich befindliche obrigkeitl. Fischweyer angelegt worden seyn»*. Fälschlicherweise

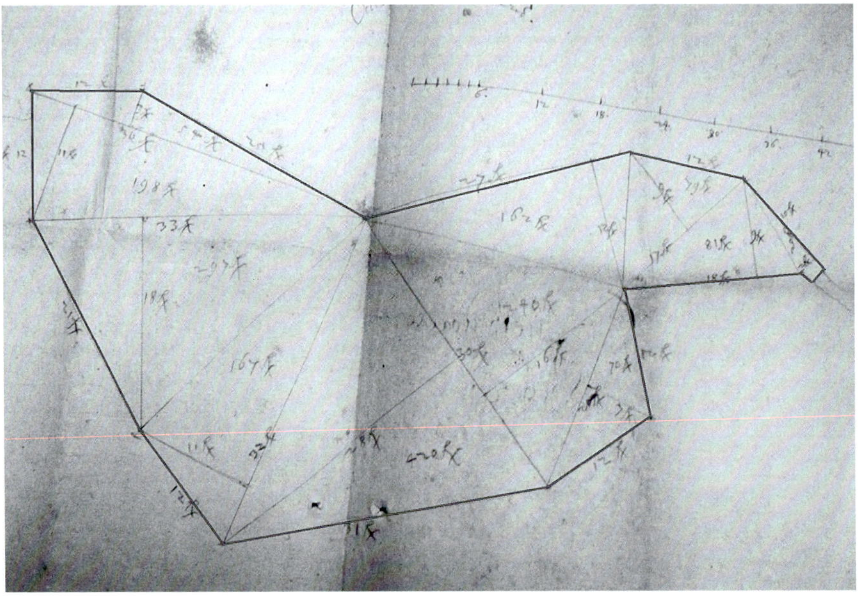

Abbildung 16: Grundrissplan des Rickenbacher Weihers von 1618 (Konturen nachgezeichnet).

gab Bruckner jedoch das Jahr 1510 als Jahr der Anlage des Weihers und den Friesen Balthasar Walch aus Lindau als dessen Erbauer an.[307]

Der Rickenbacher Weiher wurde am 23. Februar 1618 *«in grundriss gebracht und abgeschnirt»*. Der Inhalt des Weihers betrug damals 1844 Kreuzruten, was 13 Basler Jucharten und 20 Kreuzruten, oder 1360 Klaftern entsprach.[308] Der Umfang des Weihers betrug 206 Ruten, also 3296 Schuh. Die Länge des Weihers, geschnitten in dessen Mitte, betrug 50 Ruten.[309] In der Abrechnung der Reparatur und Flötzung von 1671 wird erwähnt, dass *«solcher weÿer ist gross 13. Jucharten», «fünff ruoten, 8. schue,*

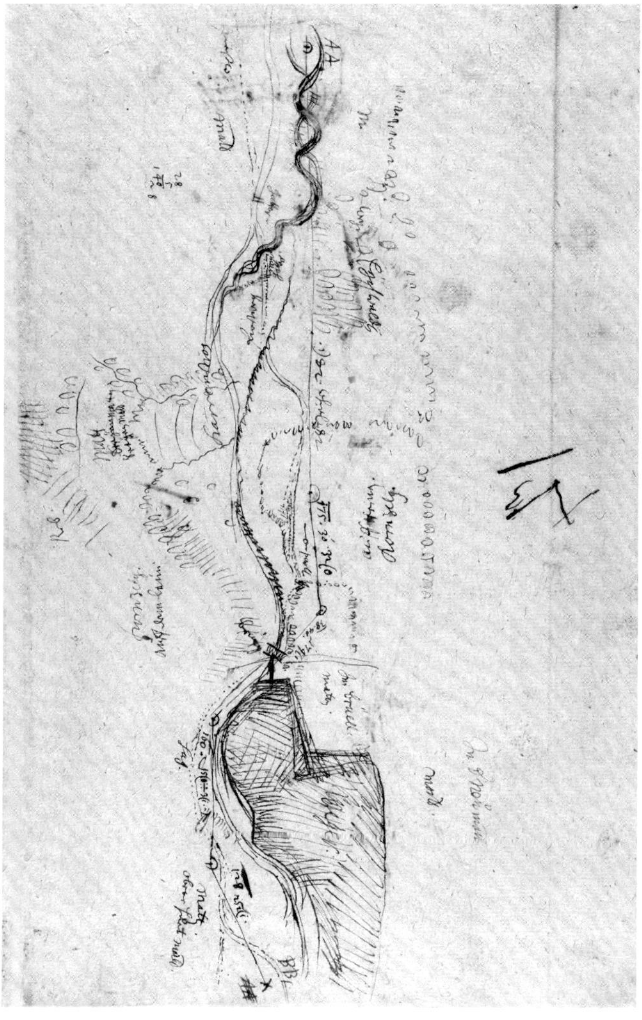

Abbildung 17:
Blick vom Rickenbacher Weiher talabwärts gegen Gelterkinden. Zeichnung von G.F. Meyer.

beÿ dem ausslauff ist er 12 schue tieff» .[310] Bruckner gibt die Fläche des Weihers mit 7300 Klafter an, das Klafter zu 8 Werkschuh gerechnet.[311] Suter geht aufgrund seiner Vermessungen von einer Grösse von 200 Aren aus.[312]

e) Arisdorf

Das Dorf Arisdorf mitsamt seinen Weihern gelangte erst 1532 an die Stadt Basel. Die Weiher müssen aber schon vorher bestanden haben, denn schon im Jahr 1474/1475 wurden entweder 700 Setzfische aus Arisdorf in den Liestaler Weiher oder aber dieselben Fische aus Liestal in den mittleren Weiher in Arisdorf eingesetzt.[313] Der entsprechende Rechnungseintrag ist nicht ganz eindeutig zu interpretieren. Es scheint jedoch plausibler, dass die Setzfische tatsächlich aus Arisdorf stammten, denn der «Export» von eigenen Setzfischen nach Arisdorf wäre in der Rechnung kaum als Ausgabe vermerkt worden. Vielmehr wurden Hans von Bärenfels 1474/1475 für diese Fische 7 lb vergütet.[314] Ritter Hans von Bärenfels war in dieser Zeit einige Male Bürgermeister der Stadt Basel, so auch 1473/1474.[315] Womöglich kaufte der Bürgermeister im Namen der Stadt die Setzfische

Abbildung 18: Arisdorf in der Mitte des 18. Jahrhunderts. Am rechten Bildrand die drei Weiher oberhalb des Dorfteils «Kreuz». Stich von Emanuel Büchel.

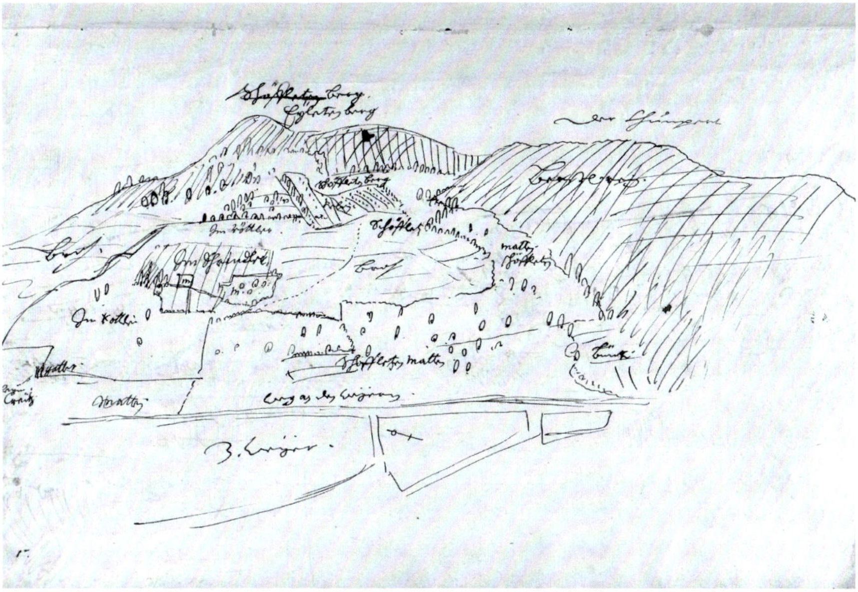

Abbildung 19: Blick auf die drei Weiher von Arisdorf von Westen. Zeichnung von G. F. Meyer.

in Arisdorf ein. Plausibler erscheint mir aber die Möglichkeit, dass die Weiher von Arisdorf im Privatbesitz von Hans von Bärenfels als Grundherrn in Arisdorf waren.

Bruckner berichtet ebenfalls, dass die Arisdörfer Weiher bereits zum Zeitpunkt des Kaufs des Dorfs bestanden. *«Es befanden sich zu der Zeit, als Arisdorf erkauft worden, einige Fischweyer oberhalb demjenigen Teile des Dorfs, welches zu dem H. Kreuz genannt wird; weil nun selbige in schlechtem Stande waren, so ward alsobald der damalige Lohnherr Melchior Ryf dahin gesandt, durch dessen Anordnung sie zu Haltung des Wassers brauchbar gemacht worden.»*[316] Wahrscheinlich waren es diese Reparaturen, welche die Weiher in der Basler Stadtrechnung von 1533/1534 ein erstes Mal auftauchen lassen.[317] Dem Bericht von Bauschreiber Andreas Iselin von 1707 ist zu entnehmen, dass die drei Weiher damals alle nach einander angelegt waren. Aus dem oberen floss das Wasser in den mittleren und vom mittleren in den unteren Weiher. Der untere Weiher hatte seinen Ablauf in ein neben den Weihern laufendes Bächlein, aus dem die beiden oberen Weiher auch zusätzliches Wasser bezogen.[318] Suter gibt die Grösse der drei Weiher um 1680 mit 5 Aren, 50 Aren und 100 Aren an.[319]

f) Riehen

Die Weiher auf dem Riehener Feld tauchen erstmals in einem Fischrodel von 1660 auf, als daraus 760 Karpfen ausgeteilt wurden.[320] Es handelte sich um drei Weiher, einen oberen, einen mittleren und einen unteren. Der untere wird erstmals 1662 erwähnt, als daraus 198 Karpfen verteilt wurden.[321] 1662 wird ebenfalls ein «neuer, grosser» Weiher erwähnt, aus dem 400 Karpfen entnommen werden sollten.[322] Dieser Weiher wird wahrscheinlich auch 1664 wieder genannt.[323] Aus einem Bericht von 1793 geht hervor, dass der dritte und obere Weiher in Riehen als Zuchtweiher gebraucht wurde, aus dem die anderen beiden mit Fischen besetzt wurden.[324] Gespeist wurden alle Weiher aus der Wiese.[325]

g) Teuchelweiher

Der Teuchelweiher oder auch Schützenmattweiher lag im Basler Stadtbann und wurde wahrscheinlich im 13. Jahrhundert angelegt. «Er diente zum Schwemmen der hölzernen Leitungsrohre («Teuchel») der städtischen Wasserversorgung.»[326] Gespeist wurde der Weiher aus einer Ableitung des Dorenbachs, dem «Herrengraben».[327] Der Weiher befand sich zwischen dem heutigen Weiherweg, der Schützenmattstrasse und dem Steinenring, in unmittelbarer Nähe des 1561 erbauten Schützenhauses. Er wurde erst 1873 aufgefüllt.[328] Die Anlage des Weihers geht wohl auf die Chorherren von St. Leonhard zurück, weshalb dessen Zuleitung auch «Herrengraben» genannt wurde. Auch der Graben wurde 1873 zugeschüttet. Seither fliesst das gesamte Wasser des Dorenbachs über den ehemaligen Überlaufgraben des Herrengrabens in den Birsig.[329]

h) Weiher beim Steinentor

Die genaue Lage des Weihers beim Steinentor kann nicht mehr bestimmt werden. Der Weiher muss sich allerdings in unmittelbarer Nähe des Tors befunden haben, denn 1806 ging eine Anzeige gegen Angehörige der Standeskompanie ein, welche die Torwache stellte. Diese hätten wiederholt unerlaubt im Weiher gefischt, ein Unteroffizier sogar mit einer Angelrute. Aus dem Bericht geht ebenfalls hervor, dass sich im Weiher am Steinentor zu dieser Zeit «*etwas erwachsene Karpfen Setzlinge*» befanden.[330] 1826 überlegte man, den Weiher aufzuheben. Im entsprechenden Gutachten wird erwähnt, dass «*die gegenwärtige Construction der dortigen Brücke, an deren Stelle vorhin eine Fallbrücke gestanden, die Beÿbehaltung des gedachten Weihers ganz zwecklos macht*». Die Beibehaltung des Weihers führe nur zu unnötigen Kosten, denn auch die Brücke, die «*beidseitigen Treppen und Nebenbrücklein*» und die vom Rümelinsbach abgehende

Wasserzuleitung müssten unterhalten werden, was ganz unnütz sei. Die Auffüllung des Weihers sei deshalb am zweckmässigsten und kostengünstigsten. Die Auffüllung sollte mit Schutt und unentgeltlich erfolgen.[331] Auch seien die Steine für *«die zu beiden Seiten der Brücke zu errichtenden Backenmauern»* bereits an Ort vorhanden, da man diese aus *«den wegzubrechenden Seitenmauern des Weihers»* verwenden könne.[332] Der Rat erteilte dem Bauamt schliesslich am 28. Juni 1826 die Erlaubnis für das vorgeschlagene Vorgehen.[333]

i) Pratteln

Der Weiher von Pratteln war wahrscheinlich der Weiher des Wasserschlosses der Herren von Eptingen. Merz ist der Meinung, dass dieses nach 1356 als Ersatz für die beim Erdbeben zerstörte Burg Madeln erbaut wurde.[334] 1521 verkaufte Hans Friedrich von Eptingen unter anderem das Schloss und zwei Weiher an die Stadt Basel.[335] Bereits 1535 verkaufte es die Stadt mitsamt den Weihern an Henman Offenburg, den damaligen Landvogt auf Farnsburg.[336]

j) Benken

In den 1530er Jahren taucht in den Basler Stadtrechnungen ganz kurz ein Weiher in Benken auf. Dieser war wahrscheinlich der Weiher des ehemaligen Wasserschlosses oder «Weiherhauses». Dieses hatte die Stadt Basel mitsamt den Dörfern Biel und Benken im Jahr 1526 von Thoman Schaler erworben. Die Stadt blieb allerdings nicht lange im Besitz des Schlosses, sondern verkaufte es wieder. Aus einer Mitteilung des Rates an Schaler von 1528 geht hervor, es handle sich um ein *«huss und gsess samt den wygernn unnd greben, so darumb liegenn»*.[337]

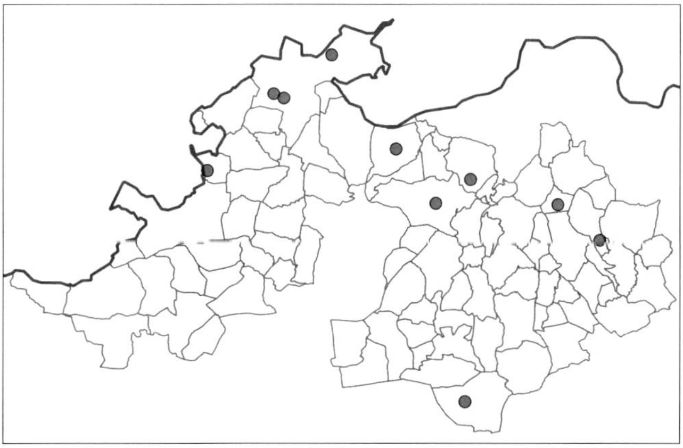

Abbildung 20: Geografische Verteilung der einzelnen Weiherstandorte auf der alten Basler Landschaft (inklusive Weiher im ehemaligen Basler Stadtbann und in der Gemeinde Riehen)

8. Organisatorische Zuständigkeiten

Aus dem Betrieb der Weiher auf der Basler Landschaft durch die Basler Obrigkeit in Eigenwirtschaft ergibt sich die Notwendigkeit, dass neben allen anderen Herrschaftsaufgaben auch die Weiher ihren festen Platz in der Organisation des Basler Staatswesens hatten. Grundsätzlich waren die Zuständigkeiten vergleichsweise klar geregelt, respektive sie folgten dem auch für andere Bereiche bestehenden Organigramm.

Zu dessen Untersuchung unterscheide ich in der Folge zwischen der Einbettung in die offzielle Beamtenhierarchie der Stadt Basel einerseits, den Kompetenzen und Verantwortlichkeiten von Amtsträgern auf der Basler Landschaft andererseits.

8.1 Stadt

Wie viele andere Städte verfügte die Stadt Basel seit dem Spätmittelalter und bis zum Ende der Alten Ordnung 1798 über ein äusserst komplexes Behörden- und Regierungssystem. Dies gilt insbesondere für die Basler Wirtschaftsverwaltung. Das ursprünglich mit der Finanzverwaltung betraute Siebnerkollegium[338] wurde 1453 durch das Kollegium der Drei, das Dreieramt, ergänzt, wobei sich die Kompetenzen der Siebnerherren in Finanzsachen im Verlauf des 16. Jahrhunderts immer mehr hin zum Dreieramt verlagerten. Trotz nur einjähriger Amtszeit wurden die Dreierherren meist wiedergewählt und stiegen so als Berufsbeamte mit grossem Wissen in eine entscheidende Machtposition mit weitreichenden Befugnissen auf. Nach 1515 hatten denn auch oft Häupter, also Bürgermeister oder Oberstzunftmeister, gleichzeitig auch die Dreieramtsstellen inne. Die Machtkonzentration im Dreieramt und das zunehmende Misstrauen des Rats gegenüber den Dreierherren führten im Jahr 1616 zur Gründung der «Haushaltung», die bis zum Ende des Ancien Régime die oberste Basler Finanz- und Wirtschaftsbehörde darstellte. Das Dreieramt blieb als Stadtkassenverwaltung Bestandteil der Haushaltung.[339] Dreieramt und Haushaltung bezogen zuhanden der Obrigkeit Einnahmen von einer Reihe von eigenständigen Körperschaften in Stadt und Landschaft.[340]

Wo genau innerhalb dieses komplexen Systems die Basler Weiherwirtschaft zu verorten ist, wurde bisher nicht untersucht. Aufgrund der von mir bearbeiteten Quellen lassen sich allerdings einige Aussagen dazu machen.

Über die organisatorischen Zuständigkeiten für die Weiher der Basler Landschaft in der Frühzeit ist wenig bekannt. Lienhart zem Bluomen und anderen wurden die Ausgaben für die Fischung in Liestal von 1423/1424 zurückerstattet.[341] 1502/1503 wurden Meister Ludy Zwilchenbart ebenfalls 2 lb für seine Hilfe bei der Fischung des Waldenburger Weihers ausgezahlt.[342] Auch Heinrich Meder erhielt 1502/1503 ein Pfund für seine Hilfe ein Jahr zuvor.[343] 1504/1505 wurden Ludwig Kilchenmann für seine Arbeit mit den Fischen aus Liestal 2 lb vergütet.[344] Es ist aber nicht klar, was Kilchenmann genau zu tun hatte.

In der Frühzeit der Basler Weiherwirtschaft scheint das Lohnamt eine grössere Rolle gespielt zu haben. Für Liestal wurden 1482/1483 Kosten für die Fischung und Besetzung der Weiher und zugleich Kosten für die Pferde und Verpflegung der Lohnherren verbucht.[345] Auch für Waldenburg finden sich 1491/1492 Ausgaben für die Lohnherren und deren Pferde.[346] Lohnherr Hanns Besserer wurden 1497/1498 *«fur sin mue und arbeit zu Waldemburg, als man vischen wolt»*, ein Pfund ausgezahlt.[347] 1497/1498 wurden Verpflegungskosten für Besserer sowie für den Friesen Peter Ricker und seinen Sohn bei der Fischung in Waldenburg verbucht.[348] 1502/1503 entstanden in Waldenburg Kosten für Lohnherren, deren Pferde und den Meister der Fischernzunft.[349] 1504/1505 fielen erneut solche für Zehrung, Pferde und ein Reitgeld für Ludwig Kilchenmann an.[350] Ludwig Kilchenmann und Hanns Besserer gehörten auch der Abordnung des Rats an, welche 1504 das Verding mit Peter Ricker über die Flötzung[351] der Waldenburger Weiher abschloss.[352] Das Verding vom 4. Mai 1510 mit dem Friesen Balthasar Walch über die Instandsetzung des Rickenbacher Weihers wurde zwischen Landvogt Jacob Yselin auf Farnsburg, wiederum Ludwig Kilchenmann, ferner Uolin Kosy und dem Lohnherrn Jacob Veltheim geschlossen.[353] Insbesondere Kilchenmann muss in dieser Zeit eine massgebliche Rolle bei der Verwaltung der Weiher gespielt haben.[354]

Zwischen 1581 und 1609 taucht in den Quellen das Gremium der «Weiherherren» als verantwortliche Behörde für die Weiher auf der Basler Landschaft auf. Landvogt Bernhard Brandt schrieb 1581 nach Basel, dass er mit den Weiherherren verabredet habe, eine grössere Reparatur am Rickenbacher Weiher vornehmen zu lassen.[355] 1596 verwies Landvogt Conrad Gotthart den Rat für weitere Informationen über eine Reparatur an den Ormalinger Weihern an die Weiherherren.[356] 1608 verdingten die Räte und Weiherherren Hanss Jacob Huber, Sebastian Beckh, Hanss Klein und Hanss Jäckhlin einem Konsortium aus vier Friesen Arbeiten an den Weihern von Waldenburg.[357] 1609 wurde der Rickenbacher Weiher von den Weiherherren gefischt.[358] Aus einem undatierten Schreiben aus dem 17. Jahrhundert geht hervor, dass die Weiherherrren für die Fischungen jeweils zu viert in Begleitung von zwei Überreitern in die Ämter geritten seien und dort übernachtet hätten. Um die hohen Kosten dafür zu senken, schlugen sie selbst vor, dass sich in Zukunft nur noch ein Weiherherr zu Fuss zu den Fischungen begeben und einen Zunftbruder oder ein Mitglied der Schiffleutenzunft mitnehmen solle.[359] Aus diesem Schreiben geht hervor, dass das Gremium der Weiherherren also mindestens vier Mitglieder umfasst haben muss. Ferner halte ich es für sehr wahrscheinlich, dass die Fischerzunft bei den Weiherfischungen eine zentrale Rolle spielte, handelte es sich doch bei den Fischern und Schiffleuten um «Schwesternzünfte».[360] 1599 mussten sich die Vorsteher der Fischerzunft vor dem Rat wegen zunftinternen Streitigkeiten verantworten und führten als Entschuldigung unter anderem an, sie seien mit Arbeiten an den Weihern beschäftigt gewesen.[361] 1793 liess sich ein kritischer Schreiber über die unfähige Verwaltung der Weiher durch den Lohnherrn aus, der seit neustem dafür zuständig sei. Seit langer Zeit habe die Verwaltung der Weiher immer einem Mitglied der Fischerzunft oblegen. Der Lohnherr habe von der Fischzucht wenig Ahnung.[362]

Ab der Mitte des 17. Jahrhunderts taucht zumindest der Terminus «Weiherherren» nicht mehr auf. Es ist unklar, wer ihre Kompetenzen übernommen hat. 1587 waren Lohnherr Andreas Huber und Alt-Werkmeister Jacob Hugel für die Fischung des Waldenburger Weihers zuständig,[363] und 1669 wurde dieser Weiher unter der Führung von Ratsherr Hanss Heinrich Muntzinger abgelassen und gefischt.[364] Ob sie noch das Amt eines Weiherherrn innehatten, ist nicht bekannt. Möglicherweise handelte es sich bei den Weiherherren um eine der vielen «Selbstverwaltungskörperschaften», auf denen die Basler Wirtschaftsverwaltung aufbaute.[365] Einen spezifischen Grund, warum jene sich eventuell auflöste, konnte ich anhand der Quellen nicht ermitteln. Es wäre allerdings sehr gut möglich, dass das «Weiheramt» der städtischen Verwaltungsreform von 1691–1693 mit ihrem grossen Stellenabbau zum Opfer gefallen ist.[366]

In der Zeit zwischen 1669 und 1717 ging die Zuständigkeit für die Weiherfischungen an das Dreieramt über. 1717 war das Dreieramt bei der Fischung in Waldenburg vor Ort und liess sich seinen Aufenthalt einiges kosten. Als Nachtessen wurden Wein, Brot, Suppe, Fisch als Vorspeise, Fleisch, Käse, Kapaun und ein Dessert verrechnet.[367] 1719 meldete Landvogt Thurneysen dem Dreierherrn Lucas Hagenbach, dass infolge des starken Schneefalls von über einem Schuh die Fischung der Waldenburger Weiher nicht fortgesetzt werden könne.[368] Im gleichen Jahr beschloss die Haushaltung, die Pflege und den Unterhalt der Weiher in den oberen und unteren Ämtern an Dreierherr Münch zu übertragen. Er hatte alle Weiher *«zu versehen, zu besetzen, zu fischen, und auf der fischen conservation zu vigilieren»*.[369] 1777 wurde die Abrechnung über die Fischung der Waldenburger Weiher von Dreierherr Johann Jacob Frey erstellt.[370] 1797 verrechnete Hans Jacob Schneider für das Dreieramt 12 Tage und eine halbe Nacht für die Fischung der Waldenburger Weiher.[371] Bei der Weiherfischung von Ormalingen am 10. April 1797 war der Lohnherr anwesend und blieb über Nacht. Ein Dreierherr war nur während eines Tages anwesend und ass zu Mittag.[372]

Grundsätzlich ist ab dem 18. Jahrhundert von einer Aufteilung der Zuständigkeiten für den Weiherbetrieb auszugehen. Verantwortlich für die Fischungen, den Verkauf und die Austeilung der Fische war seit dem ausgehenden 17. und dem beginnenden 18. Jahrhundert das Dreieramt, das seinerseits Bestandteil der Haushaltung war. Für alles Bauliche und die Besetzung der Weiher mit Fischen scheint das Lohnamt verantwortlich gewesen zu sein. Die genauen Abgrenzungen der Zuständigkeiten wurden aber immer wieder durchbrochen.

Bemerkenswert erscheint mir die Tatsache, dass es für die Weiherwirtschaft im 18. Jahrhundert offenbar keine eigene «Selbstverwaltungskörperschaft»[373] im Sinne eines «Weiheramts» mehr gab, sondern dass diese direkt dem Dreieramt, also einer der höchsten und wichtigsten Behörden der Basler Obrigkeit unterstand. Aus diesem Umstand kann aus meiner Sicht sowohl auf einen hohen als auch einen niederen Stellenwert der Weiherwirtschaft für die Obrigkeit geschlossen werden. Ein hoher Stellenwert liesse sich aus der Unterstellung der Weiherwirtschaft unter eine der wichtigsten Behörden ableiten. Der Verzicht auf die Einrichtung einer eigenständigen Verwaltungskörperschaft für die Weiherwirtschaft lässt aber auch die Möglichkeit eines niederen Stellenwerts zu, da sich die Errichtung einer speziellen Behörde vielleicht schlicht nicht lohnte oder sich nicht (mehr) rechtfertigen liess.[374] Tendenziell ist aus meiner Sicht von Letzterem auszugehen.

8.2 Landschaft

Im Vergleich mit den Zuständigkeiten innerhalb der Basler Obrigkeit gestalteten sich die Kompetenzen für die Weiherwirtschaft auf der Basler Landschaft relativ einfach, so wie auch die Verwaltung im Allgemeinen einfacher organisiert war.[375]

Die Oberaufsicht über die Weiher oblag grundsätzlich den Obervögten der jeweiligen Ämter. Sie waren für die Weiher ihren vorgesetzten Ratsherren, den Weiher-, Dreier- und Lohnherren verantwortlich.

In den Ämtern nahmen die Amtspfleger eine wichtige Stellung ein, vor allem bezüglich der Frondienste, welche die Untertanen für die Weiher leisten mussten. Sie erscheinen als Gehilfen des Landvogts sowie als Koordinatoren und Organisatoren der Fronungen. Zusätzlich wurden weitere Untertanen mit der Aufsicht über die Fronungen an den Weihern betraut.[376]

Das «Tagesgeschäft» bei den Weihern besorgten die so genannten «Weihermeister». Diese waren lokale Untertanen, die gegen ein kleines Entgelt die Pflege der Weiher übernahmen. Im Folgenden schildere ich deren Arbeit aufgrund der von mir bearbeiteten Quellen.

a) Liestal

Die Oberaufsicht für die Liestaler Weiher lag in baslerischer Zeit zuerst beim Weibel, später dann beim Schultheissen von Liestal. 1419/1420 war der alte Weibel von Liestal offensichtlich dem Rat bei einer Angelegenheit mit dem Weiher behilflich.[377] Ein Jahr danach erscheint er als offizieller Verantwortlicher für den Weiher und erhielt dafür 2 lb.[378] Von 1421/1422 bis 1424/1425 finden sich Einträge über den Lohn des Weibels von Liestal als Weiherverantwortlicher von einem Pfund.[379] 1425/1426 wurde der gleiche Lohn ausbezahlt, aber in der Rechnung nicht vermerkt, an wen,[380] sehr wahrscheinlich aber wiederum an den Weibel von Liestal. 1428/1429 erhielt er wieder den gleichen Lohn.[381] 1429/1430 bekam er immerhin noch 15 ß, wobei offenbar die Margzalsteuer für den Lohn massgebend war.[382] 1430 verliehen Bürgermeister und Rat der Stadt Basel *«Lienharten zem Bluomen und Hanns Schuomacher irem schultheissen ze Liestal ire beden wigere den obern und den niedern ze Liestal»* auf zwölf Jahre um einen jährlichen Zins von zwölf Gulden. [383] Beide mussten der Stadt für die Fische, die sich bei der Verleihung bereits in den Weihern befanden, eine Abfindung von 33 lb bezahlen.[384] Dies ist der früheste Beleg dafür, dass der Schultheiss von Liestal die Verantwortung für die Liestaler Weiher hatte.

1585 erwähnt Schultheiss Adam Seiler von Liestal, dass *«Hans Wernhart Rickher, der von e[uer] g[naden] die wiger bey uns in ehren zehalten bestellt»* sei. Der Schultheiss erwähnt dabei, dass *«e[uer] wÿ[shei]t unnderthon Hans Wernhardt Rickher, der vonn denselben e.g. zu den weygeren bey uns zu Liestall zesechen, bestellt, unser mittbürger»* sei. Ricker war also Bürger von Liestal und dort ansässig.[385] Seine Anstellung als Weihermeister belegt auch, dass der Schultheiss sich nicht alleine um die Weiher kümmerte, sondern einen Unterbeamten dafür einsetzte. In den von mir verwendeten Quellen sind allerdings keine weiteren Informationen über die Weihermeister von Liestal zu finden.[386]

1621 schrieb Schultheiss Chrispianus Strübin an den Rat, dass «*denselbenn hatt wellenn beleiben, dero bede weÿer alhir vor jaren mir dergestalten zuverleihen, dass alwegenn zuo zweÿen jahrenn, wann ich denn grösseren, genant der see ablassenn unnd fischenn werde, e.g. ich zweÿ hundert stuckh fisch unnd danne fünffzechen pfundt in geltt für denn zinss oder nutzung lüffern solle*». Nach Ablauf der Pacht bat Strübin im gleichen Brief um seine Entlassung als Weiherverantwortlicher, da seine «*schmertzliche leibs krankheit leider sich nicht mülteren, sonndern [ihm] ihr lenger je sterckher zuo setzenn, unndt [ihn] ann krefftenn also ab matten thuot, dass [er] weder dissenn noch meinen eignen geschafften im wenigsten mehr nachkommen*» könne.[387] Strübin forderte den Rat auf, «*solche weÿer zue ihren handenn zenemmen, dieselbige durch imme herr rathen oder jemanden anderen fürhin zubesetzen und versorgenn zulassen, besunders auch weil durch die letste jüngste wasser grösse der see am dentschen ettwass schadens amfpangenn, wirdt vonnötten sein dass e[ure] g[naden] ohne verlänngt jemanden abordtnenn, welcher denn schadenn besichtigen und solches wider verbessern anordnung gebenn thüege*».[388]

1773 schrieb Schultheiss Hebdenstreit in seinem Bericht an das Dreieramt, dass der Weihermeister von Liestal von alters her den Dentschen beim und um den unteren Weiher nutze sowie Matten und Reben zwischen der Stadtschreiberei und dem Entenbach. Dentschen und Umschwung des oberen Weihers habe ein Vorfahre des Schultheissen teilweise zu Garten und teilweise zu Matten gemacht und dort sowie zwischen den beiden Weihern Bäume gepflanzt. Die Nutzung alldessen sei Hebdenstreit wie seinen Vorgängern zugestanden worden. Für den Schultheissen, der ja Basler Bürger sei, sei die Nutzung dieses Geländes und insbesondere des Gartens auch bitternötig, da man in Liestal kein Gemüse kaufen könne.[389] Die Aufsicht über die Liestaler Weiher liege von alters her beim Schultheissen. Dieser müsse den oberen Weiher jährlich auf seine Kosten mit Forellen besetzen lassen und diese im Folgejahr fischen, die bestimmte Anzahl in Fischfässern fronsweise in die Stadt liefern, Karpfensetzlinge aus Ormalingen beschaffen und alle zwei Jahre 200 Karpfen abliefern. Hebdenstreit erwähnt auch, dass ihm die Zuständigkeit für die Fischlieferungen viel Sorgen bereite, zumal die Landvögte keine Forellen zu liefern hätten.[390] Am 24. Oktober 1793 teilte der Ratsschreiber von Basel dem Schultheissen von Liestal mit, dass dieser den seiner «*besorgung übergebenen weÿher zu Liestall*» fischen und die Karpfen daraus bis spätestens am nächsten Morgen in die Stadt liefern solle.[391]

Der Schultheiss von Liestal nahm eine Sonderstellung in der Basler Weiherwirtschaft ein, denn er hatte offensichtlich mehr Aufgaben als die übrigen Obervögte.[392]

b) Waldenburg

Über die Weihermeister von Waldenburg ist sehr wenig bekannt. Ende des 15. Jahrhunderts taucht für kurze Zeit ein gewisser Heini Wissz als Hüter der Weiher in den Stadtrechnungen auf. 1498/1499 wurden ihm erstmals 1 lb 5 ß dafür ausbezahlt.[393] 1504/1505 wird erwähnt, dass Wissz offenbar für seine Arbeit nur alle drei Jahre entlöhnt wurde. Damals erhielt er 3 lb 4 ß «*fur ein rock iii jarlang verschinen der wyger zu Waldenburg ze warten und scheden ze ruegen lut siner bestellung*».[394] Den gleichen Lohn für drei Jahre bekam Wissz 1508/1509,[395] 1510/1511[396] und 1519/1520.[397]

Erst von 1773 datieren wieder Informationen über den Weihermeister von Waldenburg. Landvogt Hans Ulrich Schnell auf Waldenburg teilte dem Dreieramt mit, dass jener für seine Arbeit jährlich einen Viernzel Korn vom Schloss sowie drei Pfund Pulver und Blei aus dem Zeughaus in Basel beziehe.[398]

c) Ormalingen

Ein erstes Mal wird 1596 ein «*Marte Maritz der weÿerknecht zu Normalingen*» erwähnt.[399] Ebenfalls 1596 erwähnt Landvogt Conrad Gotthart einen «*weÿerknecht*» von Ormalingen.[400] Landvogt Genath reichte 1705 der Obrigkeit drei Wahlvorschläge für das Amt des Weihermeisters von Ormalingen ein. Der Posten sei nach dem Tod des amtierenden Weihermeisters Joggi Schaub aus Ormalingen frei geworden.[401] 1767 wird Jacob Hägler als Weihermeister von Ormalingen genannt.[402] Landvogt Johann Jacob Zeller schrieb 1773 ans Dreieramt, dass der Weihermeister von Ormalingen nur die Nutzung des Landes um den Weiher und zwei Viernzel Korn auf Kosten der Obrigkeit erhalte. Aus dem Land ziehe er jährlich etwa 25 lb Ertrag.[403] 1797 bezogen die Waldenburger Weiher ihre Setzfische vom Ormalinger Weihermeister Jacob Hägler.[404]

d) Rickenbach

Die erste Erwähnung eines Weihermeisters findet sich in einem Brief aus dem Jahr 1607, in dem ein «*weÿerdiener*» erwähnt wird.[405] Zum Amt des Weihermeisters in Rickenbach ist die Quellenlage vergleichsweise gut, vor allem, weil die Besetzung des Amts im 17. und 18. Jahrhundert immer wieder zu Konflikten führte. Diese Konflikte geben einen seltenen Einblick in die ansonsten oft nur schwer fassbare Lebensrealität der ländlichen Basler Untertanen. Deshalb lohnt es sich, den Konflikt um das Weihermeisteramt in Rickenbach näher zu betrachten.

Im Herbst 1658 kam es zu einer Anklage gegen den verstorbenen ehemaligen Rickenbacher Weihermeister und Geschworenen Joggi Handschin. Offenbar war der Obrigkeit zugetragen worden, Handschin habe sein Amt ungetreu verwaltet, weshalb Landvogt Rippel zusammen mit dem Landvogt von Waldenburg, Johann Heinrich Pfannenschmied, die Söhne und Schwiegersöhne Handschins und die Einwohner von Rickenbach zu diesem Fall befragte und der Obrigkeit darüber berichtete.[406]

Im Anschluss wurde eine Deputation mit näheren Untersuchungen beauftragt, denn diese erstattete wenig später schon einen ersten Bericht. Die Deputierten luden Hans (Joggi) Handschins Sohn und seine Schwiegersöhne vor und konfrontierten sie mit den Vorwürfen gegen ihren verstorbenen Vater und Schwiegervater. Man wollte sie dadurch zu einer Entschädigungszahlung bringen. Handschins Sohn und Schwiegersöhne bestritten allerdings eine Schuld. Ihr Vater und Schwiegervater könne sich nicht mehr verantworten, aber die von Jakob Danner vorgebrachten Vorwürfe könnten auch *«in ewigkeit nicht bewisen werden»*. Wenn die Nachkommen Handschins zu einer Zahlung verurteilt würden, dann müssten sie dies *«mit ihren weib und kindern ob essen übel entgelten»*. Sie baten die Deputierten, Gnade walten zu lassen. Diese meinten jedoch, dass es Handschins Nachkommen, angesichts der erdrückenden Beweise, gut anstehen würde, der Obrigkeit den Schaden zu ersetzen, damit ihre Ehre unangetastet bleibe und keine weiteren Nachforschungen nötig wären. Denn dadurch würde nur die Ehre ihres Vorfahren beschmutzt, und es hätte nachteilige Folgen für ihr Vermögen. Die Erben boten in der Folge die Summe von 150 lb als Entschädigung an, mit der laut ihrer Aussage *«eine grosse anzahl visch beÿ diser zeit bezahlt werden könne»*. Die Deputierten sollten sich damit zufrieden geben und die Familie nicht mehr behelligen.[407] Diese stellten allerdings klar, dass man die Familie Handschin, auch wenn sie das Doppelte böte, trotzdem bei der Obrigkeit anzeigen müsse, und erhofften sich so eine höhere Summe.[408] Handschins Sohn und Schwiegersöhne blieben aber bei ihrem Angebot, weshalb die Deputation den Fall an den Rat verwies. Die Herren gaben zu bedenken, dass Jakob Danner mitgeholfen habe, den Amtsmissbrauch des Weihermeisters zu decken, solange dieser lebte, und nun selber das Amt einnehmen wolle, es wohl aber nicht besser führen würde als Handschin. Zwar habe er sich entschuldigt, aber für die Deputierten war seine Bestrafung *«mit dem thurm und einer geltbuss von ein par markh silbers»* angemessen. Um die Mitbeschuldigten Martin Schaub aus Buus, Daniel Erdinger und den sog. Löffler solle sich der Landvogt kümmern, sie aber in jedem Fall mit einer so schweren Strafe belegen, dass sie sich daran erinnerten, *«weil sonsten zu besorgen, dass es under ihnen aller-seits noch üble händel, zu etwann gar todschläg oder sonsten gross ungemach abgeben dörffte»*.[409]

Die Einvernahme fand am 18. November 1658 in Gelterkinden statt. Anwesend waren auch der Untervogt von Gelterkinden, Hans Handschin, und der Amtspfleger von Wintersingen, Heinrich Dietickher.[410] Alle Zeugenaussagen wurden vom Rats- und Stadtschreiber von Liestal, Jacob Bischoff, schriftlich festgehalten.[411]

Der Geschworene Jacob Danner aus Rickenbach gab zu Protokoll, dass vor zehn Jahren, als der Weiher wegen der Arbeiten von Baschi Gisin aus Diepflingen leer war, die ganze Gemeinde Rickenbach dem Weihermeister geholfen habe, entwichene Fische wieder zurück zu bringen. Vor etwa acht Jahren habe Danner, als er nach dem Nachtessen am Weiher vorbei ging, den Sohn des Weihermeisters, Hans Handschin, und Martin Schaub aus Lausen beim versuchten Fischen mit Bären belauscht. Als er sich näherte, merkte Danner, dass der Weihermeister selbst auch dabei war.[412] Handschin habe damals vorgegeben, die Fische weiter ins Wasser hinaus zu treiben. Danner bemerkte die versuchte Unterschlagung und drohte Handschin, ihn anzuzeigen, wenn er nicht auch ihm Fische aus dem Weiher geben würde. Alle zusammen seien in einem Weidling gesessen und hätten mit Bären fischen wollen, aber nichts gefangen. Auch Martin Ediger aus Wintersingen und der so genannte Löffler seien mit Bären über den Weiher gefahren. Sie hätten die gefangenen Karpfen an Land in zwei Körbe gelegt und jedem Anwesenden zwei Karpfen aus ihrem Fang gegeben. Um einen letzten verbleibenden Karpfen hätten die Anwesenden gespielt, wobei Hans Handschin, der Bruder des Weihermeisters, siegte. Danners Knecht Martin Madöri aus Itingen traf Handschin Vater vor vier Jahren einmal an, als der Weiher abgelassen war. Dieser beauftragte Madöri, Danner zu holen, um ihm zu helfen, Fische umzusetzen. Für diese Arbeit erhielt Danner von Handschin einen Fisch als Lohn.[413] Danner sei auch eines Abends zum Wachtfeuer gesessen und habe dort Jacob Würtz, den Müller von Wintersingen, und Joggi Imhof, ebenfalls aus Wintersingen, angetroffen. Würtz habe dabei erzählt, dass ihm der Weihermeister erlaubt habe, einen Fisch aus dem Kümpfelloch zu fangen und mit sich nach Hause zu nehmen. Ferner habe der Weihermeister Würtz und anderen *«10 abgestandene Hächtlin»* gegeben. Danner mutmasste weiter, dass Handschin zu seinem Vorteil *«den kinpfel müesse gezukht haben»*, also den Weiher mitsamt Fischen teilweise abgelassen habe.[414]

Hans Martin Schaub, Küfer aus Buus, gab zu Protokoll, dass er zusammen mit Jacob Würtz vor circa acht Jahren in einem *«gümplin»* im Hirsmätteli,[415] welches dem Weihermeister gehörte, verschieden grosse Karpfen gefunden habe. Daraufhin hätten er und Würtz beide je einen Fisch gefangen und mitgenommen. Er sei jedoch danach nochmals umgekehrt und habe die restlichen sieben oder neun Karpfen aus dem Teich ebenfalls mitgenommen.[416]

Joggi Handschin, Sohn des seligen Eherichters, sagte aus, dass Heini Raufft von Ormalingen vor etwa 24 Jahren, als er als Knecht beim Weihermeister diente, in der Nacht für seinen Meister habe fischen müssen.[417]

Heini Handschin, genannt Zili-Heini, aus Rickenbach, gab zu Protokoll, dass Heini Raufft und ein anderer Knecht des Weihermeisters auf dessen Befehl hin in der Nacht vor der Ausfischung des Weihers Karpfen gefangen hätten. Ferner habe Joggi Handschin vor einigen Jahren den Ablauf des Weihers tiefer gelegt und so den Weiher verkleinert, um die daran liegenden Matten, welche er nutzen durfte, zu vergrössern.[418]

Aus Rickenbach waren weitere sieben Männer zum Verhör vorgeladen worden: Jacob Handschin, Schuhmacher; Hans Danner, Peter Handschin, Christen Handschin, Martin Handschin, Hans Handschin, genannt Zili-Hans, und Hans Handschin, der Sohn des verstorbenen Weihermeisters. Alle sieben machten keine Aussage.[419]

Baschi Schaub aus Gelterkinden gab zu Protokoll, er habe von Hans Knoblach aus Nollingen in der Herrschaft Rheinfelden gehört, Weihermeister Joggi Handschin habe vor vierzehn Jahren etliche Karpfen in Knoblachs Haus gebracht und sie dann in Nollingen und Rheinfelden verkauft.[420]

Jacob Würtz, der Müller von Wintersingen, bezeugte, dass er zusammen mit Hans Martin Schaub aus Buus im Hirsmätteli einen Karpfen aus einem Weiherchen des Weihermeisters habe mitgehen lassen. Ein weiteres Mal sei er vor Jahren nachts aus Gelterkinden nachhause gekommen, als der Weiher gerade abgelassen war. Beim Weiher habe er die Wächter angetroffen, und der Weihermeister habe ihm erlaubt, einen Fisch aus dem Kümpfelloch zu nehmen, worauf Würtz einen Lichtspan nahm und einen Karpfen einsteckte.[421]

Hans Bürgin aus Rickenbach sagte aus, dass er vor vier Jahren geholfen habe, ausgebüchste Fische wieder in den Weiher zu setzen, dafür aber keinen Lohn erhalten habe.[422]

Heini Raufft aus Ormalingen, der vor 30 Jahren Knecht beim Weihermeister war, sagte aus, dass sein Meister ihn jeweils in der Nacht vor der

Ausfischung des Weihers mit Bären zum Fischen losgeschickt und er etliche Fische heimgebracht habe.[423]

Martin Madöri, damals bedienstet im Gasthof Schlüssel in Liestal, wurde am 19. November 1658 in der Stadtschreiberei in Liestal einvernommen und gab zu Protokoll, dass er vor vielen Jahren, als die Fische aus dem Weiher entkamen, den Weihermeister im Graben angetroffen habe. Dieser habe ihm aufgetragen, seinen Meister Jacob Danner zu Hilfe zu holen, um zusammen die Fische wieder in den Weiher zu befördern, was sie dann auch getan hätten.[424]

Die Erben des ehemaligen Weihermeisters wurden zu einer saftigen Busse von 300 lb verurteilt, weshalb es schliesslich auch zu Streitigkeiten innerhalb der Familie kam, in die Landvogt Rippel schlichtend eingreifen musste.[425]

Mit Brief vom 9. Juni 1659 gelangte die Obrigkeit an Landvogt Rippel auf Farnsburg, weil man ihr gemeldet hatte, dass Hans Handschin, Sohn des ehemaligen Weihermeisters Joggi Handschin, das Amt des Weihermeisters mit Gewalt übernommen habe. Handschin habe bereits alles Gras um den Weiher herum abgemäht und für sich verwendet. Der Landvogt wurde angewiesen, Handschin ernstlich zu ermahnen, sich dem neuen Weihermeister Hans Grieder aus Gelterkinden sofort und in Zukunft zu fügen. Grieder habe sich ferner beklagt, dass ihm von «bösen leichtfertigen bueben» der Hanf auf seiner Bündten abgemäht worden sei, wodurch ihm grosser Schaden entstanden sei. Die Obrigkeit beauftragte den Landvogt, die Täter zu ermitteln.[426]

1670 kam offenbar von der Obrigkeit eine Anfrage an Landvogt Spörlin auf Farnsburg, wer derzeit Weihermeister in Rickenbach sei. Spörlin antwortete in einem Brief vom 18. Juli 1670, dass Heinrich Grieder, der Amtspfleger von Gelterkinden, schon vor elf Jahren von der Obrigkeit zum Weihermeister ernannt worden sei. Grieder übe sein Amt seitdem gewissenhaft und ohne Reklamationen aus. Er habe lediglich *«einen sonderbahren mann nammens»* Martin Handschin aus Rickenbach zu seinem Stellvertreter ernannt. Grieder sei ein redlicher Mann und habe deshalb schon viele Widerwärtigkeiten der Landleute erdulden müssen. Werde er als Weihermeister abgesetzt, hätte die Bevölkerung das Gefühl, er habe sein Amt nicht gewissenhaft ausgeführt, was nicht der Wahrheit entspreche.[427] Da die Obrigkeit Grieder offenbar absetzen wollte, setzte sich Spörlin für seinen Unterbeamten ein.[428] Spörlins Brief enthält auch erstmals Angaben zur Entlöhnung des Weihermeisters. Er erhielt jährlich einen Vierntzel Korn, welchen ihm der Untervogt von Sissach zu liefern hatte, und konnte *«etwas mattwerkh beÿ dem weÿer»* für sich nutzen, von dem er aber jährlich einen Sack Hafer als Bodenzins abliefern musste.

Spörlin fügte an, wenn die Obrigkeit einen neuen Weihermeister aus Rickenbach ernennen wolle, würde er ihr Jacob Handschin, den Geschworenen, empfehlen, der *«ein feiner und ehrlicher mann»* sei und deshalb oft mit den Bewohnern von Rickenbach in Konflikt gerate.[429]

1690 wird der Amtspfleger Hans Grieder aus Gelterkinden immer noch als Weihermeister in Rickenbach erwähnt,[430] ebenso 1696[431] und auch noch 1697. 1700 wird nur der Rickenbacher Geschworene Hans Handschin als Aufseher bei der Säuberung des Weihers genannt, wobei ihm der Bannwart von Wintersingen, Jacob Märki, behilflich sein sollte.[432]

1697 wandte sich Hans Handschin aus Rickenbach wegen eines Einschlags an Landvogt Bülacher. Im gleichen Zug bot er an, das Weihermeisteramt zu übernehmen. Als Argumente zu seinen Gunsten führte er an, er wohne am nächsten beim Weiher, sehr viel näher als der jetzige Weihermeister, der Amtspfleger von Gelterkinden, der auch schon sehr alt sei. Ferner habe es in diesem Jahr schon einige heftige Unwetter gegeben,

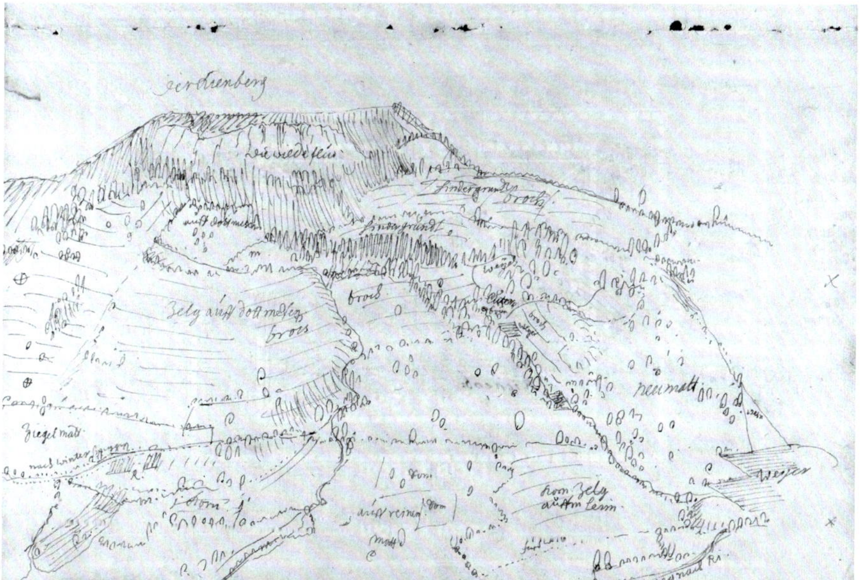

Abbildung 21: Blick auf die Rickenbacher Fluh. Rechts im Talboden der Rickenbacher Weiher, dessen Meisteramt im 17. und 18. Jahrhundert umkämpft war. Zeichnung von G. F. Meyer. Am Hang der Fluh sind auch die Nebenweiher zu sehen, welche zur Reinigung des grossen Weihers gebraucht wurden.

weshalb der Weiher ein paar Mal übergelaufen sei, weil der Weihermeister von Gelterkinden aus nicht rechtzeitig eingetroffen sei, um den Pegelstand manuell zu regulieren. Deshalb sei grösserer Schaden an den Matten rund um den Weiher entstanden, und die Fische seien auf die Matten hinaus geschwemmt worden, wo sie *«von lossen buben mit rächen können herauss gezogen und auch von katzen und raub vöglen gar leichtlich erwischt und gefangen werden»* könnten.[433] Handschin gab zu bedenken, dass er all dies als Weihermeister verhindern könne, indem er schnell zur Stelle wäre, um ein Überlaufen des Weihers zu stoppen.[434] Landvogt Bülacher unterstützte Handschins Kandidatur, da der Amtspfleger von Gelterkinden als Weihermeister wegen hohen Alters seiner Tätigkeit nur noch beschränkt nachgehen könne, er und auch seine Söhne weit vom Weiher entfernt wohnten und deshalb bei Unwettern die von Handschin erwähnten Schäden entstehen könnten.[435] Zum Vorteil des Weihers und der Fische sei es nötig, einen ehrlichen Mann zu bestellen, der im Ort selbst wohne. Handschin wohne sehr nahe beim Weiher und geniesse im Dorf einen guten Leumund. Bülacher schlug dem Rat vor, Handschin mit dem Weihermeisteramt zu betrauen.[436]

Offenbar ging der Rat nicht auf Bülachers Vorschlag ein, denn 1726 war immer noch ein Grieder aus Gelterkinden Weihermeister in Rickenbach, Joggi Grieder. 1726 entstand nämlich ein weiterer Streit zwischen dem Weihermeister und der Dorfbevölkerung von Rickenbach. Landvogt Spörlin berichtete am 11. Januar nach Basel, dass sich Weihermeister Joggi Grieder, *«dessen angesicht noch gantz blutig und verschlagen war»*, an ihn gewandt habe. Grieder wurde in Rickenbach ein Stück Mattland verliehen, über welches er besser zum Weiher gelangen konnte. Als er nach der Verleihung die Stube des Hauses in Richtung Küche verliess, folgte ihm eine Gruppe von Rickenbachern. Darauf hin löschte jemand das Herdfeuer, das die Küche beleuchtete, mit Wasser, und Grieder wurde in der Dunkelheit von mehreren Leuten angegriffen. Die Beteiligten warfen ihm dabei vor, er habe aus Anlass der Weihersäuberung auf ihren Matten Gräben gemacht und ihnen so ihre Matten *«wie ein c.v. schelm und dieb»* verdorben. Grieder wurde zu Boden geworfen, mit Füssen getreten und *«auff eine mörderische weiss tractirt»*. Lediglich das Eingreifen der Ehefrau aus dem dortigen Haus verhinderte Schlimmeres.[437] Als Grieder aber mit Hilfe der Hausfrau in die Stube kam, ergab sich dort eine erneute Auseinandersetzung mit dem Schwager des Weihermeisters, dem Rickenbacher Hanns Handschin, Schneider Martins Hanns. Handschin schrie Grieder an, es geschehe ihm ganz recht und Grieder solle das Haus verlassen oder er werde ihn totschlagen. Auf Grieders Antwort hin, er sei ja schon fast tot, folgte ein Faustschlag von Handschin, so dass Grieder aus den Ohren blutete. Handschin drohte ihm erneut und stellte ihm in Aussicht, *«es wärde noch viel ärger gehen, alss er meÿne, und es jetzund ergangen»*. Von den Tätern in der Küche erkannte Grieder lediglich Hanns Joggi Handschin, Roth Hanns Joggis selig Sohn, der das Feuer gelöscht und die Schlägerei begonnen haben soll. Von den Beteiligten wollte aber keiner den anderen anzeigen.[438]

Auf die Meldung Spörlins hin wurde die Obrigkeit aktiv und entsandte eine Deputation des Rates auf das Schloss, die den Fall untersuchen sollte. Sowohl der Weihermeister als auch die gesamte Gemeinde Rickenbach wurden auf Montag, den 14. Januar vorgeladen. Zuerst sagte der Weihermeister erneut aus und bestätigte seine erste Aussage. Danach wurden alle Gemeindeangehörigen einzeln und nacheinander darüber befragt, wer die Täter seien.[439] Die Rickenbacher und insbesondere ihre Geschworenen weigerten sich jedoch hartnäckig, die noch unbekannten Schuldigen zu nennen.[440] Daraufhin wurden alle zusammen verwarnt, man werde sie unter Eid aussagen lassen, wenn sie die Täter nicht von sich aus anzeigen würden. Diese Drohung zeigte offensichtlich Wirkung, so dass schliesslich neun Männer angezeigt wurden, sich zur Tatzeit mit dem Weihermeister in der Küche aufgehalten zu haben. Es waren dies Hanns Jacob Handschin, Roth Hanns' Sohn; Hanns Handschin, Roth Hans; Jacob Handschin, Rothenfluher Joggis Sohn; Hanns Joggi Tanner; Jacob Bitterlin; Hanns Handschin, Schneider Heinis Hanns und sein Sohn, welcher zugab, das Herdfeuer gelöscht zu haben, Heini Handschin, Schneider Heinis Hans Georgen Sohn und Hanns Handschin, Georgen Hannsen selig Sohn.[441] Alle neun gaben zwar zu, in der Küche gewesen zu sein, weigerten sich jedoch, einzugestehen, den Weihermeister geschlagen zu haben. Vielmehr seien sie, *«weilen es finster war, einanderen selbs in die haar kommen»*, und sie meinten, *«es müessen junge bueben solches an dem weÿermeister verübte tractament gethan haben»*. Der Landvogt brachte ferner an, dass die Tat am vergangenen Mittwochabend geschehen sei, ihm erst am nachfolgenden Freitag vom Weihermeister, bis dato von den Rickenbacher Geschworenen aber nicht angezeigt worden sei, obwohl sie dazu durch ihren Eid verpflichtet seien.[442] Bezüglich des Strafmasses empfahl die Deputation, dass die Beschuldigten für alle Unkosten der Deputation aufzukommen und dem Weihermeister ein Schmerzensgeld von 5 lb auszurichten hätten. Hanns Handschin, Schneider Martins Sohn, der seinen Schwager erwiesenermassen geschlagen hatte, solle dabei die Hälfte der Unkosten tragen und fernen einen Tag im Turm verbringen.

Hanns Joggi Handschin, Hanns Joggis selig Sohn, der das Herdfeuer gelöscht und den Schlaghändel begonnen hatte, solle zusammen mit den Geschworenen, die den Händel auf dem Schloss nicht angezeigt hatten, zwei Drittel der übrigen Hälfte und die weiteren Beteiligten zusammen den dritten Drittel dieser Hälfte bezahlen.[443]

1762 wird Hans Jacob Handschin wegen eines Einschlags als Weihermeister und Geschworener von Rickenbach erwähnt.[444] Wahrscheinlich handelt es sich um Hans Jacob Handschin-Christ, genannt Roth Hans-Joggi, Vater (1704–1779).[445] Auch hatte der «Weiher Georg» genannte Hans Georg Handschin-Handschin (1714–1769) das Amt inne.[446] 1777 wird in Sachen einer Lettgrube ein Jacob Handschin als Weihermeister in Rickenbach genannt.[447] Bei ihm handelt es sich wahrscheinlich um den letzten Weihermeister, Hans Jacob Handschin-Senn, genannt Roth Hans-Joggi, Sohn (1736–1803).[448]

Landvogt Johann Jacob Zeller schrieb 1773 ans Dreieramt, dass der Weihermeister von Rickenbach jährlich einen Viernzel Korn vom Pfarrer von Sissach erhalte. Ferner könne er eine Matte und den Weiherdentschen bewirtschaften. So verdiene er jährlich etwa 20 lb.[449] Der Fixlohn des Weihermeisters veränderte sich also über die Jahre praktisch nicht.

1710 wurden dem Weihermeister 12 ß und 6 d vergütet, weil er zwei Mal nach Basel reisen musste, um sich zu informieren, wann in Rickenbach gefischt werde.[450] 1714 musste sich der Weihermeister ebenfalls zweimal nach Basel und das eine Mal sogar bis auf den Wenkenhof zum Lohnherrn begeben.[451]

e) Arisdorf

Eine erste und einzige Erwähnung eines Weihermeisters zu Arisdorf findet sich in den Akten zur Säuberung und Reparatur der Weiher von 1707. Bauschreiber Iselin hielt fest, dass es vermehrt Klagen über den Weihermeister, den so genannten «Creütz Michell» gegeben habe. Dieser führe sein Amt schlecht und nachlässig aus, was wohl auch an seinem hohen Alter liege. Iselin schlug deshalb vor, dessen ältesten Sohn Michael, der den Vater bereits oft vertreten habe und am nächsten bei den Weihern wohne, zum Weihermeister zu machen.[452] 1773 schrieb Landvogt Zeller an das Dreieramt, dass der Weihermeister jährlich einen Viernzel Korn und das Land um den Weiher zur Nutzniessung erhalte.[453]

Die Oberaufsicht über die Arisdörfer Weiher lag offensichtlich nicht wie in den anderen Ämtern immer beim jeweiligen Landvogt. Statt des eigentlich zuständigen Obervogts auf Farnsburg erscheint immer wieder der Schultheiss von Liestal als Oberverantwortlicher für die Weiher in Arisdorf.[454] 1569 veranlassten Schultheiss Jacob Seiller und der Landvogt von Farnsburg gemeinsam Arbeiten an den Weihern von Arisdorf.[455] 1611 meldete sich wieder der Schultheiss von Liestal, Chrispianus Strübin, wegen der Flötzung dieser Weiher beim Rat, wobei er von den *«mir anbevohlenen weÿern zuo Arristorff»* spricht.[456] Der Rat beauftragte Strübin mit weiteren Abklärungen bezüglich der Säuberung der Arisdörfer Weiher.[457]

1617 beklagte sich Landvogt Brandt auf Farnsburg, dass er die gleich guten Zuchterfolge wie der Schultheiss von Liestal anstrebe, dieser aber die Ormalinger Weiher schlecht verwaltet habe.[458] In einem undatierten Schreiben des Schultheissen Chrispianus Strübin von Liestal an den Landvogt von Farnsburg aus dem 17. Jahrhundert geht hervor, dass ihm vom Rat der Auftrag gegeben worden sei, den Rickenbacher Weiher zu fischen.[459] Schultheiss Chrispianus Strübin wurde von der Obrigkeit offenbar mit zusätzlichen Aufgaben innerhalb der Weiherwirtschaft betraut. Ob dem Schultheissen von Liestal, generell oder zeitlich begrenzt, eine gewisse Führungsrolle in der Weiherwirtschaft auf der Basler Landschaft zukam, lässt sich nicht abschliessend beurteilen.

Die organisatorischen Zuständigkeiten der Basler Weiherwirtschaft erstreckten sich von den städtischen Häuptern bis hinunter zum dörflichen Unterbeamten oder einfachen Untertanen. Die grösste Konstanz scheint innerhalb dieser Organisation bei den Weihermeistern in den Dörfern bestanden zu haben, da diese wahrscheinlich fast täglich mit den Weihern zu schaffen hatten. Der restliche Teil der zuständigen Beamten und Behörden kam erst bei der Besetzung, der Fischung und beim Weiherunterhalt zum Zug. Zwischen diesen Tätigkeiten lagen aber jeweils grössere zeitliche Abstände, weshalb sich die «Verwaltungsspitzen» wohl nur sporadisch mit der Weiherwirtschaft befassen mussten, dann aber in grösserem Ausmass. Oft fehlte jedoch den Beamten und Behörden das nötige Fachwissen, um die an sie gestellten Aufgaben zu bewältigen.

Diese Art der Verwaltung erlaubte keine wirklich intensive Bewirtschaftung der Weiher, und im Gegenzug benötigte eine extensive Bewirtschaftung auch kein ausgeklügeltes Verwaltungssystem. Was diesbezüglich Ursache und was Wirkung war, lässt sich nicht abschliessend beurteilen. Generell feststellen lässt sich hingegen sicher, dass die Weiherwirtschaft im «Organigramm» der Handelsstadt Basel keinen prominenten Platz einnahm und ihr Stellenwert von der Obrigkeit offenbar als eher gering eingeschätzt wurde. Trotzdem bestand die Weiherwirtschaft bis zum Ende des Ancien Régime fort.

9. Besetzung der Weiher

Da es sich bei den Weihern der Basler Landschaft um künstlich angelegte Gewässer handelte, konnte man sich für die Fischzucht nicht auf einen bereits vorhandenen einheimischen Fischbestand stützen. Da die einheimischen Fischarten praktisch ausnahmslos Flussfische waren, die in stehendem Gewässer nur schlecht überlebten, musste man «fremde» Fischarten zuführen, die sich in den Weihern wohl fühlten. Zum Teichfisch schlechthin wurde in ganz Europa im Spätmittelalter der ursprünglich aus dem Schwarzmeerraum stammende Karpfen.[460]

Auch in den Weihern der Basler Landschaft wurden vor allem Karpfen gezüchtet. Die Karpfenzucht indes stellt gewisse Anforderungen, wenn die Karpfen sich vermehren und wachsen sollen. Je nach Wassertemperatur laichen die Karpfen zwischen Mai und Juli ab, jedoch erst bei einer Wassertemperatur von 18–20°C.[461] Auch für das Wachstum der Karpfenbrut sind Temperaturen von über 20°C nötig. «Sinkt die Temperatur unter 8° C, nehmen» die Karpfen «keine Nahrung mehr auf, sondern halten an tiefen, geschützten Stellen Winterruhe».[462] Zur Karpfenzucht wurden folglich grosse, flache und stehende Gewässer benötigt, die sich schon bei geringer Sonneneinstrahlung verhältnismässig stark erwärmten und so im Winter auch nicht durchfroren. Dies war bei den Weihern auf der Basler Landschaft durchaus gegeben.

Die Basler Weiher wurden in einer zweistufigen Teichwirtschaft betrieben.[463] In einem so genannten Mutterweiher wurden spezielle Mutterfische[464] gehalten, die dort ablaichten. Die Karpfenbrut, die so genannten Setzfische, wurden nach einer gewissen Zeit in einen Setzweiher umgesetzt und dort belassen, bis sie die richtige Grösse erreicht hatten. Für die Basler Landschaft wurden eigene Setzfische in speziellen Mutterweihern produziert. Häufiger war aber, dass Setzfische von ausserhalb eingekauft und dann gleich in die Setzweiher eingesetzt wurden. Es ist zu vermuten, dass die eigene Setzfisch-Produktion die eigene Nachfrage nicht zu decken vermochte. Als spezifische Mutterweiher können die Ormalinger Weiher und der obere Weiher von Riehen gelten. Die übrigen Weiher dienten vor allem als Setzweiher, wobei die Trennung nicht immer eingehalten wurde.

Nebst den Karpfen als Hauptfischen kamen in den Weihern aber auch noch Nebenfische vor. Der wichtigste Nebenfisch war der Hecht. Als Raubfische konnten Hechte nur in den Setzweihern eingesetzt werden, da ihnen in den Mutterweihern die Karpfenbrut sonst zum Opfer gefallen wäre. In den Setzweihern hingegen konnte eine gewisse Anzahl Hechte gehalten werden, denn diese fressen nur kleinere Setzlinge und lassen bereits grössere Tiere unbehelligt. Allerdings musste immer darauf geachtet werden, dass die Hechte gegenüber den Karpfen nicht zu stark wuchsen und sie dann die kleinen Setzkarpfen dezimierten. Als beliebte Speisefische und zur Regulation ihres Bestands wurden deshalb auch die Hechte periodisch gefischt. Falls dies ausblieb, drohten beträchtliche Einbussen beim

Abbildung 22: Abbildung eines Karpfens aus dem Werk Historia animalium von Conrad Gessner aus dem Jahr 1558

Karpfenertrag.[465] Zur erfolgreichen Fischzucht war also ein grosses Fachwissen vonnöten, das den dafür zuständigen Personen in Stadt und Landschaft aber oft fehlte. Das Resultat waren teilweise entsprechend mangelnde Zuchterfolge.

In der Regel folgte die Besetzung der Setzweiher unmittelbar nach der Fischung, was in den Stadtrechnungen oft zu Sammeleintragungen führte, wie beispielsweise 1487/1488 für Waldenburg.[466]

Für die Fragen, woher die Setzfische für die Weiher der Basler Landschaft kamen und wie viele Fische jeweils eingesetzt wurden, müssen wir für die Frühzeit die Einträge aus den Basler Stadtrechnungen hinzuziehen. Offenbar wurden immer wieder Setzfische für die Weiher in grösseren Mengen zentral eingekauft und anschliessend auf die verschiedenen Weiher verteilt. Dies bestätigen Rechnungseinträge von 1483/1484,[467] 1511/1512[468] und 1514/1515.[469] Einen Hinweis, wer für den Einkauf der Setzfische verantwortlich war, liefert ein Eintrag von 1491/1492, in welchem dem Basler Fischer Michel Möry 5 lb für den Kauf von Fischen für die Weiher vergütet wurde.[470] Auch 1516/1517 wurden wieder Fische für mehrere Weiher zusammen eingekauft.[471] Von wem und wo die Setzfische gekauft wurden, lässt sich leider nicht eruieren. Offenbar verkaufte aber die Obrigkeit selbst auch Setzfische an Dritte, was ein Rechnungseintrag von 1465/1466 beweist.[472]

a) Liestal

Am meisten Informationen über die frühe Zeit der Basler Weiherwirtschaft erhält man über die Weiher in Liestal. 1419/1420 wurden ein erstes Mal Zuchtfische angekauft.[473] 1421/1422 findet sich der erste Beweis für die Karpfenzucht in Liestal. Allerdings wurden auch noch andere Fische eingesetzt.[474] Es folgen Käufe von Setzfischen für Liestal in den Rechnungsjahren 1422/1423,[475] 1425/1426,[476] 1428/1429[477] und 1429/1430, als 400 Setzfische eingekauft wurden.[478] Ferner wurden 1441/1442,[479] 1442/1443[480] und 1444/1445[481] Setzfische für beide Weiher eingekauft. 1447/1448 wurden junge Karpfen gekauft, die allerdings nicht überlebten.[482] 1452/1453 wurden Litzkarpfen eingesetzt,[483] ebenso 1469/1470.[484] 1472/1473 wurden Setzkarpfen für Liestal und Rickenbach angekauft und in die Ämter transportiert.[485] 1474/1475 stammten die Setzfische vermutlich aus Arisdorf.[486] 1475/1476 wurden zwei Knechten für das Tragen von Litzkarpfen nach Liestal 5 ß vergütet.[487] Es waren nur sieben Fische.[488] 1478/1479 wurden für Liestal und Rickenbach zusammen 2800 Setzfische angekauft.[489] Ein Rechnungseintrag von 1479/1480 lässt darauf schliessen, dass die Waldenburger Weiher damals mit Setzfischen aus Liestal besetzt wurden. Es wäre aber auch möglich, dass ausgewachsene Fische von den Waldenburger Weihern hinunter ins Städtchen Waldenburg gebracht wurden.[490] 1480/1481,[491] 1481/1482[492] und 1482/1483 wurden Fische eingesetzt. Im letzteren Jahr wurde die Besetzung vom Lohnamt vorgenommen.[493] 1484/1485 wurden Setzfische gekauft,[494] 1489/1499 Litzkarpfen.[495] 1502/1503 wurde der Weiher gefischt und Setzfische nach Liestal getragen.[496] 1520/1521 wurden 320 Hechte für Rickenbach und Liestal angeschafft. In Liestal wurden also auch Hechte gezüchtet.[497] 1531/1532 kamen 700 Setzfische teilweise nach Liestal, teilweise in den Teuchelweiher,[498] 1533/1534 deren 1000 nach Liestal.[499]

1621 erwähnt Schultheiss Strübin, dass ihm die Pacht des unteren kleinen Weihers von einem Ratsherr aufgekündet worden sei und ein Ratsherr *«auch kurtz verzuckhter tagenn denselben abgelassen und die jenigen setz fisch so sich sunderlich für den ermelten see darinnen gezüget, daruss genommen»* habe. Die Setzfische für den See wurden also damals im Weiher gezüchtet.[500]

1782 erwähnt Schultheiss Johann David Hebdenstreit einen eigenen Forellen-Weiher in Liestal, den er wieder besetzen müsse. Dafür stellte er sieben Tage lang drei Fischer ein, die in der Ergolz und in der Frenke mit eisernen Hilfsmitteln am Tag und auch in der Nacht nach Forellen fischten. Allerdings habe man *«ohngeacht alles angewandten fleisses dennoch nicht mehr den 130 setzling forellen gefangen»*. Vielmehr habe das Hochwasser und die Trübung der Bäche im Februar und März die Fische *«ersticket»*. Hebdenstreit fragte deshalb den Rat an, ob er etwa 300 Forellen zur Besetzung des Weihers ankaufen könne, von welchen das Stück 2 bis 3 ß koste.[501] Bereits einen Tag später erlaubte die Haushaltung den Ankauf der Forellen-Setzlinge.[502]

In einem kritischen Bericht über die «unordentliche Verwaltung» der Weiher von 1793 wird über den Liestaler Weiher gesagt, dass dessen Fische sehr klein seien, weil Schultheiss Leonhard Strübin den Weiher mit 300 Setzlingen besetzt habe, wovon nur 100 überlebt hätten.[503]

b) Waldenburg

Ein erster Eintrag über die Besetzung der Waldenburger Weiher findet sich im Rechnungsjahr 1414/1415.[504] Im zweiten Eintrag von 1415/1416 wird die Besetzung zusammen mit der Fischung aufgeführt.[505] 1418/1419 wurden ebenfalls wieder Fische in die Waldenburger Weiher gebracht.[506] Danach folgen lange keine Einträge mehr, der nächste erst wieder 1463/1464.[507] Weitere Besetzungen sind belegt für 1472/1473,[508]

1475/1476[509] und 1479/1480. Bei letzterer stammten die Setzfische offenbar aus Liestal.[510] Die nächste Besetzung fand 1480/1481 statt. Diese Setzfische kamen wahrscheinlich von ausserhalb, denn sie wurden zentral gekauft und anschliessend auf Waldenburg, Liestal und den Teuchelweiher verteilt.[511] 1487/1488 wurde der Waldenburger Weiher abgelassen, gefischt und gleich wieder besetzt.[512] 1505/1506 wurden 800 Fische – offenbar eingekaufte – eingesetzt.[513] 1510/1511 wurde gefischt und gleich wieder besetzt.[514] 1513/1514 wurden Litzfische eingesetzt.[515]

Erste Informationen aus anderen Akten finden sich erst 1604, als Landvogt Erasmus Wurstisen auf Waldenburg dem Rat wegen der bevorstehenden Fischung der Weiher meldete, dass er 1602 und 1603 je etwa 60 Fische eingesetzt habe.[516] Einem Brief von Landvogt Rudolf Göbelin auf Waldenburg vom April 1661 ist zu entnehmen, dass sich damals Karpfen und Forellen in den Weihern befanden. Von den eingesetzten 350 Karpfen seien aber bei der Fischung lediglich 240 gefangen worden, da viele Fische durch ein Loch im Kümpfel entkamen.[517] Göbelins Brief ist die früheste Nennung der Forellenzucht in einem Weiher der Landschaft. 1664 wiederholte Göbelin, dass in den Weihern Karpfen und Forellen gezüchtet würden.[518] Auch Landvogt Brandmüller bestätigt dies in einem Brief von 1710.[519] Am 28. April 1721 wurden in Waldenburg 153 Forellen gefischt.[520]

1717 wurde der Waldenburger Weiher mit 260 Karpfen aus Ormalingen besetzt.[521] Am 14. Mai 1721 schrieb Landvogt Thurneysen ans Dreieramt, dass er die Forellen-Setzlinge für die Neubesetzung beschaffen lasse, sobald sich das Wasser in den Bächen etwas lege und läutere.[522] Die Forellen stammten also aus den Bächen der Umgebung. 1793 monierte ein Schreiber den schädlichen Einsatz von Forellen, weil dadurch der Karpfenertrag zurückginge.[523]

Einen letzten Hinweis über die Besetzung der Waldenburger Weiher liefert eine Quittung des Weihermeisters von Ormalingen, Jacob Hägler, vom 11. April 1797. Er bescheinigt den Erhalt des Lohns von gesamthaft 10 lb, 2 ß und 6 d für sich und acht Träger, welche Setzfische von Ormalingen nach Waldenburg trugen.[524] Höchstwahrscheinlich handelte es sich dabei um Karpfen, denn 1794 wurde der Ormalinger Weiher als der einzige Karpfen-Zuchtweiher bezeichnet, aus denen man alle anderen Weiher mit Karpfen besetze.[525] Gleichzeitig wurden dem Weihermeister für 8 lb 3 ß 30 ausgefischte Forellen überlassen, damit er diese wieder in den Weiher einsetzte.[526] Es ist allerdings nicht klar, ob es sich hier um den Weihermeister von Waldenburg oder von Ormalingen handelt.

c) Ormalingen

1588 schreibt Landvogt Brandt nach Basel, dass die Weiher von Ormalingen gesäubert werden müssten, wenn er darin, wie ihm befohlen sei, Setzkarpfen züchten solle.[527] 1617 schrieb Landvogt Theodor Brandt nach Basel, dass er aus dem Ormalinger Weiher habe 800 Setzkarpfen entnehmen wollen, um damit den Rickenbacher Weiher zu besetzen. Leider gebe es darin drei Gruppen von Setzkarpfen, *«ettlich wie hörig, ettliche kleiner, undt ettliche füstling»*. Im Land seien diese Karpfen sonst nirgends zu finden.[528] Auch habe er in Ormalingen acht Litzkarpfen, die alle schon zehn bis zwölf Jahre alt seien.[529] Er habe gemeint, dass *«on zweÿfelichen solliche setz füsch mitt gottes hülff, undt sägen,in sollichen weÿger wol driegen* [= wachsen, MG] *werden»*, was aber nicht der Fall sei. Er habe sich deshalb auch mit Ratsherr Albrecht Rot besprochen. Das alles sei auf seine Kosten geschehen. Des Weiteren habe er, Brandt, erst kürzlich in Ormalingen einen neuen Dentschen, Ablauf und eine Brunnstube ebenfalls auf seine Kosten errichtet. Er habe sich genau so Mühe geben wollen wie der Schultheiss von Liestal.[530] Dass den Herren in diesem Jahr so kleine Fische geschickt wurden, bat er zu entschuldigen, gab aber zu bedenken, dass die Schuld dafür nicht bei ihm liege, sondern beim Schultheissen von Liestal, der im Weiher *«allerleÿ gesäms, dorvon die karpffen nit driegen mögen, dorinnen gepflantzett hatt»*, was Brandt in diesem Jahr alles habe entfernen lassen müssen.[531] Dass sich so wenige Karpfen im Weiher befanden, sei durch höhere Gewalt verschuldet, denn es habe in diesem Jahr viele Starkregen gegeben, so dass der Rickenbacher Weiher einige Male *«halb mans hoch über den däntschen übergeloffen, undt die füsch doruss geschwembt undt doruss geflöst worden»* seien. Brandt entschuldigte sich und stellte es dem Rat anheim, ob man ihm die Aufsicht über die Weiher des Amts entziehen wolle.[532]

In einem Bericht von 1793 führt der Schreiber an, dass bereits etwas grösser gewachsene Karpfensetzlinge nach Ormalingen kämen. Zur Verbesserung der Zucht fügte der Scheiber an, sei es nötig, die alten Litz- oder Pflanzfische nach sechs Jahren herauszunehmen und junge von vier Pfund Gewicht einzusetzen, damit die Setzlinge nicht immer schlechter würden.[533]

1794 wandte sich Johann Rudolf Burckhardt, der Besitzer des Hofguts Ernthalde ob Gelterkinden, an das Dreieramt, mit der Bitte, eine Quelle, welche die Ormalinger Weiher speise, zu fassen und zu seinem Hof zu leiten. Burckhardt gab zu bedenken, dass viele Quellen in diese Weiher fliessen würden und dass so kein Schaden für die dortige Karpfenzucht entstehe. Da sich das Dreieramt nicht zuständig fühlte, verwies es Burckhardt an einen Lohnherrn.[534] Dieser nahm einen Augenschein vor und befragte Burckhardt im Detail. Das Dreieramt gab aber zu bedenken, dass der Ormalinger Weiher der einzige Zuchtweiher sei, aus welchem alle anderen Weiher der Landschaft besetzt werden müssten.[535]

d) Rickenbach

Eine erste Information über die Besetzung des Rickenbacher Weihers findet sich bald nach dessen Übernahme durch die Stadt Basel in der Jahresrechnung von 1463/1464.[536] 1472/1473 wurden Karpfen-Setzlinge in Liestal und Rickenbach eingesetzt.[537] Dies ist der früheste Beleg für die Zucht von Karpfen im Rickenbacher Weiher. 1478/1479 wurden circa 2800 Setzfische gekauft, welche in Rickenbach und Liestal eingesetzt wurden.[538] 1481/1482 wurden erneut 600 Zuchtfische in Rickenbach eingesetzt.[539] 1495/95 fischte man den Weiher und besetzte ihn dann wieder.[540] 1512/1513 wurden erneut Setzfische gekauft.[541] 1520/1521 findet sich zum ersten Mal ein Hinweis auf die Zucht von Hechten in Rickenbach, als 320 Hecht-Setzlinge in Rickenbach und Liestal eingesetzt wurden.[542] 1531/1532 wurden wieder 1000 Setzfische angekauft.[543] 1532/1533 wurde der Weiher gesäubert und anschliessend wieder besetzt.[544] 1617 schrieb Landvogt Theodor Brandt nach Basel, dass er aus dem Ormalinger Weiher 800 Setzkarpfen habe entnehmen wollen, um damit den Rickenbacher Weiher zu besetzen.[545] 1707 und 1709 wurden in Rickenbach je 800 Setzkarpfen aus Ormalingen eingesetzt,[546] 1717 deren 700.[547]

e) Arisdorf

Über die Herkunft der Fische in den Arisdörfer Weihern finden sich keine Angaben in den von mir bearbeiteten Quellen. Es besteht jedoch die grosse Wahrscheinlichkeit, dass die Arisdörfer Weiher, zumindest teilweise, selbst zur Zucht von Jungfischen dienten, wurden doch schon im Jahr 1474/75 entweder 700 Setzfische aus Arisdorf in den Liestaler Weiher oder aber dieselben Fische aus Liestal in den mittleren Weiher in Arisdorf eingesetzt.[548] Der entsprechende Rechnungseintrag ist nicht ganz eindeutig zu interpretieren. Es scheint jedoch plausibler, dass die Setzfische tatsächlich aus Arisdorf stammten, denn der «Export» von eigenen Setzfischen nach Arisdorf wäre in der Rechnung kaum als Ausgabe vermerkt worden. 1707 wurden 500 Karpfensetzlinge aus Ormalingen eingesetzt, 1709 etwas mehr als 400. 1711 kauften die Basler Fischer zu St. Apollinaris[549] 450 Setzfische von auswärts und setzten sie in Arisdorf ein.[550] 1717 wurden im oberen Weiher 20 Karpfen aus Ormalingen eingesetzt, im mittleren 140 und im unteren 240.[551] 1793 bemerkte ein Schreiber, dass man vor einigen Jahren mit der schädlichen Sitte begonnen habe, Forellen in die Weiher einzusetzen, weshalb der Ertrag an Karpfen merklich zurückging.[552]

f) Riehen

1787 klagte der Lohnherr, dass seit einigen Jahren immer kleinere Karpfen in den Weihern in Riehen gefischt würden, weil man der Meinung sei, dass nur sehr kleine Setzkarpfen eingesetzt werden sollten. Wenn man sich in der Nachbarschaft erkundige, wo es auch grosse Weiher gebe, bekomme man aber zu hören, dass dort die Weiher mit so genannten Plätterlingen, also Setzkarpfen von 12 bis 13 Zoll Länge besetzt würden. Diese seien nach zwei Sommern in einem Weiher 3 bis 4 Pfund schwer. Er selbst habe mit diesen Setzlingen im Teuchelweiher schon verschiedentlich gute Erfahrungen gemacht.[553] Teils stammten sie aus dem Pfirter Amt, einmal aber auch vom Dreieramt aus Ormalingen.[554] Die Setzlinge seien aus erster Hand auch nicht so teuer, und er bekomme sie für 12 bis 14 lb pro hundert Stück. Er wolle diese auf eigene Kosten im Frühling 1781 in Riehen einsetzen und nach eineinhalb Jahren den Erfolg überprüfen. Dem Weihermeister solle eingeschärft werden, dass er den Wasserstand in den Weihern halten und auch trübes Wasser einleiten solle, da der Karpfen so besser wachse.[555] Wenn man grössere Setzlinge einsetze, könne man die Weiher auch ein Jahr früher fischen. Dies sei jedoch noch nicht allen klar, obwohl dies ausserhalb von Basel allgemein bekannt sei. Auch könne man bei grösseren Setzlingen die Hechte und Forellen sofort miteinsetzen, während man bei nur fingerlangen Karpfen ein Jahr warten müsse, da die Karpfen dann nicht mehr gefressen würden. Hechte und Forellen würden jedenfalls auch besser gedeihen, wenn sie volle zwei Jahre im Weiher bleiben könnten.[556]

Laut einem Bericht von 1793 stammten die Setzlinge für die Riehener Weiher aus dem oberen Weiher daselbst.[557] In Riehen wurden auch Hechte und Forellen gezüchtet.[558]

Zusammengefasst lässt sich sagen, dass die Setzfische für die Weiher der Basler Landschaft sowohl auf einem Markt gekauft als auch selbst gezüchtet wurden.

Das Niveau der Fischzucht in den Basler Weihern darf als eher niedrig bezeichnet werden. Raubfische (Hechte und Forellen) wurden oft in zu grosser Anzahl in den gleichen Weihern gehalten wie die kleinen Karpfensetzlinge, die ihnen dann auch zahlreich zum Opfer fielen. Konkrete

Anstrengungen der Obrigkeit, die Zuchtmethoden zu verbessern, sind in den Quellen nur ganz schwach und erst am Ende des 18. Jahrhunderts fassbar. Die Sorge um einen hohen Fischertrag wurde von der Obrigkeit offenbar mehrheitlich an die Obervögte und den Schultheissen von Liestal delegiert. Leider fehlte den städtischen Beamten auf der Landschaft aber oft das nötige Fachwissen, um die Fischzucht auf hohem Niveau zu betreiben.

10. Fischungen

Der Hauptzweck der Teichwirtschaft war natürlich die Gewinnung von Fischen in möglichst grosser Zahl und mit möglichst grossem Lebendgewicht. Zu diesem Zweck mussten die Weiher der Basler Landschaft regelmässig gefischt werden.

Einige Daten für die Fischungen zwischen 1400 und 1535 können den Basler Stadtrechnungen[559] entnommen werden. Es finden sich Belege von Fischungen der Weiher für die Rechnungsjahre:

Waldenburg	Liestal[560]	Rickenbach	Pratteln	Benken	ohne Ort
1416/1417	1423/1424	1470/1471	1527/1528	1527/1528	1490/1491
1423/1424	1449/1450	1474/1475	1528/1529		1514/1515
1424/1425	1452/1453	1486/1487			1522/1523
1427/1428	1457/1458	1492/1493			
1449/1450	1459/1460	1495/1496			
1469/1470	1462/1463	1498/1499			
1472/1473	1473/1474	1501/1502			
1475/1476	1475/1476	1505/1506			
1482/1483	1476/1477	1516/1517			
1485/1486	1481/1482	1519/1520			
1487/1488	1492/1493	1525/1526			
1489/1490	1495/1496	1527/1528			
1491/1492	1501/1502				
1497/1498	1504/1505				
1498/1499	1509/1510				
1502/1503	1510/1511				
1508/1509	1513/1514				
1510/1511	1516/1517				
1516/1517	1518/1519				
1519/1520	1525/1526				
1527/1528	1527/1528				

Aus der Abfolge der verschiedenen Daten lässt sich keine Regelmässigkeit der Fischungen ablesen. Teilweise wurde jedes Jahr gefischt, teilweise ergeben sich aber zeitliche Abstände von einem Jahrzehnt und mehr. Da es sich bei den Rechnungsbüchern um serielle Quellen handelt, halte ich die Lücken zwischen den Fischungen nicht für quellenbedingt. Denkbar wäre höchstens, dass die Kosten für die Fischungen teilweise zu Lasten der Landvogteien gingen und deshalb nicht immer in der Stadtrechnung verbucht wurden. Aber auch dann müsste sich anhand der Lücken zwischen den Fischungen eine Regelmässigkeit ablesen lassen, wenn sie bestanden hätte. Mir scheint es deshalb plausibler, dass in der Frühzeit der Basler Teichwirtschaft noch keine systematische Fischzucht in den Weihern stattfand. Es wurde wahrscheinlich entweder dann gefischt, wenn der Fischertrag als genügend hoch eingeschätzt wurde oder aber dann, wenn Fische benötigt und/oder der Marktpreis hoch war.

Dass offensichtlich noch lange kein fester Rhythmus für die Fischung des Waldenburger Weihers bestand, belegt auch die Antwort des Landvogts von Waldenburg, Jeronimus Vischer, auf einen Brief aus Basel vom 5. April 1587. Lohnherr Andreas Huber und Alt-Werkmeister Jacob Hugel hätten vor, die Weiher von Waldenburg in diesem Jahr zu fischen, und sie erkundigten sich nun über die Wetter-, insbesondere die Schneeverhältnisse im Waldenburger Amt, um zu erfahren, ob eine Fischung überhaupt möglich sei.[561] Hätte ein fester Rhythmus der Fischungen schon bestanden, hätten sich die Ratsherren kaum beim Landvogt für eine Fischung (an)melden müssen.

Erst im 17. Jahrhundert scheint sich eine feste, systematische Abfolge der Fischungen herausgebildet zu haben. Dies geht aus den Fischrodeln und einem Bericht von 1793 hervor.[562]

10.1 Entleerung und Fischung

Die Fischung der Weiher geschah durch das fast vollständige Ablassen der Weiher. In der Frühzeit haben wohl Vertreter der Obrigkeit den Kümpfel geöffnet und nicht die Untertanen vor Ort. 1425/1426 findet sich nämlich ein Beleg für Verpflegungskosten, als der Weiher von Waldenburg entleert wurde.[563] Dies macht nur dann Sinn, wenn Beamte eigens dafür von Basel nach Waldenburg gereist sind. Bestätigt wird dies auch dadurch, dass 1473/1474 dem Basler Fischer Peterhanns Moery eigens 5 ß und 10 d für das Ablassen des Liestaler Weihers ausgezahlt wurden.[564] Auch 1474/1475 wurde das Ablassen des Rickenbacher Weihers in der Rechnung speziell erwähnt,[565] ebenso noch in Liestal 1492/1493 und 1496/1497[566] sowie in

Waldenburg 1497/1498.[567] Diese Praxis wurde anscheinend in der Folge aufgegeben. 1587 bat Landvogt Vischer auf Waldenburg, ihm, falls man fischen wolle, bald Meldung zu machen, *«domit die kümpfel gezukt und alle anderen ding so darzu gehören zugerichtett würden»*.[568] 1719 meldete Landvogt Johann Jacob Thurneysen aus Waldenburg ans Dreieramt, dass er die Kümpfel des Weihers habe ziehen lassen.[569] Noch 1777 wurde *«den weÿer zu zucken»* in Waldenburg separat mit 15 ß ausgewiesen[570] und mit 9 ß auch noch 1797.[571]

Nach der Entleerung folgte die Fischung. An der tiefsten Stelle des Weihers, also vor dem Kümpfel, wo sich die Fische durch das Ablassen des Wassers sammelten, wurden sie entnommen, wahrscheinlich mit Bären. Dabei war es wichtig, dass der Weiherboden zum Kümpfel hin gleichmässig abfiel, damit sich keine Fische in Vertiefungen verstecken konnten. 1504 wurden der Friese Peter Ricker und seine Söhne damit beauftragt, die Weiher von Waldenburg zu säubern und den Boden des Weihers tiefer zu legen, *«damit die visch zusamen fallen mogen»*.[572] 1510 musste der Friese Balthasar Walch den Rickenbacher Weiher säubern und dabei ein Loch im Weiherboden, den so genannten *«vinster see»*, auffüllen, damit der Weiher überall leer laufen konnte.[573]

Wer tatsächlich fischte, ist unklar. 1473/1474 wurden drei Knechte für das Fischen des Liestaler Weihers bezahlt,[574] und 1475/1476 wurden für Liestal etliche Fischer bezahlt.[575] 1502/1503 werden wieder Knechte bei der Fischung erwähnt.[576] 1710 wurden 10 Männer, die in Rickenbach fischten, mit je 5 ß entschädigt. 10 Frauen, die Wasser schöpften, erhielten einen Lohn von je 2 ß.[577] 1714 waren die Löhne identisch.[578] 1797 verrechnete Hans Jacob Schneider für das Dreieramt 12 Tage und eine halbe Nacht für die Fischung der Waldenburger Weiher mit 13 lb 15 ß.[579] Die Verpflegung stammte offenbar vom Wirt des Badhauses in Oberdorf, Fridrich Thommen, was eine entsprechende Abrechnung belegt. Thommen verrechnete unter anderem für die Dreierherren 9 Mahlzeiten à 30 Batzen, 2 Mahlzeiten für Bedienstete à 15 Batzen und 18 Mittagessen für die Fischer à 15 Batzen.[580]

Bei der Weiherfischung von Ormalingen am 10. April 1797 war ein Lohnherr anwesend und blieb über Nacht. Ein Dreierherr war nur während eines Tages anwesend und ass zu Mittag. Für Kaffee wurden 10 ß ausgegeben. Dies belegt die Rechnung des Sissacher Sonnenwirts Daniel Oberer. Zwei Fuhrleute blieben zweimal zum Mittagessen und machten zwei Fuhren. Ein Kutscher blieb mit zwei Pferden einmal über Nacht und einmal zum Mittagessen.[581] Der Wirt Johannes Gisin beherbergte die Herren Schneider und Blattner und einen Fuhrmann über Nacht sowie zwei Pferde über Nacht. Bei den Weihern mussten zwei Nachtwächter, 10 Fischer, der Weihermeister und ein Zimmermann verköstigt werden.[582] Die Fischer, die im Wasser gestanden waren, erhielten damals wegen der Kälte den doppelten Lohn.[583]

10.2 Fischereigeräte

Werkzeuge für die Fischung tauchen in den Rechnungen kaum auf. Einzig 1473/1474 wurde ein «*vischgaren*», also ein Fischernetz, bei der Fischung des grossen Weihers von Liestal verbucht.[584] 1497/1498 wurde ein Weidling aus der Stadt nach Waldenburg «*zu den vischen*» gebracht.[585] 1585 befahl der Schultheiss von Liestal dem Weihermeister Wernhart Ricker, wegen der bevorstehenden Leerung, «*den wÿger mit zweÿen garnen verfangen [zu] lossen*».[586]

Geeignete Gerätschaften für die Weiherfischung scheint es auch in der Folge direkt bei den Weihern nicht gegeben zu haben, denn noch 1719 musste Landvogt Thurneysen vom Dreieramt aus Basel einen grossen Setzbären anfordern, mit dem er den Auslauf des Waldenburger Weihers gegen ein Entweichen der Fische versperren könne. Ein solches Gerät gab es laut Thurneysen damals im Amt nicht.[587] Fischereigeräte tauchen wohl deshalb kaum in den Rechnungen und Akten auf, weil sie effektiv kaum Verwendung fanden. Bei der Fischung mittels Ablassens der Weiher waren sie auch nicht von Bedeutung. Jedoch gab der Rickenbacher Geschworene Jacob Danner 1658 im Prozess gegen den verstorbenen Weihermeister Hans Joggi Handschin wegen illegalen Fischens zu Protokoll, dass er den Weihermeister und andere beim Fischen mit Bären[588] belauscht habe.[589] Alle zusammen seien in einem Weidling gesessen und hätten mit Bären fischen wollen.[590] Es gab also damals doch gewisse Fischereigeräte bei den Weihern.

10.3 Fischfässer

Die gefangenen Fische wurden lebend in Fässer abgefüllt. Ein erster Beleg für Kosten von Fässern findet sich für die Fischung des Waldenburger Weihers von 1472/1473, als 2 Fässer für 30 ß eingekauft wurden.[591] Auch 1473/1474 sind Kosten von 7 ß für das Binden zweier Fässer für Liestaler Fische belegt.[592] 1486/1487 wurden Fässer für den Weiher von Rickenbach gebunden,[593] 1492/1493 solche für Liestal.[594] 1489/1490 kaufte man für Waldenburg zwei gebrauchte Fässer für 1 lb 6 ß.[595] 1497/1498 wurden Fässer entweder von Basel nach Waldenburg oder von Waldenburg zum Weiher transportiert.[596] Die Höhe des Lohns lässt auf Ersteres schliessen. Für die Fischung von Waldenburg im Jahre 1717 fertigte der Küfer Hanss Jacob Pfister aus Oberdorf 24 Fässer, zwei Zuber und eine Schaufel, was gesamthaft 14 lb und 17 ß kostete. Bezahlt wurde die Rechnung vom Waldenburger Weibel Fridrich Tschudi.[597] 1777 wurden Fässer für 2 lb 1 ß angefertigt.[598] Eine Rechnung von Küfer Jacob Jönn aus Waldenburg von 1797 besagt, dass er für die Fischung *«vier fisch fass zweg gemacht»* und 16 neu angefertigt habe. Die Fässer waren mit kleinen Türlein versehen. Alles zusammen kostete 2 lb 15 ß.[599]

10.4 Transport

Die Fässer mit den Fischen wurden auf Wagen geladen. Ein erster Beleg in Form eines Fuhrlohns findet sich zur Fischung von Liestal von 1423/1424.[600] Einträge für den Fuhrlohn wiederholen sich in der Folge regelmässig. Wie viele Fässer jeweils transportiert wurden, ist unklar. 1473/1474 wurden

Abbildung 23: Die Reise der Baselbieter Weiherfische führte über den Landweg nach Augst, wo sie auf Schiffe umgeladen und auf dem Rhein in die Stadt Basel transportiert wurden. Stich von Emanuel Büchel.

offenbar Kosten für den Transport eines einzigen Fasses Fisch nach Basel abgebucht.[601]

Die Wegstrecke von den Weihern nach Basel, welche die Fuhrleute mit den Fischen zurücklegten, ersieht man aus den jeweiligen Abrechnungen. Die Fischer und Fuhrleute, die 1423/1424 den Waldenburger Weiher fischten, verpflegten sich in Waldenburg und Liestal.[602] Natürlich wurden auch die Verpflegungskosten für die Fischer in Liestal, beispielsweise für die Fischung von 1449/1450 abgebucht. Damals wurde von den Fuhrleuten auch *«allerhand gezuges da hin und gen Waldemburg»* transportiert.[603] Die Zuständigkeit für den Transport der Fische von Waldenburg nach Liestal lag 1424/1425 beim Weibel von Liestal.[604] Von Liestal aus wurden die Fische nach Augst an den Rhein gebracht. Ein erster Beleg dafür stammt von 1491/1492.[605] 1710 führten zwei Fuhrleute die Rickenbacher Fische von Gelterkinden nach Augst.[606] 1714 fuhr man mit zwei Wagen die gleiche Strecke.[607] Auch 1717 war diese Route noch unverändert.[608] 1777 betrug der *«gewohnliche fuhrlohn auf Augst»* 7 lb und 10 ß, und die Fuhrleute übernachteten auch in Augst.[609] Hier wurden die Fische von den Dreierherren mit Weidlingen abgeholt, was ein Rechnungseintrag von 1710 beweist. Die Weidlinge waren zuvor vom Stubenknecht zu Fischern und seinem Bruder nach Augst gebracht worden.[610] Auch Tröge wurden nach Augst gebracht.[611]

Immer wieder finden sich Rechnungseinträge für Almosen auf der Fahrt nach Basel. 1717 wurden beispielsweise *«dem armen auff der strass»* 2 lb 10 ß gegeben.[612] 1777 finden sich Ausgaben von 10 ß für das Siechenhaus.[613] Auch 1797 wurden dem Siechenhaus 10 ß gegeben.[614]

Offenbar überlebten aber nicht alle Fische den Transport in den Fässern. In einem Abrechnungsfragment aus dem 18. Jahrhundert wurde die Anzahl der lebenden und der toten Fische bei der Ankunft in Basel separat aufgeführt. [615]

10.5 Beispiele für die Kosten einer Fischung

Für die Fischung in Waldenburg von 1717 sind detaillierte Abrechnungen erhalten. Den Fischern wurden bei ihrer Ankunft in Waldenburg 4 Mass Wein und ein Brot ausgegeben. Ein Brot kostete damals 8 ß 7 d. Ferner erhielten die Fischer das Nachtessen bezahlt und ein «Schlafgeld» von 1 ß. Während der Fischung wurden die Weiher über Nacht bewacht. Den Wächtern wurden 3 ½ Mass Wein, zehn Brote und Kirschwasser dargereicht. Ein halbes Mass Kirschwasser kostete 12 ß 6 d. Auch für das Morgenessen der Wächter kam die Obrigkeit auf. Vor dem nächsten Nachtessen wurden 3 Mass Rotwein und drei Paar Brote verzehrt, zwei

Fischern wurden ½ Mass Rotwein und ein Brot abgegeben. Des Weiteren wurden 1 ½ Mass Wein und ein Brot verteilt. Fünf Fischer erhielten je ein Mass Wein und ein Brot und das Nachtessen. Die Übernachtung eines Pferdes kostete 12 ß 6 d und das Licht 5 ß.[616] Den Fuhrleuten aus Waldenburg wurden 3 Mass Wein und eineinhalb Käse bezahlt, und ihre Pferde erhielten Heu für 24 ß.[617] Auch der Landvogt und die Schlossangestellten bekamen einen Lohn. Beim Weiher erhielten vier Fischer je ½ ß und die Nachtwächter 15 ß.[618] Alle Kosten wurden wahrscheinlich von Dreierherr Hagenbach vorgeschossen, auf jeden Fall wurden sie ihm am 19. Mai 1717 zurückerstattet.[619]

Die Waldenburger Weiher wurden am 28. April 1721 gefischt. Von 153 gefangenen Forellen wurden damals bereits sechs im Wirtshaus in Waldenburg verbraucht und sechs dem Landvogt gegeben. Nur 135 Forellen gelangten nach Basel.[620] 1777 waren bei der Fischung zwei Nachtwächter und zwei Harschierer[621] anwesend. Auch sind Kosten für Wasserträger vermerkt. Pferde, Fischer und der Weibel von Waldenburg kosteten 85 lb 15 ß und 4 d. Trinkgelder für Küche und Stall schlugen mit 1 lb 5 ß zu Buche, für einen «Schoppen» unterwegs wurden zwei Pfund ausgegeben. Offenbar waren damals auch Fischer aus dem Waldenburger Amt an der Fischung beteiligt. Ihnen wurden die Kosten speziell vergütet.[622] 1797 wurde den Fischern Milchsuppe dargereicht. Beteiligt waren auch die Harschierer von Langenbruck und Oberdorf. Diese stellten allerdings nicht die Nachtwache, denn die Kosten dafür wurden separat ausgewiesen. Ebenfalls taucht ein spezieller «Karpfenhüter» in der Rechnung auf. Die Fischer erhielten wegen der Kälte ein Pfund extra.[623]

Über die Fischungen in Arisdorf ist in den Akten sehr wenig überliefert. Dreierherr Christian Münch gab 1717 für zwei Fischer in Arisdorf und deren Verpflegung 9 lb 3 ß aus.[624] 1785 beklagte sich der Rat beim Dreieramt wegen der Fische aus dem Arisdörfer Weiher, weshalb sich dieses rechtfertigen musste. Die *«Fischete»* sei leider *«höchst ungünstig ausgefallen». «Eine menge kärpflein, bey ausleerung des weyers, zeigten sich, in dichten und wimmelnden haufen, dem auge dar, aber keine unter so-vielen, war des auftischens werth.»* Das Dreieramt habe deshalb, auch um weitere Kosten zu vermeiden, keine andere Möglichkeit gesehen, als die Fische an die Anwesenden und an Nachbarn zu verschenken. Man hoffe aber, bei der nächsten Fischung wieder genug Qualitätsfisch liefern zu können.[625] Mit Brief vom 24. Oktober 1793 teilte der Ratsschreiber von Basel, Johann Rudolf Faesch, im Auftrag des Dreieramts dem Schultheissen von Liestal mit, dass dieses die Weiher von Arisdorf am Montag, den 28. Oktober fischen werde. Der Schultheiss solle am gleichen Tag auch den Weiher von Liestal fischen und dessen Karpfen gleich noch am Montagabend, spätestens aber bis Dienstagmorgen, den 29. Oktober nach Basel schicken.[626]

Dass es bei der Fischung der Weiher auch Probleme mit den Untertanen geben konnte, geht aus einem undatierten Schreiben des Schultheissen Chrispianus Strübin von Liestal an den Landvogt von Farnsburg aus dem 17. Jahrhundert hervor. Strübin berichtet, dass der Rat ihm den Auftrag gegeben habe, den Rickenbacher Weiher zu fischen. Er bat deshalb den Landvogt, am Sonntag vor der Fischung in den Kirchen des Amtes verlesen zu lassen, «*das niemmanden wer der mann noch weibs personen, junge noch alte, beÿ ermeltem weÿer sich fünden lassen, so nützit darbeÿ ze schaffen oder dahin bescheiden. Das niemmanden sich in weÿer begebe, unnd zue vischen unnderstande, der seÿe danne von ime herren schultheissen bestellt*». Die Busse sollte 10 lb betragen. Um dies auch zu überwachen, forderte der Schultheiss zwei Amtsleute an, «*damit er herr schultheiss von niemmanden hierinen verhindert, sonderen jeder menniglichen so nützit beim weÿer zeschaffen, desto besser abgehalten werden möge*». Die Amtsleute sollten «*alss baldt jemanden (…) weren (…), der nützit aldo zeschaffen, für nemlichen einer unnderstünde onne bevelch ze vischen, oder aber visch die seÿen klein oder gross, wie ettwas beschechen, zuverschieben unnd zenemmen*».[627] Fehlbare sollten verhaftet und aufs Schloss gebracht werden.[628]

Zusammengefasst lässt sich sagen, dass die Fischungen der Weiher jeweils grössere Unternehmungen waren, deren Vorbereitung und Durchführung mit erheblichem Planungs-, Sach- und Personalaufwand verbunden war. Alle Beteiligten mussten rechtzeitig informiert und instruiert werden, was sie zu tun hatten, und alle benötigten Gerätschaften mussten bereitgestellt werden. Während sich die Fischungen selbst dank der Fangmethode mit komplettem Entleeren der Weiher vergleichsweise einfach gestalteten, war insbesondere der Transport der lebenden Fische in die Stadt mit grösserem Aufwand verbunden. Auch für die Sicherheit bei den Fischungen und beim Fischtransport musste gesorgt werden. Die Anwesenheit von Nachtwächtern und Harschierern bei der Fischung und auf dem Transportweg sowie das Verbot der Anwesenheit von Unbeteiligten bei der Fischung belegen die Sorge der Obrigkeit um die ihr allein zustehende Fischausbeute. Fischdiebstahl durch die Untertanen sollte verhindert werden. Wie real diese Bedrohung tatsächlich war, kann nicht mit Sicherheit gesagt werden. Die Obrigkeit hätte wohl kaum solche Bestimmungen erlassen, wenn es keine Fälle von Fischdiebstahl gegeben hätte. Andererseits hätten die Untertanen jeweils genügend Gelegenheiten gehabt, Fische schon vor den

Fischungen aus den Weihern zu entwenden, wenn auch auf weniger bequemem Weg. Das «Sicherungspersonal» unterstrich sicherlich den Charakter der Fischungen als hochobrigkeitlichen Akt und diente deshalb wohl auch als Machtdemonstration gegenüber den Untertanen.

11. Fischverkauf

Rechnungseinträge belegen eindeutig, dass Weiherfische durch die städtischen Behörden verkauft wurden und die Erträge der Staatskasse zugute kamen. Gemäss den Einträgen in den Basler Stadtrechnungen wurden in den folgenden Jahren Beträge für Fische aus den verschiedenen Weihern eingenommen:

Waldenburg	Liestal	Rickenbach	Pratteln	Benken	Teuchel-weiher	Steinentor	Ohne Ortsangabe
1402/1403	1417/1418	1468/1469	1527/1528	1527/1528	1426/1427	1513/1514	1452/1453
1409/1410	1420/1421	1470/1471	1529/1530		1437/1438	1515/1516	1476/1477
1414/1415	1422/1423	1472/1473			1444/1445	1519/1520	1484/1485
1419/1420	1423/1424	1483/1484			1449/1450	1527/1528	1487/1488
1423/1424	1426/1427	1491/1492			1456/1457		1511/1512
1427/1428	1427/1428	1492/1493			1472/1473		1518/1519
1468/1469	1444/1445	1495/1496			1483/1484		1523/1524
1475/1476	1447/1448	1498/1499			1495/1496		1525/1526
1478/1479	1449/1450	1505/1506			1498/1499		1533/1534
1482/1483	1455/1456	1514/1515			1501/1502		
1491/1492	1460/1461	1516/1517			1504/1505		
1495/1496	1471/1472	1527/1528			1507/1508		
1498/1499	1477/1478	1531/1532			1512/1513		
1499/1500	1479/1480	1534/1535			1522/1523		

Waldenburg	Liestal	Rickenbach	Pratteln	Benken	Teuchel-weiher	Steinentor	Ohne Ortsangabe
1502/ 1503	1491/ 1492				1527/ 1528		
1508/ 1509	1493/ 1494				1529/ 1530		
1514/ 1515	1495/ 1496				1531/ 1532		
1516/ 1517	1498/ 1499				1534/ 1535		
1519/ 1520	1501/ 1502						
1527/ 1528	1504/ 1505						
1532/ 1533	1507/ 1508						
1533/ 1534	1509/ 1510						
	1510/ 1511						
	1513/ 1514						
	1514/ 1515						
	1516/ 1517						
	1519/ 1520						
	1525/ 1526						
	1527/ 1528						
	1529/ 1530						

Auch in späterer Zeit wurden noch Weiherfische veräussert. 1710 verkauften die Dreierherren 101 Karpfen aus Rickenbach.[629] 1714 wurden Fische an den Landvogt auf Waldenburg verkauft.[630]

In den Rechnungsbüchern finden sich auch Einträge über Löhne an diejenigen, welche die Fische für den Rat verkauften. Ein erster Eintrag dazu steht unter Waldenburg im Rechnungsjahr 1419/1420, als einem gewissen Herczbrecher ein Pfund für den Verkauf von Fischen vergütet wurde.[631] 1423/1424 bekamen der Basler Fischer Möry und Uelrich von Buchsz 2 lb für den Verkauf von Fischen.[632] 1488/1489 wurden in Basel einem gewissen Huglin 37 ß dafür vergütet.[633] Hanns Besserer erhielt

1498/1499 8 lb Lohn für den Verkauf der Fische aus den Ämtern.[634] Ludwig Zwilchenbart veräusserte 1504/1505 Fische aus dem Teuchelweiher und wurde mit 8 ß 4 d entlöhnt.[635]

Wo diese Fische jeweils verkauft wurden, kann nicht genau gesagt werden. Bereits 1423/1424 belegt ein Rechnungseintrag, dass Fische aus Liestal und Waldenburg sowohl in Liestal als auch in Basel verkauft wurden.[636] 1452/1453 wird erstmals unter der Rubrik «Stadt» der Verkauf von Fischen aus Liestal vermerkt, die Kosten für die Fischung allerdings auch.[637] 1470/1471 wurden die Fische aus dem Rickenbacher Weiher ebenfalls verkauft, die Kosten dafür aber unter dem Farnsburger Amt verbucht.[638] Von einem Verkauf der Fische direkt im Amt ist aber aus meiner Sicht noch nicht auszugehen, weshalb ich vermute, dass man die Fische damals zentral in Basel verkaufte. 1482/1483 wurden unter der Rubrik Waldenburg Kosten für die Fischung, den Transport und den Verkauf der Fische verbucht.[639] 1483/1484 erscheint der Verkauf von Weiherfischen unter der Rubrik Basel.[640] 1495/1496 wurden Fische aus Waldenburg verkauft.[641]

Dem Zunftbuch der Basler Fischerzunft von 1510 ist die Bestimmung zu entnehmen, dass die Basler Fischer Karpfen oder andere Fische aus den Weihern zu einem moderaten Preis verkaufen sollten, damit der «*gemeine man*» damit nicht beschwert werde.[642] Dies mag wohl auch mit den Bestrebungen der Obrigkeit zu tun haben, die Stadtbewohner jederzeit mit genügend günstigem Fisch zu versorgen.[643] Aus den von mir ermittelten Preisen für Fisch (Anhang 2) lässt sich nämlich deutlich belegen, dass die Weiherfische immer wesentlich preisgünstiger verkauft wurden als Rheinfische. Bei der Fischzucht in den Basler Weihern ging es also vor allem um die Produktion von billigem Fisch für den städtischen Markt und die Fischausteilungen.

12. Fischausteilungen

Wesentlich bedeutender als der Verkauf von Fischen waren für Basel die so genannten Fischausteilungen. Die Fische aus den Weihern der Basler Landschaft wurden zuerst in Basel, später dann auch auf der Landschaft, an Ratsherren, obrigkeitliche Beamte, Unterbeamte und sogar einfache Untertanen ausgeteilt. Seit wann dieser Brauch genau galt, ist unklar. 1617 musste sich Landvogt Theodor Brandt auf Farnsburg dafür rechtfertigen, dass den Ratsherren offenbar in diesem Jahr sehr kleine Fische geschickt

Abbildung 24: Der Basler Fischmarkt, Zentrum des städtischen Fischhandels und auch der Fischausteilungen. Anonyme Zeichnung aus dem 17. Jahrhundert.

wurden.[644] Das lässt den Schluss zu, dass bereits 1617 jeweils Fische in der Stadt ausgeteilt wurden. Im Folgenden stelle ich die Entwicklung und das System der Fischausteilungen in Stadt und Landschaft vertieft dar.

Waren die Weiherfische nach Basel gelangt, wurden sie dort nach einem festen Schlüssel an die Zünfte und die Staatsbediensteten ausgeteilt. Diese Austeilung fand im Zeitraum, für den es Quellen gibt, wahrscheinlich im Zunfthaus der Fischerzunft statt, denn dem Stubenknecht zu Fischern und dem Stubenheizer wurde jeweils auch Fisch als Lohn ausgegeben. Von 1797 allerdings existiert ein Rechnungseintrag für *«trinkgeld für die fische ins raths haus zu tragen»* und Lohn für den Ratsknecht.[645] Dies legt nahe, dass die Fische damals im Rathaus verteilt wurden.

Aus jedem Weiher auf der Landschaft war eine feste Anzahl Fische zu liefern und nach einem bestimmten Schlüssel zu verteilen:

Rickenbach	Waldenburg	Arisdorf	Liestal, See	Riehen, zwei Weiher
400 Karpfen	200 Karpfen	200 Karpfen	200 Karpfen	600 Karpfen

Die Anzahl der tatsächlich ausgeteilten Fische wich derweil häufig vom Soll ab (Vgl. Anhang 4). Manchmal wurden mehr, manchmal aber auch weniger Fische ausgeteilt, wenn beispielsweise nicht alle Ratsmitglieder ihre Fische abholen konnten. 1774 schrieb die Haushaltung, dass, was über das Soll hinaus gefischt werde, unter den Häuptern, den Dreierherren und der Kanzlei verteilt werde.[646]

Zu den Fischausteilungen sind die Fischrodel der Jahre 1626 bis 1666 mit einigen Unterbrüchen und spätere vereinzelte Listen erhalten.[647] Daraus lassen sich das Datum, manchmal sogar der Wochentag der Austeilung, die Art und Anzahl der ausgeteilten Fische, ihre Herkunft und ihr Verteilschlüssel ersehen.[648] Hier folgt das Beispiel eines Verteilschlüssels und seiner Veränderung während des 17. Jahrhunderts anhand des Rickenbacher Weihers:

Jahr / Zunft resp. Amt	**1626**[649]	**1632**[650]	**1634**[651]	**1636**[652]	**1638**[653]	**1644**[654]	**1650**[655]	**1652**[656]	**1654**[657]	**1656**[658]	**1660**[659]	**1664**[660]
Häupter, je	18	18	18	16	18	18	18	18	18	18	20	18
Schlüssel	16	16	16	16	16	16	16	16	12	16	16	12
Bären	12	12	16	16	16	16	12	16	16	16	12	16
Weinleuten	12	16	16	12	16	12	16	16	16	16	16	16
Safran	16	16	16	16	16	16	16	16	16	16	12	16
Rebleuten	16	16	16	16	16	16	16	16	16	16	16	16
Brodtbecken	12	16	16	16	12	16	16	16	16	16	12	12
Schmieden	12	16	16	16	12	16	16	16	12	16	16	16
Schuhmachern	8	8	8	8	8	8	8	8	8	8	8	8
Gerbern	4	8	8	8	8	8	8	8	8	8	8	8
Schneidern	8	8	8	4	8	8	4	8	8	8	4	8
Kürschnern	8	4	8	8	8	8	8	4	8	8	8	8
Gartnern	16	16	12	16	16	16	16	16	16	12	12	16
Metzgern	16	16	16	16	16	12	16	16	16	16	16	12
Spinnwettern	16	16	16	16	16	16	12	16	16	16	16	16
Himmel	8	8	8	8	8	8	8	8	8	4	8	8
Sternen	8	8	4	8	8	8	8	8	8	8	8	8
Webern	16	16	16	16	16	16	16	16	16	16	16	16
Schiffleuten	8	8	8	8	4	8	8	8	8	8	4	4
Fischern	4	8	8	8	8	8	8	8	8	8	8	8
Stadtschreiber	12	14	14	14	15	16	16	16	16	16	20	18
Ratsschreiber	12	14	14	14	15	16	16	16	16	16	20	18
Successor									12			
Syndicus	3	3	3	3	3	3	3					
Wechselherren, je	2	2	2	2	2	2	2	2	2	2	2	2
Antistes	3	3	3	3	3	3	3	3	3	3	4	4
Dreierherren, je	6	6	6	4	6	6	4	4	6	6	8	6
Kanzlei	12		12	12								
Stubenknecht zu Fischern	1	2	1	1	1	1	1	1	1	1	1	1
Lohnherren, je	3	2	2	2	2	2	2	2	2	2	2	2
Stadtknecht	2	1	2	2	2	2			1		1	

Jahr/Zunft resp. Amt	1626[649]	1632[650]	1634[651]	1636[652]	1638[653]	1644[654]	1650[655]	1652[656]	1654[657]	1656[658]	1660[659]	1664[660]
Oberstknecht Ratsknecht Richthausknecht, je	3	3	3	3	3	3	3	3	3	3	3	3
Rheinzoller	1	1	1	1	1	1	1	1	1	1	1	1
Wasserträger	2	2	1	1	1	1	1	1	1	1	1	1
Türleinschliesser	1	1	1	1	1	1	1	1				
Ratssubstitut/ Kanzlisten		8	14	14	14	18	15	15	10	14	15	12
Nebensubstitut, je		4										
Stubenheizer		1	1	1	1	1	1	1	1	1	1	1
Söldner		5	5	5	5	5	3	4	4	4	4	4
Wachtknechte										3		1
Aufwarter												4
Boten				2								
«Benjamin»				1			1	1	1			
«Claus»							1	1				
Heinrich Merian							1					
«Henman»									1		2	
Leutnant Ritter									1	1	1	1
Bürgermeister Wettsteins Diener									1			

Aus den überlieferten Verteilschlüsseln des 17. Jahrhunderts ist ersichtlich, dass die Anzahl der Fische, die den Zünften und Staatsbeamten jeweils von einem bestimmten Weiher ausgeteilt wurden, über die Jahre sehr konstant geblieben ist. Offenbar handelte es sich tatsächlich um einen festen Schlüssel, der nur in besonderen Situationen nicht eingehalten wurde oder werden konnte.

Die Abfolge der Fischausteilungen eines Jahres (Anhang 4) zeigt, dass Zünfte und Staatsbeamte in der Regel dreimal jährlich mit Fischen aus den Weihern der Landschaft oder Nasen aus der Birs versorgt wurden. Im Jahr 1631 beispielsweise wurden dreimal Weiherfische ausgeteilt: Karpfen aus Arisdorf am 12. Februar, Karpfen aus Waldenburg am 7. April und Karpfen aus dem Liestaler See am 26. Oktober.[661]

Aus diesen Daten lassen sich auch die Zeitpunkte der Fischungen in den einzelnen Weihern und deren Intervalle im Zeitraum der Quellen ableiten. Der Rickenbacher Weiher wurde in der Regel alle zwei Jahre jeweils im Oktober oder November gefischt, jedoch gab es auch Jahre, in denen der

Intervall von zwei Jahren nicht eingehalten wurde. Die Arisdörfer Weiher wurden im Februar oder März gefischt, wobei die Intervalle der Fischungen auch hier variierten. Die Waldenburger Weiher scheinen bis 1645 im Frühjahr, Februar, März oder April, gefischt worden zu sein, ab 1645 dann im September, 1659 wieder im April. Die Liestaler Weiher fischte man bis 1637 im Oktober oder November, ab 1640 im Februar. Hier schwankten die Intervalle zwischen minimal zwei Jahren und vier Jahren. Im 18. Jahrhundert wurden dann die Fische von Arisdorf und Liestal zeitgleich gefischt und auch ausgeteilt. Für die Wochentage der Austeilungen lässt sich keine Regelmässigkeit erkennen. Selbst an Sonntagen wurden Fische ausgeteilt.

Auffallend am Verteilschlüssel aus dem 17. Jahrhundert ist, dass die Weiherfische offenbar nur an die Zünfte Grossbasels ausgeteilt wurden, die allein die Mitglieder des Kleinen Rats stellten. Die Kleinbasler Ehrengesellschaften und die Vorstadtgesellschaften, die nur im Grossen Rat vertreten waren, und überhaupt die Grossräte, gingen leer aus. Dies sollte sich auch nach 1691 nicht ändern. Ferner wurde nicht jede Zunft mit gleich vielen Fischen bedacht. Zwar ist eine Unterscheidung zwischen Herrenzünften[662] und übrigen Zünften sichtbar, doch gab es auch unter den «gewöhnlichen» Zünften Abstufungen, die nicht ohne Weiteres zu erklären sind. Immer wieder kamen zudem Einzelpersonen in den Genuss von Fischen, wohl als spezielle Auszeichnung für besondere Dienste.

Im 18. Jahrhundert scheinen sich die Verteilschlüssel der Weiherfische aber verändert zu haben. Insbesondere lässt sich eine Vergrösserung der Anzahl Personen, an die Fische ausgeteilt wurden, beobachten. Immer mehr Leute erhielten die so genannten «Fischkompetenzen». Offenbar kam damals der Brauch auf, auch den Beamten und Unterbeamten auf der Landschaft bei der Fischung eines Weihers in ihrem Amt Fische zukommen zu lassen. Mindestens für das Farnsburger Amt ist dies belegt. 1714 wurden Fische aus Rickenbach noch an den Landvogt auf Farnsburg verkauft.[663] Danach muss sich der Verteilschlüssel verändert haben.

1778 wusste man in Basel allerdings schon nichts mehr über den Ursprung der Fischausteilungen auf der Landschaft.[664] Die Haushaltung mutmasste damals, diese seien wohl daraus entstanden, dass man «*wahrscheinlicher weise anfänglich ohne an die folge zu denken den benachbarten pfarrherren und beamten aus freÿem gutem willen gegeben*» habe. Diese seien «*nun aber zu einer art schuldigkeit*» geworden, und die Bezüger würden einen Entzug als Schmälerung ihrer Einkünfte betrachten.[665]

Zum Vergleich mit dem 17. Jahrhundert füge ich hier einen undatierten Verteilschlüssel der Rickenbacher Karpfen aus dem 18. Jahrhundert an:

Beim Weiher		Stadt	
Landvogt	12	60 Ratsherren, je 4	240
10 Fischern, je 1	10	Oberstpfarrer	4
5 Amtspfleger, je 1	5	2 Schultheissen, je 4	8
Weihermeister	6	Gerichtsschreiber	2
Hebamme zu Gelterkinden	1	Ratssubstitut	6
2 Kirchmeiern, je 1	2	Registrator	4
Weihermeister zu Ormalingen	1	Ingrossist	4
Zimmermann	1	Weinschreiber	4
Untervogt zu Maisprach	1	3 Accedenten, je 4	12
Untervogt zu Gelterkinden	2	Oberstknecht	4
Pfarrer zu Gelterkinden	2	Rathausknecht	4
Pfarrer zu Ormalingen als Schlossprediger	2	Bauschreiber	2
Schulmeister zu Gelterkinden	1	4 Diener, je 1	4
Dem Müller wegen der Wuhr	2	4 Überreiter, je 1	4
3 Bütten, je 1	3	4 Stadtboten, je 1	4
Für «Mattenvertretung»	1	Brettknecht	2
2 Fuhrleuten, je 1	2	Stadtlieutenant	2
2 Schultheissen zu Liestal, je 2	4	Karrenhöfer	2
Stadtschreiber zu Liestal	2	Wachtmeister bei der Rheinbrücke	1
Leutpriester zu Liestal	2	Rheinzoller	1
Weibel zu Liestal	1	Brückenknecht	1
Landschreiber von Sissach	2	Stubenheizer	1
Bütte zu Augst	1	Wasserträger	1
Bannwart zu Gelterkinden	1	2 Weidling, je 2	4
Amtspfleger zu Gelterkinden	2	Austeiler	1
Hebamme zu Rickenbach	1	Stubenknecht zu Fischern	1
		Werkmeister	2
		Brunnmeister	2
		Lohnherr	12
		3 Rechenräte, je 4	12
Total	*76*	*Total*	*431*

Zusätzlich wurden den Häuptern, allen Dreierherren,[666] dem Stadt- und dem Ratsschreiber je 30 Fische ausgeteilt, gesamthaft 701 Karpfen. Der Schreiber bemerkte, dass dem Rickenbacher Weiher fixe «Kompetenzen» von 700 Karpfen zugeteilt seien.[667] Werde zu wenig gefischt, so gebe man den Häuptern, den Dreierherren, dem Stadt- und dem Ratsschreiber weniger Fische.[668]

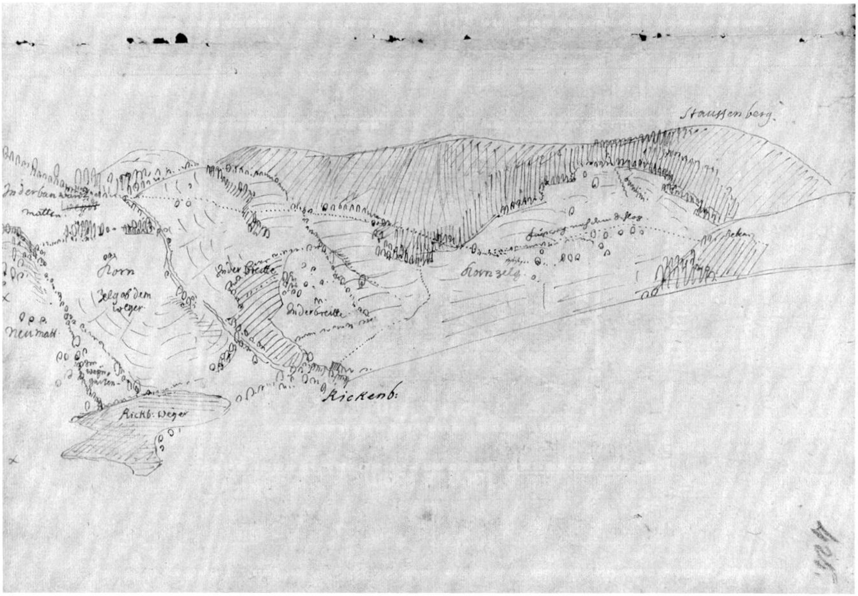

Abbildung 25: Blick über das Tal von Rickenbach gegen den Staufen. Fische aus dem Rickenbacher Weiher wurden im 18. Jahrhundert auch an lokale Untertanen verteilt. Zeichnung von G. F. Meyer.

Die Anzahl derjenigen, die in den Genuss von Weiherfischen kamen, hat sich also im 18. Jahrhundert wesentlich vergrössert. Allerdings vergrösserte sich auch die Anzahl der ausgeteilten Fische von 400 auf 700. Ob dieser Anstieg auf eine grössere Nachfrage zurückzuführen ist oder ob umgekehrt ein grösseres Angebot die Begünstigung von mehr Leuten ermöglicht hat, ist nicht zu bestimmen. Zwei offensichtliche Veränderungen fanden statt: Weiherfische wurden von nun an hoch offiziell auch an Beamte und Unterbeamte, ja sogar Untertanen auf der Landschaft ausgegeben. Zudem wurden die Fische in der Stadt nun offenbar nicht mehr nach Zünften ausgeteilt, sondern an die Ratsherren persönlich. Die Häupter, Dreierherren sowie der Stadt- und der Ratsschreiber erhielten weiterhin wesentlich mehr Fische als die übrigen Beamten, und die Grossräte gingen weiterhin leer aus.

Dieses System war bis zum Ende der Alten Ordnung sehr beständig. Erst Ende des 18. Jahrhunderts wurde Kritik daran laut. Dies geschah allerdings nicht primär aus Fundamentalkritik, vielmehr aber vor allem deshalb, weil einige Räte ihre Fische nicht mehr pünktlich oder in schlechter Qualität erhielten. Aus einem Bericht von 1793 ist die genaue Abfolge der Fischungen aller Weiher auf der Basler Landschaft ersichtlich. In den ungeraden Jahren wurden im Frühling jedem Ratsherrn 4 Karpfen aus Arisdorf ausgeteilt, im Herbst 4 Karpfen aus Rickenbach, gesamthaft acht

Fische. Ein Jahr später erhielten die Ratsherren nur 6 Fische, im Frühling solche aus Waldenburg und im Herbst solche aus Riehen.[669] Der ungenannte Schreiber dieses Berichts wirft den Häuptern und Haushaltungsherren vor, die Weiher nur zu ihrem Eigennutz zu bewirtschaften, weshalb die Fischkompetenzen für alle anderen geringer ausfielen. Die Haushaltungsherren würden versuchen, immer mehr Fische *«in ihre brunnen zu spielen»*. Der Schreiber verlangte Gerechtigkeit, forderte aber auch die Aufgabe der Weiherwirtschaft. Man solle die Weiher verkaufen, *«zu matten ligen zu lassen und einem jeden ein verhältnissmässiges aequivalant in gelt zu bestimmen, welches verträglicher für jenige ist, die keine brunnen haben, und gelegenheitlich einen fisch kauffen können»*.[670] In den Worten des Schreibers klingen bereits etwas revolutionäre Töne an, jedoch hatte das System der Fischausteilungen offenbar bis zum Ende der Alten Ordnung in Basel Bestand. Der letzte Beleg dafür, dass noch Fische ausgeteilt wurden, stammt von 1797.[671]

13. Weiherunterhalt

13.1 Unterhaltsarbeiten

Am meisten Niederschlag in den Quellen haben die Weiher auf der Basler Landschaft in Zusammenhang mit Reparaturen und Unterhalt gefunden.

Die grösste Herausforderung beim Unterhalt der Weiher war der Kampf gegen die ständige Verschlammung und Verlandung. Da man alle Weiher durch die Aufstauung von Bächen angelegt hatte, wurde aus diesen Bächen ständig Geschiebe in die Weiher geschwemmt. Dieses Geschiebe musste periodisch entfernt werden, was entweder durch so genanntes «Flötzen» oder «Flössen» oder durch «Ausführen» geschah. Beim Flötzen wurde der Schlamm in den Weihern mit Wasser herausgeschwemmt. Dies war jedoch nur bis zu einem gewissen Grad der Verschlammung möglich. War diese zu gross, musste der Schlamm von Hand abgetragen und aus dem Weiher geführt, die Weiher so genannt «ausgeführt» werden. Nebst dem Schlamm war auch das Wachstum von Vegetation in den Weihern ein Problem, was natürlich mit der Verschlammung zu tun hatte. Leider wurde der Schlamm nicht in regemässigen Abständen, sondern nur nach Bedarf entfernt. Die Intervalle waren jeweils sehr lang und die Verschmutzung der Weiher entsprechend gross. 1710 erwähnte Landvogt Emanuel Brandmüller, dass der Schlamm in den Waldenburger Weihern bei der Fischung dieses Jahres den Fischern *«biss ob den halben leib gegangen»* sei.[672] Lohnherr Burckhardt monierte in der Folge, dass man mit der Weihersäuberung inskünftig nicht mehr 40 Jahre warten dürfe, sondern sie regelmässiger durchführen müsse.[673]

Ein weiterer Problemkreis waren die Dämme und Ablass- oder Ablaufbauwerke der Weiher. Da die Kümpfel und Grundkänel aus Holz gefertigt waren, mussten sie periodisch ausgetauscht werden.[674] Die Kümpfel selber, aber auch die Mauern und Dämme bei den Kümpfeln waren einem grossen Wasserdruck ausgesetzt. Oft schlugen diese deshalb leck, und die Bauwerke wurden durch das austretende Wasser unterspült und dadurch in ihrer Stabilität beeinträchtigt. Bei den Basler Weihern zeigen sich im 16. Jahrhundert stärkere Bemühungen, die zuvor wohl gänzlich aus Holz erstellten Ablassbauwerke in Stein auszuführen oder mit Stein zu verstärken. Im Folgenden füge ich aus den Quellen einige Beispiele für die Unterhaltsarbeiten an den Weihern auf der Basler Landschaft an. Ich beschränke mich dabei auf die überlieferten Akten, welche 1504 einsetzen. Reiche Belege für Unterhaltsarbeiten an den Weihern in der Zeit davor finden sich aber auch schon in den Basler Stadtrechnungen.

1504 wurden der Friese Peter Ricker und seine Söhne damit beauftragt, die Weiher von Waldenburg zu säubern, zu flötzen, die darin wachsenden Bäume zu roden und auszureissen. Ferner sollten sie den Schlamm im Weiher 4 Schuh tief abtragen und den Boden tiefer legen, damit der Weiher ganz leer laufen konnte.[675]

1510 säuberte der Friese Balthasar Walch den Rickenbacher Weiher. Walch sollte den Weiher, wie es ihm gezeigt werde und wie es teilweise durch Pfähle markiert wurde, *«bis uf den alten boden rumen und flosen»*.[676]

1569 mussten die Weiher von Arisdorf repariert werden, wobei an drei Stellen grössere Grabarbeiten vorgenommen werden mussten.[677]

Landvogt Bernhard Brandt schrieb 1581 nach Basel, dass er mit den Weiherherren verabredet habe, eine grössere Reparatur am Rickenbacher Weiher vornehmen zu lassen. Die Bauarbeiten betrafen offensichtlich das Auslaufbauwerk, wurden doch die Handwerker beauftragt, *«vom wÿger an die brustweer und dÿchbett notturfftiglich zuendern umb etwas zuerwÿttern und zuoerbessern»* und *«undenhar im uslouff noch ein dÿchbettlin, domit der wasserfal nit zuo vÿl schaden zuofügen möge»*, zu erstellen. Für das *«zimmerwerck halb gegen wÿger die obere brust höhe abzenemmen»* wurde laut Brandt *«ongforlich 8 stück über 30 schuch lang, demnach dass dÿchbett gantz nüw dorzu 6 stück 50 schuch lang und ongferlich 3 boüm dilen zu 1 ½ zöllen, item wie obgmelt underthalb dem uslouff ein dÿchbettlin dilen lang, samt dem gatteren im uslouff*

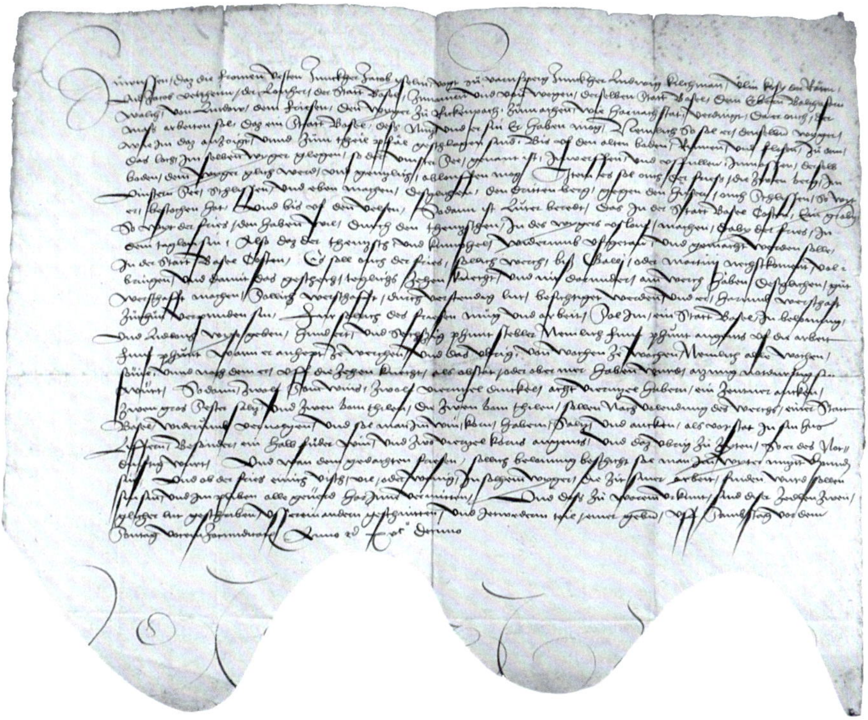

Abbildung 26: Arbeitsvertrag («verding») des Friesen Balthasar Walch mit dem Basler Rat zur Instandstellung des Rickenbacher Weihers im Jahr 1510. Original im Staatsarchiv Basel-Landschaft.

mit frÿgen ledigen sprentzlen,[678] *und der pruken über dass dÿchbet zemachen diewÿl dorüber ein gmeiner farweg»*. Der Weiherauslauf bestand zu dieser Zeit offenbar noch ganz aus Holz. Der Landvogt meinte aber, *«wo der uslouff unden har nitt mitt einer muren versechen würdet dass durch gross holzwerck vÿl grösserer schaden ervolgen und wie vermuttlich nitt wirig noch bestendig.»* Er schlug deshalb vor, *«dass ein muren mitt ducksteinen*[679] *8 schuch breitt und 30 sch. lang vom eim ort am ander, uff einanderen durchuss 15 schuch hoch müsse zugerüst und gehouwen werden, demnoch von dieser überzwercken muren dem fal nach nitzich zuo beiden theilen muren uffgethuon, ungeforlich 2 klofftter lang, vonn der obern werckmuren usgespitzt»* werde. Dafür benötige *«der murer ongeforlich 350 stück duck (…) ab uff die 100 wegen»*. Der Tuffstein für die Arbeiten stammte aus dem Steinbruch von Oltingen.[680]

Im Mai 1585 musste der obere Weiher in Liestal instand gestellt werden. Schultheiss Adam Seiler zog sowohl einen Maurer als auch einen Zimmermann bei. Der Maurer sollte *«die muren uff zweÿ cloffter hoch, funffzig schuch breit und siben schuch dickh, von quadern machen»*. Zur

Vollendung dieses Werks benötigte er «*ungfor uff die fünffhundert stuckh grober steinen, desgleichen zweÿhundert stückh dug*».[681] Der benötigte Tuffstein musste gemäss Schultheiss von auswärts besorgt werden. Das letzte Mal sei dieser aus dem Steinbruch von Oltingen fronweise nach Liestal gebracht worden. Seiler schlug nun aber vor, auch den Vogt von Dorneck, «*wyl es zu Büren seiner verwaltung, ouch ein schöne gruoben hatt*», um die Lieferung von Tuffstein anzufragen. Während der Bauarbeiten musste der Weiher trockengelegt werden, weshalb der Schultheiss Weihermeister Hans Wernhard Ricker befahl, «*den wÿger mit zweÿen garnen verfangen [zu] lossen*».[682] Für das Lettstossen, also das Abdichten mit Lehm, vereinbarte Seiler mit Ricker im Juli 1585 einen besonderen Vertrag. Ricker sollte den Lehm an «*der brustweeri und dem dygbett*» anbringen. Der Lehm musste Ricker auf den Bauplatz geliefert werden. Zudem verlangte er, dass, «*so der grund wider infallen wurde, inmossen man nochmols usswerffen müsste*», er diese Kosten gesondert verrechnen dürfe.[683] Im August 1585 meldete der Schultheiss den Abschluss der Bauarbeiten. Die Fische waren während der Bauphase in den unteren Weiher versetzt worden, denn der Schultheiss teilte mit, dass «*auch die visch gleich fals verschinen mitwuchen früe umb 7 uhren, damit das volckh nit zulauffe, mit ordnung, und in der zaal, wie von e.g. weiger herren bevolhen gewesen, wider usser dem vorderen weiger hierüber gethon worden*» seien.[684] Die Arbeit vom Sommer 1585 hatte aber nur kurz Bestand. Am Sonntag Exaudi[685] musste Seiler dem Rat mitteilen, dass «*wegen disem nun ein wÿle gewärten strengen regenswetter*» der Orisbach, der in den oberen Weiher von Liestal einlief, «*gestrigen sambstags gegenabend, dermasen angegangen, das er den denntschen am ablass, (uber das ich inne mit ettlichen kärren lätt, erst bey zweÿ tag, uff ein fursorg wie ich vermeint, beÿm besten versechen lossen,) genzlichen und also underfressen, das von grose und sterckhe wegen des wassers, die bretter am dÿhbett zum theÿl lossen müsen*». Da Seiler selbst keinen Rat wusste, verlangte er einen Augenschein durch die Lohnherren.[686] Die harte Arbeit mehrerer Wochen konnte durch einen heftigen Regen zunichte gemacht werden.

1588 schrieb Landvogt Brandt nach Basel, dass er mit Meister Hans Rot und dem «*hantwerker*» Ricker aus Liestal die Ormalinger Weiher besichtigt habe. Die Weiher seien wohl noch nie gesäubert worden, weshalb auch die Karpfen darin nicht gediehen. Infolge der nassen Witterung sei der obere und kleinere der zwei Weiher ganz mit Schlamm gefüllt. Da ihm befohlen sei, darin später Setzfische zu halten, gäbe es drei Möglichkeiten: Entweder würde der kleinere Weiher aufgegeben und ausgeräumt, oder es werde den Weihern entlang ein Graben geführt, um das

Wasser bei grossen Regenfällen aufzunehmen. Des Weiteren müssten auch der Ablauf und die Brunnstube erneuert werden.[687]

Alt-Schultheiss Pantaleon Singeisen schrieb im August 1596 an den Rat, dass man den Weiherdamm in Liestal erhöhen und ausbessern müsse, was beides schon einem Friesen verdingt sei. Im Zuge dieser Bauarbeiten musste nun aber auch die hölzerne *«schutzbruckhen»*, die über den Damm lief, total ersetzt werden. Singeisen benötigte dafür Holz von der Zunzger Hard und bat um die Bewilligung des Rates für den Holzschlag.[688] Geschlagen und nach Liestal transportiert werden sollte das Holz von den Untertanen von Farnsburg.[689]

1596 schrieb Landvogt Conrad Gotthart an den Rat, es komme vor, dass *«so wassergüss komen, das e.g. weÿger zuo Normanlingen, mit pfuel und grund vertragen und verschwempt wirt»*, und wenn man nicht bald etwas unternehme, werde der Weiher bald völlig verfüllt sein. Am besten liesse man entlang dem Weiher einen Graben führen.[690] Gotthart gab zu bedenken, dass der Weiher, wenn man den Graben schon eher gemacht hätte, nicht so verkommen wäre.[691]

Peter Rippel schrieb am 9. November 1598 im Auftrag des Liestaler Schultheissen an den Rat, dass der Orisbach infolge starken Regens angestiegen sei, dass er *«die brundstuben und tentschen des oberen weÿgers allhir zimblichermassen beschediget»* habe und *«etlich fisch im auss bruch hinweg komen»* seien.[692]

1599 schrieb Landvogt Gotthart auf Farnsburg, dass das Wasser den Dentschen des Ormalinger Weihers beim Kümpfel sehr geschwächt habe, weshalb die Gefahr bestehe, dass er dereinst brechen werde. Die Last durch das Wasser werde nach dem geplanten Ausführen noch grösser.[693] Auch könnten die Untertanen noch nicht in den Weiher hineinfahren, bevor dieser nicht auch geflötzt sei.[694] Gotthart zog einen Friesen bei, um den Amtsuntertanen zu zeigen, wie sie die Weiher säubern müssten.[695]

1608 wurden die Waldenburger Weiher von einem Friesen-Konsortium geflötzt.[696] 1611 meldete Schultheiss Chrispianus Strübin nach Basel, dass die Weiher von Arisdorf *«sich dergestalten mit wuor ussgefüllt und verschwembt sein befunden, inmasses die fisch allein in der mitte iren stand haben, unnd zuo zeiten wan es unversehene grosse wasser güss gebt, keinen schirm bederseits haben; sondern mit dem starckhen fluss ussgeschwembt werden müessen»*. Strübin bat den Rat, die Säuberung vornch men zu lassen und ihn anzuweisen, ob er die Weiher ausgetrocknet lassen oder gleich neu besetzen solle.[697] Der zu Rate gezogene Friese Jacob Heintz meinte, der obere kleine Weiher sei so stark verfüllt, dass er nur zur Hälfte geflösst werden könne, die andere Hälfte aber ausgeführt werden müsse.[698]

Am 12. November 1610 meldete Schultheiss Strübin nach Basel, dass der Zustand des oberen Weihers oder Sees, *«alhir ussert der statt gelegen»*, äusserst prekär sei. Er sei *«unnder dem dentschen dermossen durchtringet»*, dass man beide Kümpfel öffnen müsse, damit der Damm nicht breche. Die Kümpfel liessen sich aber nicht mehr öffnen, weshalb der Damm wohl bald brechen werde. Der Schultheiss sah sich deshalb gezwungen, den See zu fischen und abzulassen, um den Druck auf den Damm zu verringern. Ferner bat Strübin um die Hilfe von *«einen oder zwen uss irem mittel, der sich auff dergleich wasser gebüw verstandind»*, um festzulegen, was weiter zu tun sei.[699]

1625 meldete der Weibel von Waldenburg, Hanss Strawmann, dem Landvogt auf Waldenburg, dass die *«weÿer uf dem Hauwenstein presthaft, unnd also beschaffen, dass zubesorgen, fahls man mit notwendiger verbesserung desselbigen lenger inhalten würde, gar bald ein grosser schad darauss entstehen möchte; in deme dass der ablass nit allein underfressen, sonders auch theils ingefallen, zu deme, so seÿen beede wetter kümpfell, auch allerdings faull, masses er beÿ inrissenden grossen wasser güssen leichtlich ussbrechen könnte»*. Für die Arbeiten am Kümpfel und am Damm wurden ein Zimmermann und ein Friese benötigt.[700]

Im Februar 1652 wurde erneut eine grosse Reparatur an Weiher und See in Liestal fällig. Schultheiss Hannss Christoffel Im Hoff und der zu Rate gezogene Landvogt Pfannenschmidt von Waldenburg stellten fest, *«dass alle bruckhen so wohl beÿ beÿden brunnstuben, inn und usswendig, auch die undere bruckhen wo man fischen muoss, dessgleichen beede brunnstuben die stüd unnd alles übrall, item die grundtkänell köpff so von den grundkenelen in die brunnstuben gangen, vom gewelb unndt mauerwerckh, auch der jenige kenell so auss dem see inn weÿer geth, alles mitein-anderen kein nutz mehr sonderen faul ist, dann die grossen vylfaltigen mechtigen wasser güss, alles dergestalten bewegt unnd erschüttert, dass es nit mehr halten oder heben mag, unnd also nottwendig neüw gemacht werden muoss»*.[701] Man müsse den Fundamenten entlang graben, um zu schauen, wo der Schaden entstanden sei. Im Hoff und Pfannenschmidt berieten sich deshalb mit einem Zimmermann und einem Friesen, was diese für ihre Arbeit verlangten.[702] Der Zimmermann forderte zuerst 60 lb, worauf der Landvogt die Offerte auf 50 lb drücken konnte. Der Friese hingegen verlangte einen Tageslohn von 1 Gulden. Im Hoff forderte für das weitere Vorgehen Anweisungen vom Rat.[703]

Im September 1657 wurde der Liestaler See von einem Unwetter so stark in Mitleidenschaft gezogen, dass er ausbrach, die Setzfische entkamen und er stark mit Schlamm gefüllt wurde. Ferner wurden auch die unterhalb am Bach liegenden Güter überschwemmt und stark beschädigt. Schultheiss Im Hoff schrieb deshalb an den Rat, um zu erfahren, was er weiter tun solle.[704]

Im April 1661 schrieb Landvogt Rudolf Göbelin auf Waldenburg an den Rat, man habe nach der Fischung des Waldenburger Weihers bemerkt, dass sich neben dem Kümpfel ein Loch befinde, durch das viele Karpfen und Forellen entkämen, was den Ertrag des Weihers merklich schmälere.[705]

1664 wurden die Waldenburger Weiher von den Amtsuntertanen geflötzt.[706] 1683 nahmen der Obervogt auf Farnsburg, Johannes Buxtorff, und Stadtlieutenant Christoph Sipt einen Augenschein bei den Ormalinger Weihern und stellten fest, dass das Wasser beim kleinen Kümpfel dem Grundkänel entlang stark abfliesse. Der grosse Weiher verliere deshalb so viel Wasser, dass er etwa 6 Schuh tief leer stehe. Da man aber nicht genau sehen könne, wo das Problem liege, müsse man den Damm dem Grundkänel nach durchschneiden. Es müsse ein neuer Grundkänel von etwa 90 Schuh Länge mit einem neuen Deckel aus Föhrenholz gemacht werden.[707] Ferner gebe es zur Flötzung des grossen Weihers von 1½ Jucharten Fläche im Sommer zu wenig Wasser, weshalb man die Arbeit nicht vor dem Herbst beginnen könne. In der Zwischenzeit vergrössere sich aber der Schaden am Grundkänel, so dass diese Arbeiten sicherlich erledigt werden müssten. Bevor man aber den grossen Weiher flötzen könne, müsse zuerst der kleinere von ¾ Jucharten gesäubert werden, damit man sein Wasser zum Flötzen des grossen Weihers gebrauchen könne.[708]

Aus der Rechnung für die Flötzung der Liestaler Weiher von 1683 gehen folgende Kosten für den Weiherunterhalt hervor:

Erstlich von der bruckh zue machen thuott	*2 lb*	*15 ß*	
item von 4 beümen zue sagen	*5 lb*	*10 ß*	
Jacob Zärli dem friess geben	*19 lb*	*10 ß*	
Jacob Weiss geben	*19 lb*	*11 ß*	
item Marti Rebman geben	*10 lb*	*10 ß*	
item Michel Heitzelman dem schmidt von der neüwen brunstuben sampt der bruckh	*7 lb*	*4 ß*	*8 d*
item 2 saum wein den flötzern	*10 lb*		
item mer von 2 beümen zue sägen	*1 lb*	*12 ß*	

summa 76 lb 12 ß 8 d[709]

1696 wurde nach der Fischung des Rickenbacher Weihers befunden, dass er wieder instand gestellt und «*von dem abermahligen vielen schlamm und pfuel, wie auch verwachsenen kraut und rohr etlichermassen gesübert werden sollte, damit die fisch desto mehr ihr fahr und schwung gehaben, also umb soviel besser trüchen*[710] *möchten*». Landvogt Spörlin sollte alles Nötige in die Wege leiten:[711] «*für dises mahl einen gewüssen bezirckh ungefehr 3. Jucharten in sich haltend, namlich von dem kümpfel häuslin an biss gegen die strass, dem fast mitten durch den weÿer fliessenden wassergräblin nach, den schlamm und pfuel sambt dem den fischen schädlichen kräutig hinweg zu flössen, darzu ein weÿerlin als ein sänken geraumbt, und ander neben-runsen wässerlin gekitet werden müessen; so denn alles rohrgewächser rings herumb deselbsten, und noch weiter beÿ 3. Jucharten ausszureüten und zu verbrennen*».[712] Ferner seien das «*gewätt, kümpfel häuslin und wasser-auslauff*» des Weihers «*sehr presthafft und vergängt so das ver-besserens höchstnötig*».[713] Spörlin meinte, man solle bei der Säuberung des Weihers bedenken, dass der Zimmermann Baschi Bürgi «*das gewätt, kümpfelhaüsslin und wasser ablauff, zusambt der wand am gewätt dessablauff cänels und anderes*» instand stellen könne, wofür dieser lediglich 16 lb Lohn verlange, und dass «*dann die verwahrung dieses gewätts, dess weÿher ablauffs pp. so fern selbiges zrecht gemacht ist, dahier dienen wirt dass nicht allein das aussaunern(?) verhütet, sondern auch die mauer zu end dess ausslaufes, so wegen dess hinderwäschens in gefahr, conservirt und der weÿher hierdurch in einen vollkommenen wasserstand erhalten werden kann*».[714]

1701 wurde der Rickenbacher Weiher wieder instand gestellt. Die gelieferten 125 lb für die Arbeiten reichten allerdings nicht aus, weshalb Landvogt Niklaus Bülacher beim Rat um einen erneuten Beitrag von 100 lb nachsuchen musste, damit die Arbeiten zu Ende geführt werden konnten.[715] Der Rat bewilligte die fehlenden 100 lb.[716]

Nach einer weiteren Fischung im 18. Jahrhundert wandte sich das Dreieramt an den Rat, weil der Rickenbacher Weiher in so schlechtem Zustand sei, «*dass ein grosser theil desselben mit grund angefüllet und mit roor bewachsen, so dem wachsthumb des fisches merklichen hinderet, daher sie nötig erachtet, dass diesen winter durch derselbe solle gesüberert und geflösset werden*».[717]

1707 meldete Bauschreiber Andreas Iselin an den Rat, dass sich Reparaturen an den Arisdörfer Weihern aufdrängten. Die drei Weiher lagen alle hintereinander, indem der obere in den mittleren und der mittlere in den unteren Weiher floss. Der untere Weiher lief in ein Bächlein neben den Weihern, aus dem die beiden oberen Weiher zusätzliches Wasser bezogen. Da nun aber nach der Säuberung des unteren und grössten Weihers sich der Wasserdruck auf dessen Damm merklich erhöht habe, müsse man den Auslauf des mittleren Weihers in den unteren aufheben und in das Bächlein nebenan richten, was der Aufseher Mürri bewerkstelligen solle.[718] Dies sei auch von alters her so gewesen, jedoch habe Stadtlieutenant Sipt die Abläufe vor Jahren geändert. Im Damm des unteren Weihers befinde sich noch ein weiterer Ablauf, das so genannte «Wetterstüblein», das allerdings stark verfault sei und gemäss Weihermeister wieder repariert werden sollte. Ferner seien der obere und untere Weiher *«in rechten stand gebracht, aus dem grund gesäubert, die dämme allwo sie schadhafft gwesen reparirt, und mit gutten starckhen hägen versehen, auch aus dem mittleren weÿer, allwo die arbeitter dissmohlen auff die vier schuch hoch schlamm weg zu flössen haben, schon ein gutt stückh aufgeraumt»*, und die Arbeiten sollten bis Mitte März 1707 beendet werden.[719] Offenbar kam Iselins erstes Schreiben in Basel nie an, und so wiederholte er seine Gedanken in einem weiteren Brief. Die Ratsherren Munzinger und Münch wollten dieses Wetterstüblein entfernen und nur den Grundablass reparieren lassen. Da nun *«mit ausgang dieser wochen das ausflös-sen der weÿheren ausgeführte grund auff den dämmen zu ver-theilen, und bemelte ausläuffe zu restituiren übrig ver-bleiben sollen»*, bat Iselin dringend um Instruktion, was mit dem Auslauf und dem Wetterstüblein zu geschehen habe.[720] Am 24. März besichtigte Iselin die Weiher erneut, dieses Mal zusammen mit dem Untervogt von Arisdorf, dem Weihermeister und Zimmerleuten. Alte Männer aus Arisdorf berichteten ihm, dass der Auslauf des mittleren Weihers vormals tatsächlich auch in das Bächlein gemündet habe und sie nicht wüssten, warum man ihn verändert habe. Bei jetziger Betrachtung stelle man allerdings fest, dass der Damm zwischen den beiden Weihern beim Auslauf ausgewaschen sei und nur noch einige Schwellen verhindern würden, dass er breche. Es sei deshalb höchste Zeit, den Auslauf zu ändern. Das Wetterstüblein sei bei Hochwasser oder Feuersbrünsten eine nützliche Einrichtung.[721] In einer Notsituation liesse es sich viel schneller und einfacher öffnen als der Haupt-Kümpfel.[722] Die Reparatur sei vergleichsweise einfach und kostengünstig. Jedoch seien damit auch schon Missbräuche getrieben worden, *«in deme bald der müller daselbsten, umb wasser auff seine mühle zu kehren bald der weÿher meister umb den weÿher dem bortt nach trockhen zu legen und sich des daselbst wachsenden grases zu bedienen, andere aber ihre matten zu wässern, selbiges unbefugt eröffnet haben»*.[723]

1708 wies der Lohnherr den Rickenbacher Weihermeister an, das *«soorgras auss dem weÿer alle frühling auss[zu]hawen oder jemand anders ausszuhawen und zu seinem gebrauch wegzunemmen gestatten, damit dasselbe in der underlassung nicht erstarkhe, zu grossen höhen werde, und damit der weÿer überwachse»*. Der Landvogt wurde beauftragt, auf die Stosskarren und die Stiefel Acht zu geben und dafür zu sorgen, dass sorgfältig mit dem Bauholz umgegangen werde.[724]

1763 beurteilten Lohnherr Sarasin und Ingenieur Stähelin vom Bauamt die Offerten des Maurers Kaspar Degen und des Zimmermanns Jacob Spinler bezüglich der Reparatur des oberen Weihers von Liestal. Degens Offerte von 270 lb wurde vom Bauamt gutgeheissen, Spinlers Offerte von 132 lb fand das Bauamt allerdings zu hoch und holte eine zweite Offerte bei Zimmermann Jacob Brodtbeck aus Füllinsdorf ein.[725] Brodtbeck forderte für die gleiche Arbeit lediglich 45 lb. Das Bauamt schlug deshalb vor, Brodtbeck den Auftrag zu erteilen und ihm, wegen des geringen Preises, nicht nur das Holz für die neuen Bauteile zur Verfügung zu stellen, sondern ihm auch das alte Holz gratis zu überlassen.[726]

1768 monierte die Haushaltung, dass sich die Weiher oberhalb von Waldenburg in einem derart schlechten Zustand befänden, dass sie gesäubert werden müssten. Das Dreieramt wurde mit Abklärungen beauftragt und legte der Haushaltung einen Bericht vor. Die veranschlagte Summe überstieg allerdings die Erwartungen, so dass die Haushaltung das Geschäft an den Rat weiterwies.[727]

Ende Oktober 1782 schrieb Lohnherr Sarasin an Schultheiss Hebdenstreit, es sei beobachtet worden, dass der Weiher beim Schützenhaus in Liestal stark mit Schlamm und Schilf gefüllt sei. Die zuletzt gelieferten Karpfen seien, obwohl sie ein Jahr länger im Weiher waren als gewöhnlich, viel kleiner gewesen als diejenigen aus Arisdorf, wo die gleichen Setzfische zur gleichen Zeit eingesetzt worden seien. Deswegen liege es nahe, dass die Fische im Weiher zu Liestal wegen zu viel Schlamm und Schilf nicht genug wachsen könnten. Das Dreieramt halte es deshalb für notwendig, dass der Weiher gesäubert werde.[728] Es beauftragte den Lohnherrn, abzuklären, ob dies nicht gleich vor der Neubesetzung zu erledigen sei.[729] Es stehe nämlich zugleich auch in Arisdorf eine Säuberung an. Alles sollte, wie bisher üblich, in Fronarbeit geschehen, jedoch sollte in Liestal nicht der ganze Weiher geflösst werden, sondern nur die Teile, die besonders verlandet waren.[730]

13.2 Das Flötzen

Die Flötzung erforderte genügend Wasser, eine Voraussetzung, die jedoch nicht immer erfüllt war. 1671 konnte wegen Wassermangels nicht der ganze Rickenbacher Weiher geflötzt werden, so dass eine Jucharte unbearbeitet gelassen werden musste.[731] Das Wasser musste gesammelt und gestaut werden, so dass der entstandene Wasserdruck zum Herauswaschen des Weiherschlamms ausreichte. Dabei gab es offensichtlich zwei Methoden: Bei den kleineren Weihern und bei den Weihern, die hinter einander lagen, wurden kleinere Weiher abgetrennt, die bei der Flötzung als Reservoir für das Flötzwasser dienten. 1618 errichteten die Friesen beim Einlauf des Wassers in den Waldenburger Weiher einen provisorischen neuen Damm und stauten so einen neuen kleineren Weiher mit eigenem Kümpfel auf, in welchem sich über Nacht Wasser zur Flötzung des grossen Weihers sammelte.[732] Die Lohnherren Hanss Jacob Zörnlin und Theodor Falkheisen schlugen 1635 vor, eine oberhalb des Waldenburger Weihers gelegene sumpfige Matte ebenfalls zu einem Weiher zu machen, der auch besetzt werden könne. Auch könne sich der Morast im oberen Weiher ablagern und würde nicht in die unteren getrieben, so dass der obere erst in etwa 30 Jahren wieder ausgeschwemmt werden müsse.[733] Offenbar wurde dieser neue Weiher tatsächlich 30 Jahre lang nicht gesäubert, denn 1669 schrieb Landvogt Göbelin, die Waldenburger Weiher seien so verschlammt, dass sie erst gesäubert werden müssten, bevor sie neu besetzt werden könnten. Alles müsse dafür vorbereitet werden und das obere Weiherlein so instand gestellt werden, dass man darin das Wasser sammeln und auch zurückhalten könne.[734] Der beigezogene Stadtlieutenant Christoffel Sipt besichtigte daraufhin die Weiher und stellte fest, dass man den kleinen Weiher, weil er so voll Schlamm sei und eigentlich einer Matte gleichkomme, mit Stoffbären ausfischen müsse. Dieser Weiher müsse zuerst gesäubert werden, so dass man sein Wasser sammeln und damit den grossen Weiher flötzen könne.[735] 1710 wurde dem vom Rat beauftragten Lohnherrn Burckhardt nach dessen Augenschein in Waldenburg mitgeteilt, dass man zuerst den kleinen Weiher mit Schubkarren ausgeführt habe und darin danach über Nacht das Wasser zur Flötzung des grossen Weihers gesammelt habe.[736]

Bei grösseren Weihern funktionierte die Methode, einen kleineren Weiher abzutrennen, weniger gut. In Rickenbach bestanden neben dem Hauptweiher weitere kleinere Nebenweiher, deren Wasser bei dessen Flötzung verwendet wurde. 1618 meinte der Friese Conrad Pfaff, er brauche weniger Zeit für die Säuberung des Rickenbacher Weihers, wenn man darin oben einen neuen Damm mit eigenem Kümpfel anlegen würde. Dort, wo das Flötzen nicht möglich war, oder bei Wassermangel, musste der Weiher ausgeführt werden. Um dies möglichst zu verhindern, sollte das Wasser der drei kleinen Weiher oberhalb des grossen Weihers, für welche damals Hannss Ulrich Handschin und Hannss Bossart verantwortlich waren, zuerst gefischt[737] und dann wieder aufgestaut werden, damit man es zum Flötzen des grossen Weihers verwenden könne.[738] 1690 beauftragte Landvogt Spörlin die Rickenbacher mit der Weihersäuberung, das «*weÿerlein, welches man zu solchem flötzen nothwendig für ein wassersämler brauchen mues, von dem verwachsenen ried und gegen ausslauff von schlamm gesaübert und was verderbt wider gemacht*» werde.[739] Der Kümpfel solle «*zu rechter zeit eingestekt und wider aussgethan werden, damit das wasser nicht vor an-gehend würklicher arbeit besten theils verlauffen*». Das «*wassergräblin von dem weÿerlin biss in grossen weÿer*» solle «*solchermassen geöffnet werden, dass das wasser seinen ungehinderten lauff haben und nichts neben aus kommen möge*». Der grosse Weiher solle «*von dem ausslauff an, biss wenigst hundert schritt lang, von dem schlamm also gesäubert und geflötzt werden, dass beÿ künfftiger weÿerfischung man zu fachung der fischen füeglich beÿkommen und ohne hinderung pfuels oder schlamms schleunigen fischfäng gehaben möge*». Von der Säge in Ormalingen musste eine Anzahl Dielen für die Flötzung besorgt werden, womit möglichst sorgsam umzugehen sei.[740]

1696 klagten die Rickenbacher Geschworenen bei den Lohnverhandlungen mit Bauschreiber Hans Jacob Schneider, sie hätten «*wegen ausswerffung dess sammlers, öffnung der gräben, flössung dess schlamms und etwann mangel dess wassers , allerhand beschwärungen*» und bräuchten darum einen hohen Lohn.[741]

Dass sich die Anstösser an den Weiher einer Flötzung zuweilen widersetzten, zeigt ein Beispiel aus Rickenbach. 1726 wurde der amtierende Weihermeister Joggi Grieder aus Gelterkinden von einigen Rickenbachern tätlich angegriffen und blutig geschlagen. Die Beteiligten warfen ihm vor, er habe bei der Weihersäuberung auf ihren Matten Gräben gemacht und diese so «*wie ein c.v. schelm und dieb*» verdorben. Grieder wurde zu Boden geworfen, mit Füssen getreten und «*auff eine mörderische weiss tractirt*». Lediglich das Eingreifen der Ehefrau aus dem Haus des Tatorts habe Schlimmeres verhindert.[742]

Offenbar konnte sich eine Säuberung aber auch nachteilig auf den Fischertrag eines Weihers auswirken. 1710 berichteten alte Beamte des Waldenburger Amts dem Lohnherrn Burckhardt, die Fischausbeute sei nach der Säuberung der Waldenburger Weiher jeweils viele Jahre gering gewesen. Burckhardt schlug deshalb vor, nur den kleinen Weiher ganz auszuführen, den grossen aber nur in der Mitte zu säubern, damit man ihn gut fischen könne. Der verbleibende Schlamm solle den Fischen als Nahrung dienen.[743]

13.3 Geschirr und Gerätschaften

Für die Weihersäuberungen wurden verschiedene Hilfsmittel benötigt. Dies waren einerseits Werk- und Fahrzeuge und andererseits Bauholz.

1618 mussten dem Friesen Conrad Pfaff zur Säuberung des Rickenbacher Weihers auf den Platz geliefert werden: 4 Bäume Dielen für die Brücke, circa 100 Dielen und 100 Eichenpfähle zum Flötzen und 20 Stosskarren, welche «*mit groben naglen*» beschlagen sein sollten.[744] Stadtlieutenant Sipt brauchte bei einer Flötzung des Rickenbacher Weihers Ende des 17. Jahrhunderts: *24 grinn* [745] *schaufflen, 12 spatten schaufflen, 12 breit hauwen, 12 reüt hauwen, 24 stoss kärren, 4 holtz axen, 2 hand beÿel, 6 bickel, 4 paar wasser stiffel, 1 handt sägen, 24 wurff seÿller*; und Sipt liess ferner 26 hölzerne *krucken* [746] machen. Er erwähnt auch, dass damals vier Männer in Wasserstiefeln den Fronern vorgearbeitet hätten.[747]

Bei der Reparatur und Flötzung des Rickenbacher Weihers von 1671 wurden an Bauholz 39 Föhren[748] und 7 Eichen benötigt und ferner 77 Kisten eiserne Klammern.[749] 1690 liess Landvogt Spörlin für die Bauarbeiten am Rickenbacher Weiher in Basel 6 Breithauen und 6 Schaufeln abholen.[750] 1696 benötigte derselbe Landvogt für die Säuberung des Rickenbacher Weihers vom Lohnamt «*4 paar wasser stifel, ein dozet breithauen*» und «*ein dozet grien schauflen*», ferner «*et- liche dilenböum zum flössen und ein buechbaum zu helmen*[751] *und kruckhen*.[752]

Im Herbst 1700 erhielt Landvogt Bülacher wiederum den Auftrag, den Rickenbacher Weiher säubern «*und seinen alten bezürckh hernach erweiteren zulassen*». Zum Augenschein kamen der Geschworene Hans Handschin und zu dessen Hilfe der Bannwart von Wintersingen, Jacob Märki. Die beiden verlangten in Anbetracht der Arbeit, «*dass ihnen 5 paar wasser stiffell für die männer welche das flössen verstehen und mit billichem lohn müssten salarirt werden, 24. grienschauflen, 12 breit und 6 rüthhauwen, 12 stosskärren und sechs starke bieler möchten eingehändiget werden*».[753]

1708 wurde erneut eine Säuberung fällig. Der Lohnherr schlug nach einem Augenschein vor, dass das Weihergelände unter den vier Amtspflegern des Farnsburger Amts aufgeteilt, «*und selbiges durch ihre veranstaltung aussgeführet*» werde. Ferner solle an einigen Orten ein Damm errichtet werden, und der Landvogt solle in seinem Amt für die Arbeiten 50 Stosskarren fertigen lassen. Stiefel und Wasserstiefel könnten vom Lohnamt bezogen werden.[754]

Lohnherr Burckhardt gab 1710 zu bedenken, dass man, falls man die Waldenburger Weiher säubern wolle, Schubkarren aus Basel herführen müsse. Als Bauholz könnten die Stämme für die Brennholzgaben im Amt dienen.[755]

Am 14. Mai 1721 schrieb Landvogt Thurneysen ans Dreieramt, dass man beginnen wolle, den oberen Waldenburger Weiher, wie vom Dreieramt befohlen, zu säubern. Dafür benötige man aber 12 Stosskarren, welche Thurneysen vom Lohnamt ausleihen wolle.[756]

Aus dem verwendeten Geschirr für die Säuberungen lässt sich die Arbeitsweise rudimentär rekonstruieren. Der Schlamm wurde mit Schaufeln und Pickeln abgetragen, auf Stosskarren geladen und aus dem Weiher geführt. Die weiteren Gerätschaften wurden zur Zurüstung des Bauholzes verwendet. Wofür dieses Bauholz verwendet wurde, ist nicht ganz klar. Wahrscheinlich diente es als Untergrund, auf dem die Arbeiter im schlammigen Weiherboden stehen konnten und auf welchem die Stosskarren bewegt wurden. 1599 nämlich forderte der von Landvogt Gotthart auf Farnsburg beigezogene Friese Bauholz, einen oder zwei Bäume Dielen, um darauf zu fahren oder zu gehen.[757] Ferner wurden damit wahrscheinlich Känel hergestellt, um das Flötzwasser an die richtige Stelle im Weiher zu leiten. Wie das Flötzen aber im Detail vor sich ging, ist aus den Quellen nicht ersichtlich. Es wurde wahrscheinlich nur von vergleichsweise wenigen Leuten bewerkstelligt, und diese wenigen wurden mit speziellen Wasserstiefeln ausgestattet.

Aus all diesen Beispielen lässt sich ersehen, dass der Unterhalt der Weiher aufwändig war und grössere Summen verschlang, wobei die Obrigkeit immer versuchte, die Kosten möglichst niedrig zu halten. Unterhaltsarbeiten wurden nur dann ausgeführt, wenn es unbedingt nötig war. Dies war jedoch nicht zum Vorteil der Weiher, denn die Verschmutzungen und Schäden wirkten sich negativ auf den Fischertrag aus. Ferner erhöhte sich der Aufwand wegen der langen Intervalle zwischen den Unterhaltsarbeiten merklich. Ein durchdachtes und planvolles Unterhaltskonzept für die Basler Weiher existierte nicht.

Die Pflege der Weiher, insbesondere das Flötzen und Ausführen, war sehr arbeitsintensiv. Es waren ungemütliche Arbeiten in Dreck und Schlamm, und die Beförderung des Schlamms aus dem Weiher war mit grosser Kraftanstrengung verbunden. Die Unterhaltsarbeiten fanden zudem oft im Winter und bei tiefen Temperaturen statt. Bei den Arbeitern lassen sich zwei Gruppen unterscheiden: die professionellen Friesen und die Amtsuntertanen als Fron- oder Lohnarbeiter.

14. Friesen

Bei den Friesen handelte es sich um «Grabenmacher, Damm- und Erdarbeiter».[758] Als Facharbeiter für Wasserbau waren sie Spezialisten auf ihrem Gebiet. Über ihre Existenz auf dem Basler Territorium ist sehr wenig bekannt. Im Folgenden gehe ich deshalb auf die Präsenz der Friesen im Zusammenhang mit den Weihern ein.

Der erste Beleg für die Anstellung eines Friesen für einen Basler Weiher auf der Landschaft findet sich 1445-1448, als mit demselben ein Arbeitsvertrag, ein so genanntes «Verding» über die Räumung des Waldenburger Weihers ausgehandelt wurde. Der Lohn des Friesen betrug 9 lb.[759] 1448/1449 arbeitete ein Friese für 37,5 ß am Liestaler Weiher.[760] Ein Jahr später machte der Friese Schnetzer für 84 lb einen Graben im Holee bei Basel und räumte für 31 lb den Dorenbach.[761] 1462/1463 wurden ein Friese und Zimmerleute am Rickenbacher Weiher beschäftigt.[762] 1463/1464 erhielt ein Friese 27,5 lb und 4 d «*von den wihern und von der reten matten ze graben und die graben uffzewerffen*». Dieser Lohn war auch für seine Knechte «*umb rögke*» gedacht.[763] 1462/1464 wurden einem Friesen Arbeiten am oberen Weiher und Dentschen von Waldenburg verdingt.[764] 1467/1468 erledigten einige Friesen Grabarbeiten in und um Basel.[765] 1471/1472 arbeitete ein Friese am Dorenbach.[766] Ein Jahr später wurde einem Friesen sein Lohn fertig ausgezahlt.[767] 1478/1479 räumte ein Friese erneut den Dorenbach unterhalb des Holee.[768] 1480/1481 wurde ein Friese mit Arbeiten an einem Weiher betraut.[769] 1481/1482 musste der Dorenbach erneut von einem Friesen geräumt werden.[770] Im gleichen Jahr arbeitete ein Friese für 40 lb am Weiher von Liestal,[771] schlussendlich wurden ihm sogar noch 53 lb mehr ausgezahlt.[772] 1482/1483 taucht mit Peter Ricker zum ersten Mal ein Friese dieses Nachnamens auf. Ihm wurden Arbeiten am Liestaler Weiher aufgetragen[773] und dafür 33 lb und 6 ß vergütet.[774] 1482/1483 wurden Arbeiten in Waldenburg, 1485/86 und 1486/87 Arbeiten in Liestal vergeben. Es ist anzunehmen, dass diese jeweils von Friesen ausgeführt wurden.[775] 1489/1490 wurden Peter Ricker erneut Arbeiten am Liestaler Weiher und an einem anderen Weiher vergeben.[776] Er bekam Aufträge 1491/1492 in Waldenburg[777] und 1492/1493 in Rickenbach.[778] Zusammen mit einem Lohnherrn nahm Ricker im gleichen Jahr einen Augenschein beim Waldenburger Weiher.[779] 1496/1497 führte Ricker Arbeiten in Waldenburg aus,[780] 1497/1498 in Liestal.[781] In diesem Jahr waren er und seine Söhne auch bei der Fischung der Waldenburger Weiher behilflich.[782] 1497/1498 erscheint Peter Ricker sogar als Verantwortlicher für den Waldenburger Weiher.[783] 1498/1499 arbeitete er in Waldenburg, 1500/1501 in Liestal.[784] 1500/1501 wird Ricker als «Zimmermann» bezeichnet.[785] Im gleichen Jahr erscheint erstmals ein weiterer Ricker, Werlin Ricker, in den Rechnungen.[786] Möglicherweise handelt es sich um einen Sohn von Peter Ricker. Dieser arbeitete 1503/1504 wieder in Waldenburg.[787] Das Verding über diese Arbeiten am Weiher von Waldenburg aus dem Jahr 1504 ist überliefert. Daraus geht auch hervor, dass Ricker und seine Söhne aus Liestal stammten. Sie sollten nach Anweisung der Räte die beiden Weiher säubern und flössen, die Bäume darin fällen und herausreissen, den Schlamm überall 4 Schuh tief *«biss uff die pfannen»* entfernen. Ferner sollten die Friesen den Weihergrund bis 10 Schuh vor dem Kümpfel um 6 Schuh vertieffen, *«damit die visch zusamen fallen mogen»*. Wenn aber der Dentschen das Gewicht des Wassers nicht aushalte, sollten sie einen Schlitz in den Dentschen brechen dürfen und diesen nach getaner Arbeit auf ihre Kosten wieder verschliessen. Der Rat steuerte das Holz für die Arbeiten bei, forderte es aber danach wieder zurück. Auf gleiche Weise sollten die Rickers auch *«den wÿden wyer zu Wallenburg»*[788] flössen und säubern. Als Lohn sollten ihnen 92 lb Stebler Basler Währung, vier Viernzel Korn und vier Saum Wein ausbezahlt werden,[789] was in Etappen geschah. Eine erste Auszahlung von 14 lb und 10 ß erfolgte auf Samstag vor Auffahrt 1504,[790] eine zweite von 7 lb 10 auf Pfingsten.[791] 5 lb erhielt Ricker am Montag vor St. Nikolaus,[792] 10 lb am Samstag nach St. Ambrosius 1505[793] und 15 lb am Samstag vor dem 1. Mai 1505.[794] Am Samstag nach St. Urban 1505[795] wurden 5 lb direkt dem Schultheissen von Liestal ausbezahlt, bei dem Ricker offenbar noch Schulden hatte. Die Dreierherren überwiesen erneut 13 lb am Dienstag vor St. Leonhard[796] und eine weitere, letzte Zahlung von 20 lb auf einen Sonntag in der Fastenzeit 1506. Für die zusätzliche Anlage von Teichbetten wurden Ricker weitere 7 lb vergütet.[797]

1504/1505 flösste Peter Ricker noch den unteren Weiher von Liestal.[798] Er muss jedoch zwischen 1506 und 1508 verstorben sein, denn ab 1508/1509 taucht nur noch Werlin Ricker in den Rechnungen auf. In diesem Jahr inspizierte dieser die Waldenburger Weiher,[799] 1509/1510 führte er Reparaturen an der Hülftenbrücke, am Weiher und am unteren Tor in Liestal aus.[800]

1510/1511 wurden 81 lb 3 ß 6 d *«uff das verding des wygers zu Rickenbach»* ausgezahlt. Dieses Geld bekam wohl der Friese Walch, der damals grössere Arbeiten in Rickenbach erledigte.[801] Denn mit Verding vom 4. Mai 1510 beauftragten Landvogt Jacob Yselin auf Farnsburg, zusammen mit den Ratsherren Ludwig Kilchman und Uolin Kosy sowie dem Lohnherrn Jacob Veltheim den Friesen Balthasar Walch aus Lindau, den Weiher von Rickenbach instand zu stellen. Walch sollte den Weiher, wie es ihm gezeigt werde und wie es teilweise durch Pfähle markiert wurde, *«bis uf den alten boden rumen und flosen»*.[802] Ferner sollte er ein Loch im Weiherboden, den so genannten *«vinster see»*, auffüllen, damit der Weiher überall leer laufen könne, und drei Hügel im Weiher abtragen.[803] Die Herren erlaubten Walch, allenfalls einen Graben durch den Dentschen in den Auslauf des Weihers zu machen, verlangten aber, dass er den Dentschen und Kümpfel am Schluss wiederherstelle. Dabei sollte er im Tagelohn arbeiten, die Arbeiten bis Galli[804] oder Martini[805] 1510 beenden und täglich mit nicht weniger als zehn Knechten wirken. Als Lidlohn sollte Walch 160 lb Stebler erhalten, die ihm in Raten ausgezahlt würden. Ferner waren 12 Saum Wein, 12 Viernzel Dinkel, 8 Viernzel Hafer, ein Zentner Butter, zwei grosse Sester Salz und zwei Bäume Dielen Bestandteile des Lohns, wobei Walch die Dielen wieder zurückgeben musste. Wein und Esswaren sollten ihm nach Hause geliefert werden.[806] Walch arbeitete offensichtlich sehr schnell, denn schon am 17. September 1510 quittierten ihm seine Auftraggeber und ein Notar den Lohn und die Vollendung des Werks, wobei ihm allerdings ein Teil erlassen wurde.[807]

1525/1526 erscheint erstmals ein Friese namens Galli Ricker, der den Weiher von Liestal reparierte.[808] 1528/1529 säuberte ein Friese den Teuchelweiher und den Graben.[809] Ebenfalls 1528/1529 reparierte Galli Ricker erneut den Weiher in Liestal und erhielt dafür 85 lb.[810] Auch 1531/1532,[811] 1533/1534[812] und 1534/1535 arbeitete Galli Ricker an den Weihern in Liestal.[813]

1569 wies der Rat den Liestaler Schultheissen Jacob Seiller an, zusammen mit Schultheiss Strübin und dem Landvogt auf Farnsburg, mit einem Friesen die Weiher von Arisdorf zu besichtigen, um mit diesem den Preis seiner Arbeit zu vereinbaren. Der Friese verlangte 46 Gulden und vier Viernzel Korn. Seiller fand diese Summe zwar zu hoch, jedoch gab der Friese zu bedenken, dass er an drei Orten viel graben müsse, was *«grossen costenn, mieg unnd arbeitt pruche»*. Seiller fragte deshalb den Rat an, ob er dem Friesen den Auftrag zu diesem Preis erteilen könne.[814]

Landvogt Bernhard Brandt schrieb 1581 nach Basel, dass er mit den Weiherherren verabredet habe, eine grössere Reparatur am Rickenbacher

Weiher vornehmen zu lassen. Als Handwerker zog er den Maurer Jacob Schnopff, den Zimmermann Hans Rot aus Liestal und einen Vertreter der Familie Ricker aus Liestal bei. Die Bauarbeiten betrafen offensichtlich das Auslaufbauwerk. Rot forderte für seine Arbeit 30 lb und einen Viernzel Korn, Maurer Schnopff verlangte für seine Arbeit 200 lb.[815] Ob der Friese Ricker nur als Sachverständiger fungierte oder selbst Arbeiten ausführte, ist unklar.

Als man im Mai 1585 den oberen Weiher in Liestal instandstellen musste, zog Schultheiss Adam Seiler sowohl einen Maurer als auch einen Zimmermann bei.[816] Auch der verantwortliche Weihermeister von Liestal, Hans Wernhart Ricker war an der Reparatur beteiligt, konnte aber seinen Aufwand noch nicht abschätzen.[817] Für das Lettstossen schloss Seiler mit Ricker im Juli 1585 einen besonderen Vertrag. Ricker sollte den Lehm an *«der brustweeri und dem dygbett»* anbringen. Ricker forderte als Lohn 20 fl, einen Viernzel Korn und zusätzlich die Lieferung des Lehms auf den Bauplatz. Zudem verlangte er, dass er, *«so der grund wider infallen wurde, inmossen man nochmols usswerffen müsste»*, diese Kosten gesondert verrechnen dürfe.[818] Im August 1585 meldete der Schultheiss den Abschluss der Bauarbeiten. Hans Wernhart Ricker erhielt *«für 51 tagwen letten zestossen, ÿeden tag 6 ß thutt 15 lb 6 ß»*.[819] Rickers Arbeit scheint also gewesen zu sein, den Weiherdamm mit Lehm abzudichten, ein mit 51 Tagwerken doch beträchtlicher Aufwand.[820]

1588 nahm Landvogt Brandt von Farnsburg nebst dem Zimmermeister Hans Rot auch mit dem *«hantwerker»* Ricker aus Liestal einen Augenschein zur geplanten Säuberung der Ormalinger Weiher. Bei Ricker handelte es sich mit ziemlicher Sicherheit um Hans Wernhart Ricker.[821]

1596 schlug Landvogt Conrad Gotthart vor, einen Graben entlang dem Ormalinger Weiher auszuheben, und holte dafür Kostenberechnungen ein. Derjenige, der diese Arbeiten ausführe, verlange für seine Arbeit in Speise und Lohn 20 lb. Der Rat könne weitere Informationen von den Weiherherren und vom Weihermeister erhalten.[822] Der vorgesehene Handwerker bringe auch Schutzbretter an und unterhalte sogar alles während drei bis vier Jahren auf seine eigenen Kosten.[823] Obwohl nicht explizit formuliert, handelt es sich bei diesem Handwerker mit grosser Wahrscheinlichkeit um einen Friesen.

Als der Rat 1599 dem Landvogt Gotthart befahl, den Weiher in Ormalingen von den Untertanen ausführen zu lassen, gaben die vier Amtspfleger zu bedenken, dass die Untertanen dazu ohne die Unterstützung und Anleitung eines Friesen nicht fähig seien.[824] Der Landvogt holte deshalb eine Friesen herbei, der den Untertanen zeigte, wie sie den Weiher säubern müssten. Wenn diese die Säuberung ohne Friesen vornehmen wollten, *«häten si bald mer verderpt dan guot gemacht»*.[825] Der Friese schlug vor, dass man ihm jeden Tag 10 Männer stelle, die er anleiten wolle, wie sie vorzugehen hätten. Ebenso verlangte er ein halbes Dutzend Stosskarren und einen oder zwei Bäume Dielen, um darauf zu fahren oder zu gehen. Als Bezahlung forderte er täglich für Speis und Lohn 15 ß. Dann wolle er sein Bestes geben.[826]

1603 stand eine Flötzung des oberen Weihers, genannt See, in Liestal an. Der Auftrag wurde an ein Konsortium aus vier Friesen vergeben: Hannss Mürj, Hannss Jacob Metzger, Hanss Jacob Küentzlj aus Riehen und Jacob Heitzman aus Eschingen. Als Lohn wurden 50 lb vereinbart. Im Laufe der Flötzung traten aber Verzögerungen und Mehrarbeiten auf, weshalb sich Schultheiss Strübin nach Basel wenden musste. Er berichtet, die Friesen hätten sich bei ihm beklagt, dass die Dauer der Arbeit auf vierzehn Tage angesetzt worden sei, sie sich nunmehr aber schon über sechs Wochen abmühten und *«dass versprochen geltt fast in trockhenem brott verzert haben»*. Sie baten deshalb um mehr Lohn, *«dass ihnen etwas mehreres, unnd allein soviel dass sie die spÿss, unnd herberg zinss gehaben werde, dann davon komen mögen, uss gnaden gegeben werde»*. Sie seien arme Gesellen, die *«ir wib und kinder allein uss dem jenigen, was sie also mit irer sauren arbeitt eroberen unnd fürsparen, erhalten müessen»*.[827] Der Schultheiss zeigte Verständnis für die Lage der Friesen, seien sie doch während sechs Wochen redlich an der Arbeit gewesen.[828] Ferner hätten sie *«denn weiger mit grosser müeg, durch hinderen biss zuo den marchsteinen, allso weitter dann beÿ manss gedenckhen, niemahlen beschechen, unnd wol dieff biss uff den rechten boden»* geflötzt und erneuert. Dabei hätten sie *«wuchentlichen mehr nit dan zweÿ pfundt (...) angenommen, unnd in keinen weg ettwas zuverzechen oder zuvergÿden begert, unnd mehr nit dann drei pfundt nach inn vorstandt, hingegen aber nach biss in die zwölff tag lang genuog zethuon»*. Sie hätten *«kein vermögen oder vorroth (...), auss dem jenigen zuosetzen können»*, und das Geld sei nur *«umb spÿss , dem miller und iren würten, sampt dem zinss denn so ihnen herber geben, biss in zwantzig pfundt zethuondt schuldig»*. Sonst sei *«jederman von inen bezaalt»*. Der Schultheiss verbürgte die Not der Friesen und setzte sich beim Rat für einen Zustupf ein, denn es sei ihm *«wohl bewusst dass e.g. irer armen underthonen schadenss in dieser erzeigenden getruwen arbeitt nit begeren»*.[829] Der Brief von Strübin datiert vom 13. November 1603. Die Arbeiten am Weiher fanden also im Herbst 1603 statt.[830]

1608 gab es Probleme an den Weihern von Waldenburg. Die Räte und Weiherherren Hanss Jacob Huber, Sebastian Beckh, Hanss Klein und Hanss Jäckhlin verdingten einem Konsortium aus vier Friesen Instandstellungsarbeiten. Es waren wie schon 1603 in Liestal die *«ehrsammen Jacob Heitzman, von Eschingen aussem Wuttenthall,*[831] *Hans Jacob Küentzlin, Jacob Metzger, und Hanss Mürri, all dreÿ von Riechen»*. Sie sollten die Weiher flötzen, instand stellen[832] und als Lohn 200 Gulden à 15 Batzen in Basler Währung erhalten, ausbezahlt vom Landvogt auf Waldenburg, der ihnen jeweils nicht mehr als den gebührenden Wochenlohn geben solle. Die ersten vier Bäume Dielen sollten vom Landvogt gestellt werden.[833] Ebenfalls sollten ihnen sechs Stosskarren, extra angefertigt, zur Verfügung gestellt werden, welche aber nach getaner Arbeit wieder dem Landvogt abgegeben werden müssten.[834] Alles weitere Geschirr müssten sie auf eigene Rechnung beschaffen.[835] Offensichtlich gab es aber bei der Vorbereitung der Arbeiten Probleme, weshalb sich Landvogt Rippel auf Waldenburg gegenüber dem Rat verantworten musste: Die Arbeiten hatten erst mit Verzögerung begonnen, weil der Landvogt weder das Geld dafür in Basel abgeholt noch die sechs Stosskarren oder das Bauholz bereitgestellt hatte. Rippel hatte den Arbeitern aber sofort einen Sack Korn und eine Krone Geld gegeben.[836] Nach einigen Arbeitstagen waren die Friesen bei ihm erschienen und teilten ihm mit, dass sie, nachdem sie den Weiher einmal kreuzweise durchwatet hätten, die Arbeit nicht zum zweiten veranschlagten Preis von 700 Gulden machen könnten und davon *«nit dz droken brott haben würden»*.[837] Er, der Landvogt sei deshalb ungehalten gewesen und habe ihnen gesagt, sie sollten sich nicht erst dann melden, wenn sie schon 100 Gulden bezogen hätten. Die Friesen hätten ihn aber inständig um mehr Lohn gebeten, da sie wohl über ein Vierteljahr beschäftigt seien. Wenn sie mehr als vier Knechte anstellen müssten, koste dies 740 Gulden, 300 lb, und sie hätten nichts für ihre mühsame Arbeit. Falls die Obrigkeit aber noch 30 oder 40 Gulden mehr und acht Viernzel Korn zahlen würde, könnten sie die Arbeit zum Abschluss bringen. Der Landvogt bat, es ihm nicht zu verübeln, dass er dieses Ansinnen weiterleite.[838] Es wäre schade, wenn die Arbeiten nicht abgeschlossen würden.[839] Der Rat stieg aber offensichtlich auf das höhere Angebot ein, und die Friesen versprachen, ihre Arbeit fleissig und gewissenhaft zu machen.[840] Am 17. Juli 1608 berichtet der Landvogt über den Stand der Arbeiten: Die vier Friesen hatten im Mai 1608 mit ihrer Arbeit begonnen.[841] Beim Einlauf des Wassers in den Weiher errichteten sie einen neuen Damm und stauten so einen neuen, kleineren Weiher mit neuem Kümpfel auf, in welchem sie über Nacht Wasser zur Flötzung des grossen Weihers sammelten.[842] Gegen den Dürrenberg machten sie *«auff des Dettwilers madten»* einen grossen Graben, in dem sie das Wasser sammeln konnten. Durch die Anlage dieses neuen Weihers gingen die Arbeiten gut voran, und es bestehe – so Rippel - die berechtigte Hoffnung, dass die Arbeiten nach der Ankunft des Lehms innert sieben Wochen zu einem guten Abschluss gelangten. Der Landvogt musste die Friesen allerdings auch ermahnen, *«dz sie nit edtwan mer zu Langenbruck in wirtshaus dan aber am weÿer arbeiten thüegen»*, und führte auch mindestens einmal wöchentlich zu verschiedenen Zeiten eine Kontrolle auf dem Bauplatz durch. Die Friesen klagten aber, dass der neue Damm sie viel Zeit und Arbeit gekostet habe.[843] Da dieser sehr gut und nützlich für den Weiher sei, schlug der Landvogt vor, dass ihn die Weiherherren besichtigen sollten, um ihn eventuell beizubehalten.[844]

1609 wurde der Rickenbacher Weiher von den Weiherherren gefischt. Im Nachgang entdeckte man einige Schäden, weshalb sich eine Reparatur aufdrängte. Landvogt Hans Herr verhandelte mit Handwerkern über den Lohn für die Arbeit. Der Zimmermann forderte 30 lb und 8 Viernzel Korn und die, welche den Weiher *«verletten»* sollten, 20 lb.[845] Da es sich beim «Verletten», also beim Abdichten des Weihers mithilfe von Lehm, um eine typische Friesen-Arbeit handelte, ist es sehr wahrscheinlich, dass sie hier von professionellen Friesen gemacht wurde.

1611 führte Schultheiss Chrispianus Strübin im Auftrag des Rats Abklärungen durch, wie man die Weiher von Arisdorf am kostengünstigsten flötzen könnte. Entweder sollten die Untertanen des Amts oder aber ein Friese diesen Auftrag übernehmen. Strübin schreibt in seinem Bericht an den Rat, er habe vom Untervogt von Arisdorf erfahren, dass die Weiher circa 40 Jahre zuvor durch den Friesen Andress Koch aus Reigoldswil zum Preis von 800 lb, 10 Viernzel Korn und drei Saum Wein geflösst wurden.[846] Strübin fragte daraufhin den Friesen Jacob Heintz, der bereits den Waldenburger Weiher geflösst hatte, um eine Offerte an.[847] Heintz forderte zuerst 1000 lb, reduzierte dann aber auf 800 lb und 12 Viernzel Korn und gab zu bedenken, dass er angesichts der grossen Arbeit nicht tiefer gehen könne. Der obere kleine Weiher sei so stark verfüllt, dass er nur zur Hälfte geflösst werden könne, die andere Hälfte aber ausgeführt werden müsse.[848]

1618 wurde die Flötzung des Rickenbacher Weihers an den Friesen Conrad Pfaff aus Hallau verdingt. Pfaff verlangte als Lohn für sich täglich 10 ß und pro Woche 2 Sester Korn. Für seine sechs Knechte forderte er je 8 ß Taglohn. Ferner sollte ihm die Obrigkeit zwei bis drei Paar Wasserstiefel zur Verfügung stellen. Für die Miete des Werkzeugs verlangte

Pfaff 20 ß pro Mann. Zusätzlich sollte ihm unter anderem Folgendes auf den Platz geliefert werden: 4 Bäume Dielen für die Brücke, circa 100 Dielen und 100 Eichenpfähle zum Flötzen, 20 Stosskarren, welche «*mit groben naglen*» beschlagen sein sollten. Auch sollte man ihm, «*wan der burschen hilff zu sein thüege, so vielen täglich vonnötten*» zur Seite stellen. Unter diesen Arbeitsbedingungen, meinte Pfaff, könne er den Weiher innert zwei Jahren flötzen; er brauche jedoch weniger Zeit, wenn man oben im Weiher einen neuen Damm mit eigenem Kümpfel anlege. Auf jeden Fall benötige er aber das Wasser aus den Nebenweihern zum Flötzen und bat darum, dass diese für die Arbeiten vorbereitet würden.[849] Der Auftrag wurde zu Martini 1617 erteilt, und am 4. Juli 1618 wurden die Arbeiten abgeschlossen.[850] Es ist nicht ganz klar, jedoch sehr wahrscheinlich, dass Pfaff seine Arbeit nicht richtig zu Ende brachte, denn am 3. Januar 1618 hatte Landvogt Brandt nach Basel geschrieben, dass es bei der Säuberung des Rickenbacher Weihers Probleme gab. Der Landvogt hatte darauf hin die Amtspfleger und den Untervogt von Gelterkinden zu sich bestellt, um das weitere Vorgehen zu beraten. Da der Friese von Giebenach für seine Arbeit sehr viel verlange und man ja den Nutzen der Obrigkeit mehren wolle, sei man zum Schluss gekommen, dass man den Weiher mit Schlitten, Karren und Wagen nicht ausführen könne.[851] Der Schlamm stehe noch halbmannshoch, und alles sei sumpfig und bodenlos. Ferner seien die Felder rings um den Weiher angesät, so dass man nicht ohne Schäden am Weiher arbeiten könne. Auch könne er in zwei Jahren mit 10 Bären und 10 Personen kaum ausgefischt werden. Der angestellte Friese habe aber seit einem Jahr nicht wirklich gearbeitet, vielmehr seien er und seine Knechte mehr dem Trunk verfallen gewesen. Mit 50 bis 60 Personen hätte man den Weiher in drei bis vier Wochen gut flötzen können, der Friese habe aber nur drei Knechte gehabt und habe sich ferner nichts sagen lassen. Der Fehler liege alleine beim Friesen, und es bestehe deshalb die Gefahr, dass der Weiher ganz verkomme.[852] In dieser Situation boten sich die Amtspfleger im Namen des ganzen Amts an, selber nach Ablauf des Winters mit der Säuberung zu beginnen.[853] Alles, was in der Zwischenzeit überwachsen sei, wollten sie mit Hacken aufbrechen und den Weiher dann wieder mit Wasser füllen, um den harten Schlamm ein Vierteljahr einzuweichen «*unnd als dan mit macht widerum daran zestohn unnd den selbigen muor unnd unraht herusser zu flötzen, unnd den also zu seÿberen noch irem besten vermögen*».[854]

1621 entstand in Liestal laut Schultheiss Strübin «*durch die letste jüngste wasser grösse der see am dentschen ettwass schadens*», weshalb es «*wirdt vonnötten sein dass e.g. ohne verlänngt jemanden abordt-*

nenn, welcher denn schadenn beisichtigen und solches wider verbessern anordnung gebenn thüege».[855]

Anfang April 1625 meldete der Weibel von Waldenburg, Hanss Strawmann, dem Landvogt daselbst, dass die *«weÿer uf dem Hauwenstein presthaft, unnd also beschaffen, dass zubesorgen, fahls man mit notwendiger verbesserung desselbigen lenger inhalten würde, gar bald ein grosser schad darauss entstehen möchte; in deme dass der ablass nit allein underfressen, sonders auch theils ingefallen, zu deme, so seÿen beede wetter kümpfell, auch allerdings faull, masses er beÿ inrissenden grossen wasser güssen leichtlich ussbrechen könnte»*. Der Landvogt und der Weibel nahmen danach einen Augenschein mit einem Zimmermann und einem Friesen vor; dieser forderte als Lohn für die Instandstellung 35 lb und 7 Viernzel Korn, jener 50 lb und 3 Viernzel Korn.[856]

Zwischen dem 26. Oktober 1635 und dem 30. Juli 1636 wurde der grosse Weiher von Waldenburg mit beiden Dentschen gesäubert von den vier Friesen *«Peter Khienlin, dem oberfriesen deme 9 lb, Jeronimo Vögelin deme 6 lb und Peter Khienlins beiden söhnen, denen jedem 4 ½ lb (…), wochentlich 17 lb [und] in allem aber biss dato obsteht 469 lb bezalt»* wurden. Die Friesen flötzten den Weiher teilweise, teilweise führten sie ihn mit Schubkarren aus. Danach wurde er wieder besetzt. Die Lohnherren Hanss Jacob Zörnlin und Theodor Falkheisen schlugen aber vor, dass man eine sumpfige Matte oberhalb des Weihers ebenfalls zu einem Weiher mache, in welchen man nach 5 Wochen Arbeit etwa 100 Karpfen einsetzen könne. Auch könne sich der Morast im oberen Weiher ablagern und würde nicht in die unteren getrieben; und der obere müsste erst in etwa 30 Jahren wieder ausgeschwemmt werden.[857] Die Friesen forderten für die zusätzliche Arbeit zuerst 78 lb, gaben sich dann aber mit 50 lb zufrieden.[858]

Im Juli 1636 erschien der Friese Peter Küenlein aus Liestal bei Lohnherrn Zörnlin. Ihm und seinen Kollegen war die Flötzung der Waldenburger Weiher im Tagelohn verdingt worden. Die Friesen hatten bereits den oberen Dentschen zwischen den beiden Weihern, den sie aus Material aus den geschwemmten Weihern aufschütteten, beinahe fertiggestellt. Küenlein erachtete es aber als sinnvoll, wenn die Friesen aus dem Schlamm des oberen Weihers oberhalb desselben nochmals einen Damm aufschütteten, wozu sie vier bis fünf Wochen brauchten.[859]

Nachdem die beiden Liestaler Weiher zwischen Sommer und Herbst 1640 leer und unbesetzt geblieben waren,[860] berichteten die beiden Schultheissen Heinrich Gysin und Michel Strübin im Oktober 1641 nach Basel, dass *«auss dero gnedigen befelch (…) Peter Küenlin der friess unndt burger alhir verwichentz früeling unndt sommer mit herter saurer müech beede weÿer geflösst unndt geseüberet»* habe. Küenlin habe *«dorbeÿ sein müglichsten fleiss angewendet unndt bestes gethon»*. Durch die ständige Arbeit im Wasser sei er aber krank geworden und leide nun Hunger und Mangel. Beide Schultheissen gelangten auf Bitten der Ehefrau des Friesen an die Obrigkeit, *«um etwas in korn oder gelt»* für ihren kranken Mann zu erbitten.[861]

Im Februar 1652 wurde erneut eine grosse Reparatur an Weiher und See fällig. Schultheiss Hannss Christoffel Im Hoff und der zu Rate gezogene Landvogt Pfannenschmidt von Waldenburg stellten fest, *«dass alle bruckhen so wohl beÿ beÿden brunnstuben, unn und ausswendig, auch die undere bruckhen wo man fischen muoss, dessgleichen beede brunnstuben die stüd unnd alles übrall, item die grundtkänell köpff so von den grundkenelen in die brunnstuben gangen, vom gewelb unndt mauerwerckh, auch der jenige kenell so auss dem see inn weÿer geth, alles miteinanderen kein nutz mehr sonderen faul ist, dann sie grossen vylfaltigen mechtigen wasser güss, alles dergestalten bewegt unnd erschüttert, dass es nit mehr halten oder heben mag, unnd also nottwendig neüw gemacht werden muoss».*[862] Man müsse den Fundamenten entlang graben, um zu schauen, wo der Schaden entstanden sei. Im Hoff und Pfannenschmidt besprachen sich deshalb mit einem Zimmermann und einem Friesen, was diese für die Arbeit verlangten.[863] Der Zimmermann forderte zuerst 60 lb, worauf der Landvogt die Offerte auf 50 lb drückte. Der Friese hingegen forderte einen Tageslohn von 1 Gulden. Im Hoff erbat vom Rat Anweisungen für das weitere Vorgehen.[864]

1669 kümmerte sich Stadtlieutenant Christoffel Sipt um die Waldenburger Weiher, wie Landvogt Göbelin nach Basel berichtete. Er besichtigte sie und stellte fest, dass man den kleinen Weiher, weil er so voll Schlamm sei und eigentlich einer Matte gleichkomme, mit Stoffbären ausfischen müsse. Würden 40 Personen täglich arbeiten, könne dieser Weiher innert 12 Tagen gesäubert werden, so dass man Wasser darin sammeln und zur Flötzung des grossen Weihers gebrauchen könne. Für diese Arbeit seien aber eine oder zwei Personen nötig, die sich auf das Friesen-Handwerk verständen. Den Fronern würde täglich ein Viertel Laib Brot ausgegeben. Sipt empfahl wegen der grossen Arbeit, alle acht Friesen, die es auf der Landschaft gebe, anzustellen.[865]

Aus der Rechnung der Flötzung von 1683 gehen Lohnkosten für den Friesen Jacob Zärli von 19 lb und 10 ß hervor.[866]

Wie aus den angeführten Beispielen ersichtlich ist, stammten die Friesen, welche die Obrigkeit zum Weiherunterhalt anstellte, aus verschiedenen

Gegenden. Zwei Friesen kamen aus dem (erweiterten) Bodenseeraum, Balthasar Walch aus Lindau und Conrad Pfaff aus Hallau. Die Mehrheit der Friesen stammte aber aus der Region Basel. Die Familie Ricker aus Liestal darf als eine eigentliche Friesen-Dynastie bezeichnet werden, welche nachweisbar über drei Generationen lang diesem Handwerk nachging. Auf die Rickers folgte in Liestal dann der Friese Peter Küenlin. Aber auch an anderen Orten auf der Basler Landschaft lebten Friesen. Leider tauchen sie in den Quellen nur vereinzelt namentlich und mit Herkunftsbezeichnung auf. Die «Basler» Friesen als Handwerker auf der Basler Landschaft verdienten aus meiner Sicht eine eingehende Untersuchung, jedoch ist die Quellenlage zu ihnen ausgesprochen dünn.

Die Friesen arbeiteten meist in Gruppen, wobei der Oberfriese mehrere Knechte beschäftigte. Für grössere Arbeiten schlossen sich manchmal mehrere Friesen mit ihren Knechten zusammen. Die Holzarbeiten an den Weihern führten die Friesen zuammen mit Zimmerleuten aus.

15. Frondienste

Frondienste spielten eine massgebliche Rolle im Herrschaftssystem der Stadt Basel auf der Basler Landschaft, so auch beim Betrieb und vor allem beim Unterhalt der Weiher.

Bei den Frondiensten an den Weihern handelte es sich um so genannte «Amtsfronen» und «Baselfronen», also Frondienste, die alle Angehörigen eines Amts zusammen direkt für die Obrigkeit zu leisten hatten.[867] Unterschieden wurde in Fronfuhren und Handfronen. 1764 wurde festgelegt, dass Bauern mit eigenem Zug die Fronfuhren übernehmen mussten. Untertanen ohne eigenen Zug hatten die Handfron zu leisten oder eine Entschädigung zu entrichten. Die Aufsicht über die Frondienste unterstand meist einem oder mehreren Unterbeamten, die jeweils morgens und abends dem Landvogt den Arbeitsfortschritt zu melden hatten.[868]

Für die Frondienste an den Basler Weihern lassen sich verschiedene Kategorien bilden. Die meisten Fronungen entfielen auf den Weiherunterhalt, insbesondere für Flötzung und Ausführung der Weiher. Ferner mussten Holz und Steine geschlagen und in Fronfuhren zum jeweiligen Weiher gebracht werden. Nebst den Frondiensten stellte die Obrigkeit aber auch Amtsuntertanen als Tagelöhner für den Weiherunterhalt an. In den Quellen haben die Frondienste für die Weiher vor allem in Rechnungen ihren Niederschlag gefunden. Den Fronern wurde täglich eine Ration an Brot und meist auch Wein auf Kosten der Obrigkeit ausgeteilt. Es handelte sich bei den Frondiensten also nicht um reine «Gratisarbeit», doch war vor allem der zeitliche Aufwand für die Amtsuntertanen teilweise beträchtlich. Die meisten Fronarbeiter mussten zuerst grössere Wegstrecken zum Fron-Arbeitsort zurücklegen. Hauptsächlich aber fehlten die Untertanen während der Zeit der Fronungen in ihren eigenen Betrieben oder als Taglöhner und konnten so keinen Verdienst für sich und ihre Familien erwirtschaften. Die deshalb meist als Last angesehenen Frondienste wurden zwar nicht generell in Frage gestellt, jedoch verstanden es die Untertanen beispielsweise, Termine für Frondienste mit der Obrigkeit so auszuhandeln, dass sie sich mit ihrer (Feld-)Arbeit vertrugen. Im 18. Jahrhundert wird zudem die Tendenz sichtbar, dass die Ämter die Frondienste gegen Bezahlung an Dritte übertrugen und sich schliesslich Ende des 18. Jahrhunderts teilweise sogar davon loskauften.

In den Ämtern Waldenburg und Farnsburg wurden die Frondienste meist von den Amtspflegern organisiert und überwacht. Ihnen unterstand «die Aufsicht über Steg und Weg, über die Waldungen und die Allmend und über die Kehrordnung bei den Wässerungen». Obwohl es sich nicht um eigentliche Oberbeamte handelte, wurden die Amtspfleger auch vom Kleinen Rat gewählt. Sie hatten denn auch eine beträchtliche Arbeit für die Obrigkeit zu leisten. Im Farnsburger Amt existierten vier Amtspflegerei-Bezirke, Buus, Tenniken, Gelterkinden und Ormalingen. Im Waldenburger Amt gab es drei, Bubendorf, Ober- und Niederdorf und Reigoldswil.[869] Zusätzlich zu den Unterbeamten übernahmen auch fähige Untertanen Koordinationsaufgaben und Aufsichtspflichten im Zusammenhang mit den Frondiensten.

15.1 Übergang des Weiherunterhalts an die Untertanen

Eine erste Erwähnung von Frondiensten an den Weihern findet sich für Liestal in der Basler Stadtrechnung von 1466/1467, als die *«frontagwener an den wyhern in wyn und korn vi ½ lb vi ß»* verzehrten.[870] Erst 1531/1532 werden dann wieder Taglöhner beim Unterhalt des Liestaler Weihers genannt.[871] 1588 schrieb Landvogt Brandt nach Basel, dass, wolle man die Ormalinger Weiher säubern, dies bei Fronung oder im Verding etwa gleich teuer sei.[872]

1599 wies der Rat Landvogt Gotthart auf Farnsburg an, den Weiher von Ormalingen durch die Amtsuntertanen ausführen zu lassen. Falls sich diese weigerten, solle Gotthart dies melden.[873] Zusammen mit den vier Amtspflegern besprach Gotthart das weitere Vorgehen. Die Amtspfleger mahnten allerdings, dass die Untertanen die Arbeit nicht ordentlich erledigen könnten, wenn sie nicht von einem Friesen angeleitet würden.[874] Gotthart holte deshalb einen Friesen herbei, der aufzeigte, wie der Weiher gesäubert werden müsse. Man war der Meinung, dass, wenn die Untertanen die Säuberung ohne Friesen vornähmen, *«häten si bald mer verderpt dan guot gemacht»*.[875] Auch könnten die Untertanen noch nicht in den Weiher hineinfahren, bevor er nicht auch geflötzt sei. Der Friese schlug vor, ihm jeden Tag 10 Männer zu stellen, die er anleiten wolle, wie sie vorzugehen hätten.[876]

Ende Februar 1600 meldete Landvogt Hans Herr auf Farnsburg, dass der Rickenbacher Weiher repariert werden müsse. Der Werkmeister Michel aus Basel kam darauf hin nach Rickenbach und befragte einen Zimmermann nach einer Offerte für die Reparatur. Dieser forderte 80 Stück Holz und 80 Gulden für seine Arbeit. Ferner benötige er während zwei bis drei Wochen täglich etwa zwölf Hilfskräfte, was, wie der Landvogt meinte, die Untertanen übernehmen könnten.[877]

Als es 1618 bei der Säuberung des Rickenbacher Weihers Probleme gab, bestellte Landvogt Brandt die Amtspfleger des Farnsburger Amts und den Untervogt von Gelterkinden zu sich, um zu beraten, was man tun könne.[878] Der zuvor angestellte Friese hatte seit einem Jahr nicht wirklich gearbeitet, vielmehr waren er und seine Knechte dem Trunk verfallen gewesen. Allerdings wurde auch eingeräumt, dass man den Weiher mit 50 bis 60 Personen in drei bis vier Wochen gut flötzen könne, der Friese habe aber nur drei Knechte gehabt und habe sich ferner nichts sagen lassen.[879] In dieser Situation boten sich die Amtspfleger im Namen des ganzen Amts an, selber nach Ablauf des Winters mit der Säuberung zu beginnen.[880] Alles, was in der Zwischenzeit überwachsen sei, wollten sie mit Hacken aufbrechen und den Weiher dann wieder mit Wasser füllen, um den harten Schlamm ein Vierteljahr einweichen zu lassen *«unnd als dan mit macht widerum daran zestohn unnd den selbigen muor unnd unraht herusser zu flötzen, unnd den also zu seÿberen noch irem besten vermögen»*.[881] Die Ereignisse von 1618 sind aus meiner Sicht exemplarisch für die Entwicklung der Frondienste an den Weihern. Sie haben anscheinend bis zum Ende des 17. Jahrhunderts eine eher untergeordnete Rolle gespielt. Zwar waren wohl immer Froner mit Unterhaltsarbeiten betraut worden, jedoch scheint man den wichtigsten Teil der Arbeiten bis dahin vor allem gegen Bezahlung an «externe» Friesen vergeben zu haben. Im Unterschied zu den Friesen verfügten die Amtsuntertanen zu dieser Zeit noch nicht über das nötige Wissen für den Weiherunterhalt. Der entsprechende Wissenstransfer fand offenbar erst allmählich ab dem späten 16. Jahrhundert statt. Im 17. Jahrhundert arbeiteten professionelle Friesen und Untertanen noch miteinander. Bis zum Ende des 17. Jahrhunderts verschwanden die professionellen Friesen jedoch immer mehr aus dem Weiherunterhalt auf der Basler Landschaft. Dieser lag schliesslich im 18. Jahrhundert nur noch bei den Amtsuntertanen. Schon Anfang April 1664 wurden beispielsweise die Waldenburger Weiher bereits ausschliesslich von den Amtsuntertanen geflötzt.[882] 1669 schlug Stadtlieutenant Sipt die Anstellung von allen acht Friesen der Basler Landschaft zur Säuberung des oberen Weihers von Waldenburg vor. Offenbar waren die Amtsuntertanen von Waldenburg damals noch nicht gleich bewandert in den Techniken der Weihersäuberung wie die Untertanen von Farnsburg, oder Sipt traute es ihnen einfach nicht zu. Mit den Friesen sollten aber täglich noch 40 Froner den oberen Weiher säubern, damit diese Arbeit innert 12 Tagen vollbracht sei und das Wasser darin für die Flötzung des unteren Weihers gebraucht werden könne. Den Fronern wurde täglich ein Viertel Laib Brot ausgegben.[883]

Aus der Abrechnung über die Reparatur und Flötzung des Rickenbacher Weihers von 1671 geht hervor, dass täglich vier Mann in Wasserstiefeln *«den frons leüthen vor gearbeittet»* haben. Jene erhielten täglich 1,5 Pfund Brot und einen Wochenlohn von 2 lb 5 ß. Ob es sich bei diesen «Vorarbeitern» noch um professionelle Friesen oder um Untertanen handelte, lässt sich nicht feststellen. Laut der Rechnung von Stadtlieutenant Sipt waren je nach der Menge des zum Flötzen vorhandenen Wassers täglich zwischen 70 und 80, manchmal aber auch über 100 Froner auf dem Platz. Den Fronern wurde täglich 1,5 Pfund Brot ausgegeben. An Dielen wurden 6 bis 8 Bäume benötigt, als Bauholz 39 Föhren und 7 Eichen und ferner 77 eiserne Klammern. Die Fronung dauerte insgesamt 23 Wochen, wobei jeder Froner sechs bis acht Tage arbeiten musste. [884] An Mehl wurden *«71 sackh: 2 viertel 6 becher»* gebraucht, woraus man 2056 Laibe Brot herstellte. Für Gerätschaften, Bäckerlohn, Zimmerarbeit und die *«stiffel manen»* wurden gesamthaft 392 lb 7 ß 10 d aufgewendet, wobei Einnahmen aus dem Verkauf von Rest- und Altholz von 44 lb 15 ß 4 d erzielt wurden.[885]

Der letzte Friese taucht in der Rechnung für die Flötzung eines Liestaler Weihers von 1683 auf, als der Friese Jacob Zärli einen Lohn von 19 lb und 10 ß erhielt. Aus der gleichen Rechnung gehen auch Kosten von 10 lb für zwei Saum Wein für die «Flötzer» hervor.[886] Damals arbeiteten also immer noch Friesen und Untertanen zusammen.

1683 erachteten es Obervogt Johannes Buxtorff auf Farnsburg und Stadtlieutenant Christoph Sipt für den Unterhalt der Ormalinger Weiher als nötig, während mindestens acht Tagen täglich etwa 30 Handfroner aufzubieten und für die Verlegung des neuen Grund-Känels zusätzlich etwa 150 Personen während zwei Tagen.[887] Alles in allem brauche man für das Werk 10 Wochen, etwa 30 Säcke Mehl und wenigstens 100 lb, ohne das Geschirr.[888]

Im Herbst 1700 erhielt Landvogt Bülacher den Auftrag, den Rickenbacher Weiher säubern *«und seinen alten bezürckh hernach erweiteren zulassen»*. Zum Augenschein kamen der Geschworene Hans Handschin und der Bannwart von Wintersingen, Jacob Märki. Die beiden verlangten für die Arbeit, *«dass ihnen 5 paar wasser stiffell für die männer welche das flössen verstehen und mit billichem lohn müssten salarirt werden, 24. grienschauflen, 12 breit und 6 rüthhauwen, 12 stosskärren und sechs starke bieler möchten eingehändiget werden»*. Ferner wünschten sie, dass jedem Arbeiter ein Trunk aus Eigengewächs zu einem geringen Preis und ohne Umgeld ausgeschenkt werden dürfe.[889] Zur Zahlung der anfallenden Kosten schickte der Rat Landvogt Bülacher 125 lb auf das Schloss. Diese reichten allerdings nicht aus, weshalb Bülacher beim Rat um einen erneuten Beitrag von 100 lb nachsuchen musste, damit die Arbeiten zu Ende geführt werden konnten.[890] Der Rat bewilligte die fehlenden 100 lb.[891] Bauschreiber Schneider schrieb wahrscheinlich noch während der Bauarbeiten, diese kämen gut voran und man habe auch genügend Wasser gehabt, um einen Teil des Weihers zu flötzen statt auszuführen, wie man zunächst gedacht habe. Der übrige Teil sei hoffentlich innert zwei bis drei Wochen ebenfalls geflötzt, so dass der Weiher danach *«in solchem vollkommen stand»* sei, *«also selbiger jehmohls vor diesem gewesen»*. Der Landvogt forderte offenbar in Basel Informationen über die Abrechnung der Kosten des Bäckers, *«so das brot für die fröhner gebackhen»*, vor 30 Jahren. Schneider teilte mit, dass damals *«dem beckh für jeden sackh mähls zu backhen 10 bz bezahlt»* und das *«brönnholz so er gebraucht, der beckh aber habe das salz darzu geben müssen»*. [892]

1706 meldete der Landvogt von Farnsburg, Hanss Rudolf Genath, wegen der bevorstehenden Flötzung der Arisdörfer Weiher, dass bei der letzten Flötzung des Rickenbacher Weihers den Fronern täglich ein Brot gereicht worden sei.[893] Auf die Frage, wer die Säuberung der Arisdörfer Weiher beaufsichtigen solle, meinte Genath, dass er *«niemandt tauglicheren alss Joggi Mürri, den wildschützen von Wintersingen»* für diese Aufgabe vorschlagen könne.[894] Im Januar 1707 berichtete Genath nach Basel, dass die Arbeiten an den Weihern unter der Aufsicht von Hannss Jacob Mürri gut vorankamen, bat jedoch den Rat, Bauschreiber Iselin nach Arisdorf zu schicken, damit dieser sich selbst von den Arbeiten überzeuge und gewisse Meinungsverschiedenheiten zwischen dem Aufseher

Mürri und den Zimmerleuten bezüglich der Zimmerarbeiten entscheide.[895] Im Januar 1707 meldete Landvogt Genath wiederum nach Basel, dass die Säuberung in Arisdorf gut voranginge und dass die Froner, nachdem sie den grossen und kleinen Weiher bereits geflötzt hatten, nun am mittleren arbeiteten, weshalb die Zimmerleute an den zwei anderen Weihern mit der Arbeit beginnen könnten.[896] Ferner schrieb Genath nach Basel, der Aufseher Hannss Jacob Mürri habe *«zu Aristorff ein hauss zu nächst an dem weÿer, für so lang bestanden, alssdie arbeit währen wird, meistentheilss darumb, damit er die fröhner dess nachts sonderlich wann sie gantz nass auss dem weÿer kommen, in der warmmen stuben beherbergen könne»*.[897] Mürri bat nun den Rat über den Landvogt, dass es ihm, gleich wie zuvor schon dem Aufseher bei den Arbeiten am Rickenbacher Weiher, erlaubt werde, *«etwas wein einzulegen, und allein den arbeiteren beÿ der maas (ohne umbgelt) ausszuschenckhen, wodurch er die fröhner beÿ sich behalten, und nach verrichtetem mittag essen, gleichwider sambtlich an die arbeit treÿben könte, wodurch dan meine gnädigen herren interese besser befürderet würde, zumahlen er auch den hauss zinss an sich selbsten habe, und davon nichts in rechnung bringen wollte»*.[898] Genath hatte Verständnis für Mürris Anliegen, zumal dies auch schon in Rickenbach so gehandhabt worden sei, und empfahl dem Rat, der Befreiung vom Umgeld zuzustimmen.[899] Mürris Bemühungen als Aufseher sind bemerkenswert. Er verfolgte offensichtlich eine Motivationsstrategie gegenüber den Fronarbeitern, die ja seine Mituntertanen waren. Er bot ihnen eine warme Unterkunft und günstigen Wein und steigerte so ihre Motivation für die beschwerlichen Aufgaben in den Weihern. Gleichzeitig verfügte er über die nötigen Mittel, für die Dauer der Arbeit ein Haus in Arisdorf auf eigene Rechnung zu mieten. Dies alles ist wohl nur mit einem ausserordentlichen Engagement Mürris als Persönlichkeit zu erklären.

1708 wurde erneut eine Säuberung am Rickenbacher Weiher fällig. Der Lohnherr schlug nach einem Augenschein vor, dass das Weihergelände unter den Amtspflegern des Farnsburger Amts aufgeteilt, *«und selbiges durch ihre veranstaltung aussgeführet»* werde. Ferner solle an einigen Orten ein Damm errichtet werden, und der Landvogt solle in seinem Amt für die Arbeiten 50 Stosskarren fertigen lassen. Stiefel und Wasserstiefel könnten vom Lohnamt bezogen werden. Da es sich um geringfügige Arbeiten handle, forderte der Lohnherr, dass diese *«auffs schleünigste ohne zuthun geldts oder brodts frons weise zu verfertigen»* seien.[900] Nur die harte Stiefelarbeit könne entschädigt werden.[901] Den Weihermeister wies er an, das *«soorgras auss dem weÿer alle frühling auss[zu]hawen oder jemand anders ausszuhawen und zu seinem gebrauch wegzunemmen gestatten, damit dasselbe in der underlassung nicht erstarkhe, zu grossen höhen werde, und damit der weÿer überwachse»*. Der Landvogt wurde beauftragt, auf die Stosskarren und die Stiefel Acht zu geben und dafür zu sorgen, dass sorgfältig mit dem Bauholz umgegangen werde.[902]

Am 14. Mai 1721 schrieb Landvogt Thurneysen ans Dreieramt, dass man den oberen Weiher von Waldenburg, wie von diesem befohlen, zu säubern beginnen wolle. Die Amtspfleger teilten ihm mit, dass wegen der hohen Kosten von etwa 300 lb für das Amt das letzte Mal 15 Säcke Korn von der Obrigkeit beigesteuert wurden,[903] und sie baten, dass dies auch dieses Mal so gehandhabt werde.[904]

1724 sollte bei der Säuberung des Rickenbacher Weihers jedem Froner ein Pfund Brot pro Tag ausgegeben werden. Das erforderte allerdings eine beträchtliche Menge Brotgetreide. Die Amtspfleger schätzten den Bedarf auf drei Teile Korn und einen Teil Hafer. Landvogt Spörlin war wegen der grossen Menge unsicher, wie er weiter verfahren solle, und wollte die Kosten nicht ohne Erlaubnis übernehmen.[905] Um die Säuberung des Weihers könne er sich kaum selbst kümmern, meinte Spörlin, empfahl aber den Amtspfleger von Maisprach als Aufseher, *«vor deme die underthanen auch eine forcht hätten»*.[906]

Ein spezieller Fall einer Fronung ist aus dem Jahr 1742 für die Waldenburger Weiher belegt. Die Obrigkeit fragte für die Säuberung der Weiher offenbar zuerst das Amt Waldenburg an, für welchen Preis es diese vornehmen könne. Dieser Preis erschien jedoch wohl zu hoch.[907] Die Langenbrucker und Ausschüsse der restlichen Gemeinden forderten in Gegenwart der Amtspfleger für diese Arbeit die Summe von 5000 lb, wie Landvogt Wagner am 6. Januar nach Basel schrieb. Schliesslich konnte der Preis auf 3996 lb heruntergehandelt werden.[908] Der «Handel» kam dann allerdings nicht zustande, und die Obrigkeit führte die Säuberung in Eigenregie durch. Wer genau damit betraut wurde, lässt sich nicht feststellen. Die Kosten von 500 lb dafür sollten aber dem Amt Waldenburg weiter verrechnet werden. Landvogt Johann Ulrich Wagner wurde um seine Stellungnahme für dieses Vorhaben gebeten. Er gab am 13. April 1743 in einem Brief zu bedenken, dass es aus seiner Sicht im Moment praktisch unmöglich sei, vom Amt 500 lb einzuziehen. Einige Gemeinden hätten bereits jetzt Schulden,[909] und die Untertanen seien allgemein in diesem Jahr knapp bei Kasse.[910] Viele Gebühren seien noch nicht bezahlt, und täglich werde auf dem Schloss geklagt. Die Amtspfleger müssten das Geld einziehen, was sich schwierig gestalten und sehr lange dauern dürfte. Wagner empfahl deshalb, man möge mit dem Einzug noch bis Martini warten, der Zeit, in *«in welcher der land mann auss ein undt ander nutzung ab seinen güt-*

hern etwas gelts ziehen könnte».[911] Dass die Kosten für die Säuberung tatsächlich dem Amt belastet wurden, zeigt eine entsprechende Aufstellung:

Vertrag			
der über die saüberung des grossen			
weÿers ob Waldenburg ergangener cösten,			
solche summ, unt. cantzleÿ befehl vom 9ten	*lb*		
9bris 1743	*862*		
Abtheilung diser summ	*lb*	*ß*	*d*
Waldenburg	*74*	*5*	
Oberdorff	*60*	*10*	
Niderdorff	*25*		
Liederthesweil	*14*	*15*	
Titterten	*31*	*10*	
Langenbruckh und Bärenweÿl	*68*		
Bennweil	*47*		
Hölstein	*43*	*10*	
Lampenberg	*40*		
Rÿgoltesweil	*95*		
Lauweÿl	*36*		
Bretzweÿl	*40*	*15*	
Zÿfen	*90*		
Lupsingen	*37*		
Bubendorff	*95*		
Ramlispurg	*29*	*10*	
Arboltesweil	*34*	*5*	
	862[912]		

Dieses Beispiel steht exemplarisch für die Übergangszeit, in der die Amtsfronen zwar noch bestanden, die Untertanen aber dazu übergingen, sich quasi davon loszukaufen. Sie agierten hier schon beinahe als Partner der Obrigkeit, als diese sie einerseits um eine Arbeitsleistung gegen Bezahlung anfragte und das Amt Waldenburg dafür einen Preis bot. Erst als der gebotene Preis der Obrigkeit als zu hoch erschien, beharrte sie auf den Fronverpflichtungen und verrechnete die Arbeiten, die sie nun extern vergeben musste, den Gemeinden des Amts weiter. Die Obrigkeit akzeptierte also ebenfalls diese Art, die Fronverpflichtung zu erfüllen.

Auch 1768 wählte man wieder ein ähnliches Vorgehen. Das Dreieramt verhandelte mit dem Meier von Langenbruck, Martin Bader, und einem Zimmermann aus Waldenburg. Bader bot an, während zwei Wochen zu säubern und auch die Aufsicht über die Säuberungsarbeiten zu übernehmen. Der Grundkänel musste über 300 Schuh lang erneuert werden, was über 20 lb koste. Der Meier schlug vor, entweder durch den Grundkänel zu flötzen oder einen Einschnitt in den Dentschen zu machen, was bequemer sei. Der Zimmermann forderte für 100 Schuh Känel 15 Gulden, wenn ihm der Platz, an dem der Grundkänel gelegt werde, gesäubert werde.[913]

Bader legte eine detaillierte Kostenberechnung vor. Mit acht bis zehn Mann, die alle 8 Gulden pro Tag forderten, werde er zwei Wochen arbeiten und dann sehen, wie weit man gekommen sei. Das sei viel, *«allein es ist eine ungmütege arbeit»*.[914] Er könne aber in dieser Zeit mehr herausschwemmen als mit zehn Pferdezügen oder wenn ein Floss aus Laden gemacht werden müsse.[915] Auch habe er *«Ludwig Ihov und Jörg Schälhli der krumb holtz und Hanss Jacob Schaub alle 3 von Wallenburg»* zu sich bestellt, welche für die Arbeiten 1200 lb, 4 Saum Wein und 4 Sack Korn verlangten. Dies finde er im Vergleich allzu viel.[916] Bei dieser Fronung kamen die Amtsuntertanen als Froner offensichtlich gar nicht mehr zum Zug, sondern es wurden von Anfang an Untertanen als Lohnarbeiter angestellt.

Bezüglich des Rickenbacher Weihers wandte sich das Dreieramt im 18. Jahrhundert an den Rat, dass es als *«nötig erachtet, dass diesen winter durch derselbe solle gesüberert und geflösset werden»*. Die Amtspfleger seien bereit, die Arbeit zu übernehmen, jedoch solle der Rat dem Landvogt nochmals einen offiziellen Auftrag erteilen.[917] Allerdings bat das Dreieramt den Rat, die Untertanen von Augst von der Fronung am Rickenbacher Weiher zu entbinden, da diese kleine Gemeinde schon mit Fronungen an der dortigen Brücke, dem Wirts- und dem Schulhaus schwer belastet sei und dies alles ohne Hilfe bewerkstelligen müsse, obwohl sie gleich viele Abgaben wie alle anderen Gemeinden des Amts leisten müsse.[918]

Ende Oktober 1782 schrieb Lohnherr Sarasin an Schultheiss Hebdenstreit, es sei beobachtet worden, dass der Weiher beim Schützenhaus in Liestal stark mit Schlamm und Schilf gefüllt sei. Das Dreieramt halte es deshalb für notwendig, den Weiher zu säubern.[919] Zugleich stand auch in Arisdorf eine Säuberung an. Alles sollte, wie bisher üblich, in Fronarbeit erledigt werden, jedoch sollten in Liestal nicht der ganze Weiher geflösst, sondern nur die besonders verlandeten Teile.[920]

15.2 Holzschlag und Holzfuhren

Alt-Schultheiss Pantaleon Singeisen schrieb im August 1596 an den Rat, dass der Weiherdamm in Liestal erhöht und ausgebessert werden müsse, was beides schon einem Friesen verdingt sei. Im Zuge dieser Bauarbeiten musste nun aber auch die hölzerne «*schutzbruckhen*», die über den Damm lief, total ersetzt werden. Singeisen gab zu bedenken, dass in der Umgebung von Liestal «*kheiner solchen groben hölzer oder sagbaum zufinden*» seien. Der Vogt von Farnsburg verfüge in der Hardt ob Zunzgen über solche Hölzer, dürfe sie aber nur gegen schriftliche Bewilligung des Rates herausgeben.[921] Singeisen bat den Rat, die entsprechende Bewilligung zu erteilen und den Landvogt anzuweisen, «*dass derselbig, zu solchem gebuw, inn der Hardt*[922] *dreÿ sagbaum fellen, auch (in bedenkhung ein burgerschafft alhir mit fronthauwen, alss lett, holz, sand und anderen zum weiger unnd thuen zefhüren, ain jetzo sonst vielfaltig und täglich geplaget würt.) durch seine ambts angehörige zu Sissach, denen es gar nach gelegen, gleich zur sagen doselbsten fhüren sallen thüege*». Singeisen überliess also den Holzschlag und die Holzfuhr nach Liestal den Amtsuntertanen von Farnsburg.[923]

15.3 Steinlieferungen

1603 musste der Landvogt von Farnsburg etwa 100 Steine aus Oltingen für den Weiher nach Liestal führen lassen. Dem Maurer sollte für das Brechen pro Werkschuh Stein ein Lohn von einem Plappart gegeben werden. Der Maurer in Oltingen hatte mehr als 400 Schuh Stein gebrochen. Als der Maurer in Liestal aber nachmass, waren es weniger als angegeben. Der Landvogt wurde nun selbst in Oltingen vorstellig, ordnete an, die fehlenden Steine nach Liestal zu führen, und bat den Schultheissen, die Menge der Steine aufzuzeichnen, damit korrekt abgerechnet werden könne. Ein Schuh (Tuff-)Stein kostete 1 ß. Es ist jedoch nicht ganz klar, wozu diese Steinlieferung diente, denn der Landvogt schreibt einerseits, dass sie «*zum wÿer gohn Liestal*» bestimmt sei, anderseits aber auch, dass sie dazu verwendet würde, «*euwer g. hern bruckhen [zu] verrichten*».[924] Alt-Schultheiss Chrispianus Strübin quittierte die Lieferung am 15. August 1603 und vermerkte, dass «*die gewader oder dugstein zu dem weiger dentschen alhir gebrocht*» worden seien und die Menge 300 Schuh betragen habe.[925]

15.4 Lohnarbeit der Untertanen

Die Untertanen mussten Arbeiten an den Weihern nicht nur als Fron erledigen. Sie übernahmen auch gegen Lohn Arbeiten und agierten so auf Augenhöhe mit der Obrigkeit.

1607 meldete der Landvogt, man benötige am Rickenbacher Weiher «*am drülsch oder uslauf 6 nithen so uf 50 schuo lang*», ferner 10 Buchen und einen Baum Dielen. Der Weihermeister anerbot sich für die Arbeiten zu einem Lohn von 50 lb, bot aber auch an, im Taglohn zu arbeiten. Allerdings benötige er genügend Froner *«zuo solcher schweren arbeit»*. Die Gesamtkosten schätzte er auf etwa 100 fl.[926]

Im Oktober 1690 erhielt Landvogt Sebastian Spörlin vom Dreieramt den Auftrag, die Flötzung und Reparatur des Rickenbacher Weihers in die Wege zu leiten. Spörlin nahm danach mit dem Amtspfleger von Gelterkinden und Weihermeister, Hans Grieder, und Hans Handschin, dem Geschworenen von Rickenbach, einen Augenschein vor. Spörlin vermeldete danach ernüchtert, dass er geglaubt habe, dass *«dise beiden beamten etliche junge starkhe manspersonen zu solcher arbeit bestellen theten, und sie die uffsicht hetten, ich es ihnen umb einen gewüssen preis verdingen wollte»*. Grieder und Handschin lehnten jedoch ab und erklärten, dass, *«weils vergangenen sommer wegen vieler schlagregen und ungewitteren, von den ackerfelderen mechtich viel fuder in den weÿer geschwemmet, und dissmahls mehr schlamm als irmahlen sich darinnen befinde und wenigst uff 100 schritt vor dem ausslauffen geflötzt werden müesste»*. Sie könnten aber *«die beÿ dieser tewren zeit», »umb ein brodt mit 42 thalern»* am Tag nur *«kümmerlich bestehen»* und wollten lieber im Taglohn arbeiten.[927] Spörlin stellte die Entscheidung dem Dreieramt anheim, empfahl allerdings ein Verding gegen einen Fixbetrag, denn er befürchtete, dass *«beÿ disen kurzen tagen und einfallenden kälte, die taglöhner wenig arbeit und villicht aus 3 wochen wol 3 monat werden möchten»*. Er erklärte sich bereit, seinen Sohn regelmässig zur Baustelle zu schicken, um die Arbeiter anzutreiben. Das Dreieramt stimmte im November 1690 Spörlins Vorschlägen zu und betraute ihn mit allem Nötigen.[928] Für die Bauarbeiten liess der Landvogt in Basel 6 Breithauen und 6 Schaufeln abholen. Als er jedoch mit dem Amtspfleger und Weihermeister den definitiven Lohn für die Arbeiter aushandeln wollte, verlangte Grieder mehr als ursprünglich. Spörlin vermerkte auch, dass sich Arbeiter bei ihm über *«des ambtspflegers ungattigem commendo nit wenig beschwert haben»*, weshalb er die Bauarbeiten vorläufig unterbrechen liess. Mit dem Geschworenen Hans Handschin von Rickenbach vereinbarte Spörlin, dass dieser am folgenden Tag nur Arbeiter aus Rickenbach aufbieten solle. Am 5. November stand schliesslich ein Dutzend Rickenbacher mitsamt ihrem Geschworenen beim Weiher bereit, um die Arbeiten zu übernehmen und den Lohn auszuhandeln.[929] Die Arbeiten sollten am Montag, 10. November beginnen und mit Fleiss vorangetrieben werden. Sollte ein Arbeiter während der Arbeiten verhindert sein oder krank werden, solle ein anderer seinen Platz einnehmen. Es sollten nur *«zwölff junge starkhe gesunde manns personen allein aus dem dörfflin Rickenbach weilen sie nachen beim weÿer, die gantze zeit über bestellt werden».* Sie alle sollten «*täglich und sobald der tag anbricht, sich vor des geschworenen hauss ohnfehlbarlich einfinden, das gschir dort abholen, und sambtlich miteinander von daselbst an die arbeit gehen, und zugleich nach ihren müglichkeiten schaffen: zu mittag auch miteinander zum abend essen gehen, darmit eine stunde zubringen, und wieder miteinander an die arbeit gehen und biss nacht schaffen als dann zugleich mit dem gschir heim gehen und das gschir aber gesamter hand in des geschworenen haus stellen undt des anderen tags daselbst wider abholen und also tächlich continuieren*».[930] Sollte «*einer oder der ander under der zahl allzuträg und nachlässig (…), köppisch, widerspenstig oder nichts nutz*» sein oder jemanden «*abwendig machen oder uff was weis oder weg uffwiklen*», solle er von den Arbeiten ferngehalten und ihm für jede versäumte Stunde ein Batzen vom Lohn abgezogen werden. Den 12 Arbeitern versprach Spörlin für vier Wochen Arbeit einen Lohn von 80 lb Basler Währung in barem Geld. Sollten die Arbeiten länger dauern, sollte wieder neu über den Lohn verhandelt werden. Dem Geschworenen befahl Spörlin, «*täglich zu den arbeitern zu gehen umb zusehen dass alles recht hergangen und was er widrigs befindet mir alsobald anzeigen zulassen*», wobei er «*für sein fleiss und müeh*» entschädigt werden solle. Spörlins Sohn werde «*nach deme es die amptsgschäfft es zugeben*», «*von und zugehen und auffsicht haben*». Der Amtspfleger von Gelterkinden werde für die Arbeiten nicht gebraucht, denn er wohne zu weit entfernt, und es sei besser, wenn «*der uffseher und das volch in der nehe und beÿsammen seÿen, damit desto wenig die arbeit verhindert werde*». Dies alles vereinbarte Spörlin mit dem Geschworenen Hans Handschin von Rickenbach, genannt Zili-Hans.[931]

Nach der Fischung des Jahres 1696 wurde befunden, dass der Rickenbacher Weiher wieder instand gestellt und «*von dem abermahligen vielen schlamm und pfuel, wie auch verwachsenen kraut und rohr etlichermassen gesübert werden sollte, damit die fisch desto mehr ihr fahr und schwung gehaben, also umb soviel besser trüchen möchten*». Landvogt Spörlin wurde beauftragt, alles Nötige in die Wege zu leiten. Er erachtete es nicht als zielführend, Leute von weit her für die Arbeiten anzustellen, sondern wollte die Arbeiten wieder an die Rickenbacher vergeben, weshalb er den Amtspfleger von Gelterkinden und die Geschworenen von Rickenbach zum Augenschein aufbot.[932] Diese hätten «*uferirt, dass die in 30 manns personen bestehend gemeind Rickhenbach sich usolviert (?), für dises mahl einen gewüssen bezirckh ungefehr 3. jucharten in sich haltend, namlich von dem kümpfel häuslin an biss gegen die strass, dem fast mitten durch den weÿer fliessenden wassergräblin nach, den schlamm und pfuel sambt dem den fischen schädlichen kräutig hinweg zu flössen, darzu ein weÿerlin als ein sänken geraumbt, und ander nebenrunsen wässerlin gekitet*[933] *werden müessen; so denn alles rohrgewächser rings herumb deselbsten, und noch weiter beÿ 3. Jucharten ausszureüten und zu verbrennen»*.[934] Für die veranschlagten 5 bis 6 Wochen Arbeit forderten die Rickenbacher einen Lohn von 280 lb und vier Taler für die Aufsicht der Geschworenen, die Verwahrung des Geschirrs und das Antreiben der Arbeiter. Vom Lohn verlangten sie vor Beginn der Arbeiten eine Anzahlung von 30 lb. Den Rest wollten sie sich von der Obrigkeit an den Schulden aus einer kürzlichen Ersteigerung von Allmendgut abziehen lassen. Mehr zu leisten sei ihnen im Moment nicht möglich, vor allem wenn sich die Arbeiten zu weit in den Frühling erstreckten. Ferner benötigten sie vom Lohnamt *«4 paar wasser stifel: ein dozet breithauen»* und *«ein dozet grien schauflen»*, ferner *«etliche dilenböum zum flössen und ein buechbaum zu helmen und kruckhen»*. Das *«gewätt,*[935] *kümpfel häuslin und wasserauslauff»* seien laut Spörlin *«sehr presthafft und vergängt so das verbesserens höchstnötig»*. Zimmermann Baschi Bürgi forderte für diese Arbeit einen Lohn von 16 lb, wobei man ihm *«alles holz, nägel und ander erforderliches frisenwerckh»* zur Verfügung stellen müsse.[936] Landvogt Spörlin war sich seiner Sache jedoch nicht so sicher und forderte einen Experten aus Basel an, der alles besichtigen und entscheiden solle, was zu tun sei.[937] Spörlin fügte an, dass unter Landvogt Buxtorf im Jahre 1685 ein kleinerer Teil des Weihers in Fronarbeit gesäubert worden sei und man damals *«in korn 19 vrzl. verbraucht und in gelt einig den stifelmannen in die 85 lb 5 ß bezalt»* habe.[938] Wie von Spörlin gewünscht, nahm Bauschreiber Hans Jacob Schneider gut drei Wochen später einen Augenschein vor Ort. Zugegen waren der Landvogt, der Amtspfleger von Gelterkinden als Weihermeister und die beiden Geschworenen von Rickenbach, Hans und Joggi Handschin. Die hohe Summe rechtfertigten sie, indem sie erklärten, dass sie an der Arbeit lediglich 200 lb verdienten. Ferner hätten sie *«wegen ausswerffung dess sammlers, öffnung der gräben, flössung dess schlamms und etwann mangel dess wassers, allerhand beschwärungen»*. Die Obrigkeit war nur bereit, höchstens 225 lb für die Flötzung auszugeben. Die Rickenbacher forderten allerdings immer noch einen Lohn von 200 lb und die Bereitstellung von Stiefeln, Schaufeln, Hauen und Dielen.[939] Spörlin gab jedoch zu bedenken, dass man die Arbeiten nicht mehr angehen könne, da *«dann dergleiche weÿherschlamm gar hart gefriert, so dass mit flössen nichts ausszurichten und die arbeit biss ins früh jahr aufgespart werden»* müsse und man auch nicht wissen könne, wie lange sich der Winter hinziehe.[940] Er stellte zur Disposition, ob eine Säuberung jetzt wirklich nötig sei oder ob man den Weiher nicht wie gewöhnlich im März für zwei Jahre besetzen solle und nach der nächsten Fischung die notwendigen Arbeiten vornehmen wolle. Vorerst solle der Zimmermann Baschi Bürgi lediglich *«das gewätt, kümpfelhaüsslin und wasser ablauff, zusambt der wand am gewätt dess ablauff cänels und anderes»* instand stellen, wofür er lediglich 16 lb Lohn verlange. Spörlin gab zu bedenken, dass *«dann die verwahrung dieses gewätts, dess weÿher ablauffs pp so fern selbiges zrecht gemacht ist, dahier dienen wirt dass nicht allein das aussaunern (?) verhütet, sondern auch die mauer zu end dess ausslaufes, so wegen dess hinderwäschens in gefahr, conservirt und der weÿher hierdurch in einen vollkommenen wasserstand erhalten werden kann».* Bereits seien vier Bäume Dielen herbeigeschafft und das übrige Holzwerk vom Landvogt in Auftrag gegeben worden. Wenn die Obrigkeit grünes Licht gebe, beginne der Weihermeister mit den Arbeiten.[941] Die Vereinbarung des Lohns von vier Talern für die Geschworenen von Rickenbach für die Aufsicht, die Verwahrung des Geschirrs und das Antreiben der Arbeiter solle dieses Mal entfallen, da ein Verding über die gesamte Arbeit zu einem fixen Betrag verabredet werden solle.[942] Ein Verding treibe die Arbeiter genug an, und alles zur Verfügung gestellte Geschirr sei am Ende wieder abzugeben.[943]

Wie bereits oben erwähnt, wurde für die Säuberung des Waldenburger Weihers 1742 das Amt Waldenburg von der Obrigkeit angefragt, für welchen Preis es die Säuberung vornehmen könne. Die Langenbrucker und Ausschüsse der restlichen Gemeinden forderten für diese Arbeit die für die Obrigkeit horrende Summe von 5000 lb, wie Landvogt Wagner am 6. Januar nach Basel schrieb. Zwar konnte die Obrigkeit den Preis noch auf 3996 lb herunterhandeln,[944] aber der «Handel» kam nicht zustande.

Die Anstellung von Untertanen als Lohnarbeiter beim Weiherunterhalt wurde anscheinend von Seiten der Obrigkeit nur dann gebilligt, wenn sich keine grossen Mehrkosten ergaben oder sie die Arbeit besser als Fronarbeiter machten. Viel hing offenbar auch von der Beziehung zwischen den Landvögten als Auftraggeber und den in Frage kommenden Untertanen ab. Bestand ein Vertrauensverhältnis, wie offenbar im 17. Jahrhundert zwischen den Rickenbachern und ihrem Landvogt, wurden Arbeiten eher im Lohn vergeben. Grundsätzlich lässt sich ein Trend zur vermehrten

Anstellung von Lohnarbeitern erkennen, von einer einheitlichen Ablösung der Frondienste durch Lohnarbeit kann jedoch keine Rede sein.

15.5 Strategien zur Vermeidung oder Verschiebung der Frondienste

Dass die Untertanen grundsätzlich und explizit die Frondienste an den Weihern in Frage stellten, lässt sich aus den von mir untersuchten Quellen nicht belegen. Allerdings erkennt man einige Strategien, sich den Fronen zeitweise zu entziehen.

Als die Untertanen des Amts im April 1664 den Waldenburger Weiher zu flötzen hatten, erschienen einige nach zwei Tagen Arbeit bei Landvogt Göbelin und baten ihn, dass man doch die Arbeit, da der Sommer anbreche, unterbrechen solle. Im Sommer müsse das Vieh überall in den Bächen getränkt werden, und die Untertanen befürchteten, dass *«leichtlich eine sücht under dass veche kundte gezogen werden, ihn sonderheit weillen sich ihn dem weÿger ein unzahlbare mänge von (…) krotten sich darinen befinden, unndt villicht dass wasser mehreres vergifftet, unndt dass ungeziffer, an alle ohrt gebracht werden mechte»*.[945] Diese Argumentation der Untertanen lässt sich sicherlich nicht mit «Arbeitsunlust» erklären, sondern fusst in der Angst um die Gesundheit des Viehbestands und um die eigene Existenz. Die Fronung wird nicht grundsätzlich in Frage gestellt, lediglich ihr Termin im Frühling. Auch als Stadtlieutenant Christoffel Sipt 1669 vorschlug, dass täglich 40 Personen den oberen Weiher von Waldenburg säubern sollten, damit dies innert 12 Tagen vollbracht sei,[946] meinte Landvogt Göbelin, dass die Arbeiten innerhalb von acht Tagen begonnen werden könnten. Die Amtsuntertanen baten den Landvogt allerdings, man möge mit den Arbeiten noch bis Martini warten, bis das Vieh von den Weiden käme, weil sie ihr Vieh an den Bächen tränken müssten, es wenig Wasser, aber viele Bremsen gebe.[947]

1683 wollten Sipt und Obervogt Johannes Buxtorff auf Farnsburg für den Unterhalt an den Ormalinger Weihern während mindestens acht Tagen täglich etwa 30 Handfroner aufbieten, bei der Verlegung des neuen Grund-Känels aber etwa 150 Personen während zwei Tagen.[948] Buxtorff bemerkte jedoch in seinem Brief, die Untertanen seien im Sommer wegen der Feldarbeit stark gefordert und hätten wohl kaum Zeit und Weile, die Arbeiten zu erledigen.[949]

1710 wollte Landvogt Emanuel Brandmüller die Säuberung der Waldenburger Weiher anordnen, jedoch klagten die Amtsuntertanen über *«alzugrossen brodt mangels und dürfftigkeit, den die meisten hätten, auch ihrer feldtgeschäfften, welche, wie auch wahr ist, vom frühling biss in späthling eben am grössten seÿen»*. Sie baten den Landvogt, mit den Arbeiten noch bis zum Herbst zu warten, wenn die meiste Arbeit getan sei und sie ihre Nahrung eingesammelt hätten.[950]

Die Untertanen vermochten die Termine für die Frondienste an den Weihern mit der Obrigkeit so auszuhandeln, dass sie in Jahreszeiten mit wenigen anderen Arbeiten fielen, also vor allem in den Herbst und Winter. Die Obrigkeit ihrerseits kam den Untertanen diesbezüglich entgegen. Ihr war vor allem die Erledigung des Weiherunterhalts wichtig.

15.6 Häufigkeit der Frondienste an den Weihern

Die Anzahl der Frondienste für die Basler Weiherwirtschaft war eher gering. 1701 erkundigte sich Landvogt Bülacher in Basel, wie die Kosten des Bäckers, *«so das brot für die fröhner gebackhen»* vor 30 Jahren abgerechnet worden seien. Bauschreiber Schneider teilte mit, dass man damals *«dem beckh für jeden sackh mähls zu backhen 10 bz bezahlt»* und das Brennholz gestellt habe. Der Bäcker hatte lediglich das Salz beizusteuern.[951] Aus dieser Anfrage geht hervor, dass die letzte Säuberung des Rickenbacher Weihers wohl 1671 stattgefunden hatte, denn Bülacher verwies in seiner Anfrage explizit auf dieses Datum. Der zeitliche Abstand zwischen den beiden Fronungen war also äusserst lang.

Im Herbst 1710 bat Landvogt Brandmüller auf Waldenburg den Rat, man möge die Waldenburger Weiher besichtigen und entscheiden, wie sie am besten und günstigsten gesäubert werden könnten.[952] Der Rat beauftragte Lohnherr Burckhardt mit einem Augenschein. Auch dieser erachtete eine Säuberung als dringend angebracht. Er habe sich nach dem früheren Vorgehen erkundigt.[953] Die Säuberung sei von den Waldenburger Amtsuntertanen vorgenommen worden.[954] Als Landvogt Göbelin abtrat, sei noch jedem Froner vor Arbeitsbeginn 1.5 lb pro Tag ausgezahlt worden. Die Arbeiten hätten aber immer länger, zum Teil vom Herbst bis in den Mai, gedauert, weshalb man mit Amtsantritt von Landvogt Schetzman begonnen habe, jedem Froner nur noch ein Pfund Brot auszugeben.[955] Laut Lohnherr Burckhardt lag die letzte Weihersäuberung damals schon 40 Jahre zurück.[956]

1774 verfasste das Dreieramt einen Bericht über den Aufwand für die Weiher und behandelte dabei auch die Frage der Fronungen. Der Schultheiss von Liestal meinte, dass die Fronungen am Liestaler Weiher nie beträchtlich gewesen seien. In Rickenbach wurden zwischen 1753 und 1773

122 Fronfuhren und 13 Handfronungen geleistet. In Ormalingen habe das Amt vier Mal gefront und in Arisdorf 42 Fronfuhren und 1315 Handfronen geleistet. Den neuen Grundkänel im Waldenburger Weiher habe das Amt nicht selber gelegt, sondern für 100 lb an Dritte verdingt.[957] 1777 ging die Haushaltung beim Rickenbacher Weiher von Frondiensten im Abstand von zehn Jahren aus, die als Handfron zu 5 Batzen einen Aufwand von über 2000 lb darstelle.[958]

Dass die Belastung der Amtsuntertanen durch die Frondienste an den Weihern selbst nicht gross war, scheint mir aus den obigen Beispielen erwiesen. Vielmehr ist die Belastung wohl in der Summe aller verschiedenen Frondienste zu sehen, welche die Untertanen für die Stadt leisten mussten. Jede kleine Erleichterung war ihnen deshalb willkommen. So waren die Untertanen des Farnsburger Amts denn auch 1776 bereit, eine hohe Summe für den Kauf des Rickenbacher Weihers aufzubringen, um damit die Fronung abzulösen.

16. Ende der Weiherwirtschaft

16.1 Auflösungserscheinungen

Während des 18. Jahrhunderts lassen sich in den von mir bearbeiteten Quellen immer stärkere Auflösungserscheinungen der Weiherwirtschaft beobachten, obwohl das System bis zum Ende der Alten Ordnung im Grundsatz nicht angetastet wurde. Diese Auflösungserscheinungen äusserten sich vor allem in vermehrter Kritik und Hinterfragung der Weiherwirtschaft in den höchsten Gremien der Stadt.

1729 beklagte sich der Rat, dass ihm sehr kleine Karpfen gesandt wurden. Es seien schlechte Setzkarpfen gekauft sowie Forellen und Hechte statt Karpfen in die Weiher eingesetzt worden. Der Vorfall hatte zwar keine direkten Folgen, aber die Deputierten zum Gemeinen Gut wurden aufgefordert, sich der Sache anzunehmen.[959]

Eine erste tiefgreifende Hinterfragung der Weiherwirtschaft setzte 1773 ein. Am 21. Januar beauftragten die Haushaltung und die Verordneten zum Gemeinen Gut das Dreieramt mit einer Untersuchung, ob die obrigkeitlichen Weiher aufgegeben oder weitergeführt werden sollten. Zu diesem Zweck forderte das Dreieramt Berichte aus den Ämtern über Kosten und Nutzen der Weiher an. Es hielt in seinem Bericht von 1774 fest, dass der Holzaufwand für die Weiher nicht so gross sei, wie man gemeint habe. Beim Liestaler Weiher werde praktisch kein Bauholz mehr gebraucht. Am Rickenbacher Weiher seien in 20 Jahren nur 10 Eichen, sechs Föhren und drei Paar ganze Rafen verbraucht worden. Am Zuchtweiher von Ormalingen wurden sechs Eichen gebraucht, fünf Eichen in Arisdorf sowie 37 Föhren und 8 Sagbäume in Waldenburg.[960] Die Weiher von Liestal und im Farnsburger Amt könnten aber ohne Nachteil für die Stadt und einige Dörfer nicht aufgegeben werden. Vom Waldenburger Weiher allerdings habe weder das Städtchen Waldenburg noch die Gemeinde Langenbruck einen Nutzen. In beiden Gremien gebe es die Meinung, dass die Aufgabe der Weiher das Gemeine Gut wesentlich entlasten würde.[961] Was sich aus der Aufgabe der Waldenburger Weiher lösen liesse, konnte das Dreieramt nicht beziffern. Die Kosten für alle Weiher betrugen in den letzten 20 Jahren 6260 lb, also jährlich 313 lb inklusive der Säuberungen. Die Menge der bezogenen Fische lasse sich nicht genau bemessen. Aus dem Rickenbacher Weiher könne man alle zwei Jahre 600 bis 700 Karpfen austeilen, und ebenso aus den Weihern in Riehen. Aus Arisdorf und Liestal würden alle zwei Jahre etwa gleich viele bezogen und aus Waldenburg alle zwei Jahre etwa 300 Fische. Jedes Jahr würden so zwischen 1000 und 1200 Fische gefangen. Rechne man jeden Fisch zu 2,5 Pfund Gewicht und das Pfund zu 5 ß, die man denjenigen, welche die Fische bis jetzt bezogen hätten, ersetzen müsse, komme man auf eine Summe von 600 lb bis 600 fl, wobei man den Ersatz der Forellen überhaupt nicht abschätzen könne, da ihr Wert und ihre Menge stark schwankten. Zumindest seien in nächster Zeit keine Säuberungen mehr fällig, deren Kosten somit nicht zu befürchten seien.[962]

Die Haushaltung erstellte, basierend auf dem Bericht des Dreieramts einen eigenen Bericht. Einige Ratsherren wollten offenbar nichts Weiteres unternehmen und alles beim Alten bewenden lassen. Der Waldenburger Weiher sei im Brandfall und bei Trockenheit für das Städtlein Waldenburg und die ganze Gegend bis gegen Liestal wichtig. Diese Herren forderten aber, dass man mindestens vor einer Aufgabe der Weiher deren Nutzen feststelle. Da der Rickenbacher Weiher kürzlich gefischt worden sei, solle man damit beginnen, die Kompetenzfische in zwei Jahren kaufen und dann schauen, wie viel man in dieser Zeit gespart habe. Ein anderer Herr wollte auf gleiche Weise den Waldenburger Weiher trocken legen lassen, da das Städtlein Waldenburg von den Ausbrüchen des Weihers mehr zu befürchten habe als vom Weiher als Wasserspeicher.[963] Die anderen Ratsherren waren der Meinung, dass eine Aufgabe der Weiher keine Ersparnis bringe, denn die «Besoldungsfische» müssten ja in Zukunft gekauft werden, was zumindest gleiche, aber wohl mit der Zeit höhere Kosten als der Weiherunterhalt verursache oder man aus dem gewonnenen Land einnehme.[964] Die Mehrheit der Herren sprach sich deshalb für die Beibehaltung der Weiher aus. Allerdings müsse man die Bewirtschaftung der Weiher verbessern, indem man schönere Fische mit weniger Aufwand züchte. Da die Liestaler Weiher bis jetzt immer am wenigsten Kosten verursacht hätten, wünschten sie, dass die anderen Weiher auf die gleiche Weise bewirtschaftet werden sollten. Die Weiher solle man den jeweiligen Obervögten zur Oberaufsicht übertragen. Diese sollten die Weiher selbst besetzen, und das Dreieramt solle ihnen vorschreiben, wie viele Fische sie alle zwei Jahre zu liefern hätten. Die Weiher um die Stadt sollten vom Lohnherrn betrieben werden.[965]

Offenbar geriet die Angelegenheit dann aber in Vergessenheit, denn in einem Gutachten von 1777 räumten die Haushaltung und die Verordneten zum Gemeinen Gut ein, dass sie trotz des am 31. Oktober 1774 vom Rat erhaltenen Auftrags, sich mit allen obrigkeitlichen Weihern zu befassen, dafür zwar eine Deputation eingesetzt hatten, diese jedoch die Arbeit bis jetzt noch nicht angehen konnte. Erst im Zusammenhang mit der Frage nach dem Verkauf des Rickenbacher Weihers kam das Thema wieder auf den Tisch.[966]

1776 indes musste sich die Haushaltung erneut mit den Fischbesoldungen auseinander setzen. Da den Ratsherren aus dem Rickenbacher Weiher nicht wie bisher vier Karpfen, sondern nur zwei geliefert worden waren, sollte sie der Sache auf den Grund gehen. Das Dreieramt gab an, dass der Rickenbacher Weiher nach der vorletzten Fischung hätte gesäubert werden müssen, jedoch dies in einer Zeit, in der die Untertanen zum Fronen nicht herangezogen werden konnten. Man habe die Säuberung deshalb aufgeschoben und, um den Weiher trotzdem zu nutzen, nur halb so viele Setzfische eingesetzt als sonst, weil es nicht genügend Nahrung für die Fische gegeben habe. Bei der Austeilung habe das Dreieramt dann auch beschlossen, nur die halben Kompetenzen auszuteilen.[967] Der Rickenbacher Weiher wurde wenig später verkauft und aufgehoben.[968]

1787 legte die Haushaltung einen weiteren Bericht vor. Dem Rat waren die zu hohen Kosten für die Fischung des Waldenburger Weihers aufgefallen, und nun sollte die Haushaltung berichten, wie man die Kosten senken könne. Aus dem gleichen Anlass hatte der Rat bereits 1777 einen Bericht vom Dreieramt verlangt. Beide Male wollte der Rat erreichen, dass schönere Fische zu geringeren Kosten gezüchtet werden. Die Haushaltung holte 1787 wieder Berichte vom Dreieramt und vom Lohnherrn wegen der Besetzung der Weiher ein.[969] Der Lohnherr sah als Ursache für die seit einigen Jahren immer kleineren Karpfen in den Weihern, dass man seit einiger Zeit meine, nur die kleinsten Setzkarpfen seien die besten, wo doch die Probe schon mehrmals das Gegenteil bewiesen habe. In der Nachbarschaft, wo es auch grosse Weiher gebe, würden diese mit so genannten Plätterlingen, also Setzkarpfen von 12 bis 13 Zoll Länge besetzt, welche nach zwei Sommern in einem Weiher 3 bis 4 Pfund schwer seien. Er selbst habe mit diesen Setzlingen im Teuchelweiher schon verschiedentlich gute Erfahrungen gemacht.[970] Teils stammten sie aus dem Pfirter Amt, einmal aber auch vom Dreieramt aus Ormalingen.[971] Die Setzlinge seien aus erster Hand auch nicht so teuer, und er bekomme sie für 12 bis 14 lb pro hundert Stück. Er wolle diese auf eigene Kosten im Frühling 1781 in Riehen einsetzen und nach eineinhalb Jahren den Erfolg überprüfen. Den Weihermeistern solle man einschärfen, dass sie den Wasserstand in den Weihern halten und auch trübes Wasser einleiten sollten, da der Karpfen so besser wachse.[972] Wenn man grössere Setzlinge einsetze, könne man die Weiher auch ein Jahr früher fischen. Dies sei jedoch noch nicht allen klar, obwohl es ausserhalb von Basel allgemein bekannt sei. Auch könne man bei grösseren Setzlingen die Hechte und Forellen sofort mit einsetzen, während man bei fingerlangen Karpfen ein Jahr damit warten müsse, da die Karpfen dann nicht mehr gefressen würden. Hechte und Forellen würden während vollen zwei Jahren im Weiher auch besser gedeihen.[973] Der Lohnherr schlug 1787 in seinem Bericht ans Dreieramt als Folgerung vor, grössere Setzlinge einzusetzen, damit auch grössere Fische daraus würden. Das Dreieramt legte dem Rat die Abrechnungen über die Fischungen vor. Es äusserte ferner den Wunsch, vom Weiherbetrieb entbunden zu werden, da diese Aufgabe viele Unannehmlichkeiten mit sich bringe. Die Haushaltung riet, das Angebot des Lohnherrn anzunehmen und nach ein paar Jahren neu zu entscheiden, was zu tun sei.[974]

Wohl vom Herbst 1793 stammt ein geharnischter Bericht über die «unordentliche Verwaltung» der obrigkeitlichen Weiher. Zuerst legte der Schreiber den allgemeinen Modus der Fischkompetenzen dar. Normalerweise erhielt jeder Ratsherr jedes Jahr seine Kompetenz-Karpfen aus zwei Weihern auf der Landschaft. 1793 sollten alle im Frühling vier Karpfen aus Arisdorf und im Herbst vier Karpfen aus Rickenbach beziehen, gesamthaft also acht Fische. Ein Jahr später bekam jeder nur sechs Fische, im Frühling zwei aus Waldenburg und im Herbst vier aus Riehen. Da der Rickenbacher Weiher aufgegeben sei, würde dessen Karpfenanteil in Geld vergütet. Dieses System sei aber völlig durcheinander geraten, und der Schreiber forderte dessen Ende und die Auszahlung der Fische in Geld.[975]

Der Aufgabe der Weiher voraus ging also eine Diskussion über Kosten und Nutzen der Basler Weiherwirtschaft, über deren letztendliche Beibehaltung oder Abschaffung jedoch nie ein Beschluss gefasst wurde.

16.2 Verkauf und Aufgabe der Weiher

a) Rickenbach

Als erster Weiher der alten Basler Landschaft verschwand der Rickenbacher Weiher. Der Prozess seines Verkaufs erscheint mir exemplarisch und äusserst interessant für die innerobrigkeitlichen Verhältnisse in Basel am Ende des 18. Jahrhunderts und das Verhältnis zwischen der Obrigkeit und ihren Untertanen auf der Landschaft. Der Verkauf des Rickenbacher Weihers wird deshalb an dieser Stelle eingehend beleuchtet.

Aus Anlass der Fischung von 1776 erachtete das Dreieramt eine erneute Säuberung des Weihers im Winter 1776/1777 für nötig. Landvogt Johann Jakob Zeller wurde von Lohnherr Sarasin angewiesen, alles Nötige in die Wege zu leiten und die Amtspfleger mit der Vorbereitung zu beauftragen. Um die Arbeiten zu koordinieren, trafen sich die Amtspfleger mit den Dorfvorstehern des Amts. Allerdings kamen die Amtspfleger im Anschluss an dieses Treffen noch am gleichen Tag auf das Schloss Farnsburg und eröffneten dem Landvogt, dass die Gemeinden die Absicht hätten, den Weiher von der Obrigkeit käuflich zu erwerben, um so die beträchtliche Fronung abzulösen.[976] Gemeindevorsteher und Amtspfleger gaben zu bedenken, «*dass auf den fall die säuberung dises weÿers vorgenommen werde, die arbeit also beträchtlich seÿ, dass solche nach dem genausten überschlag unter eine summe von 2500 lb nicht würde beendiget werden*». Ausserdem sei der Weiher zum letzten Mal vor etwa 10 Jahren gesäubert worden, also werde diese Arbeit in etwa 10 Jahren wieder fällig. Zudem liege «*dieser weÿer tief in dem thall (...), da ringsumher das wasser der bergen zusammenschlage so dass beÿ einem starken regenwetter und angehenden wasserguss nach verrichteter arbeit der weÿer leichtlich wider in verfall gerathen könnte*». Für eine gute Flötzung fehle es ferner an Wasser, und der entfernte Schlamm könne nirgends in der Nähe deponiert werden, sondern müsse mit viel Kosten und Mühe «*in die höhe*» abgeführt werden.[977] Das Wasser dieses Weihers fehle niemandem, und das Bauholz zum Unterhalt könne gespart werden. Alle Amtspfleger und Dorfbeamte des Farnsburger Amts baten die Obrigkeit deshalb untertänig, dem Amt den Rickenbacher Weiher zu einem Preis von 5000 lb zu überlassen. Die definitive Kaufsumme festzulegen stellten sie dem Rat anheim. Der bisherige Weihermeister, der Rickenbacher Geschworene Hans Jakob Handschin, der für seine Aufsicht den Weiherdamm und «*ein mättelin vor dem dorfe*» nutzen durfte und vom Pfarrer von Sissach zusätzlich jährlich einen Viernzel Korn bezog, bat Landvogt Zeller, sich bei der Obrigkeit für ihn einzusetzen, falls der Weiher aufgehoben werden sollte. Zeller teilte dies alles dem Rat in einem Brief vom 11. November mit.[978]

Die Haushaltung war dem Ansinnen der Gemeinden nicht abgeneigt und beauftragte am 19. November 1776 eine Deputation, *«die beamteten des Varnspurger amts, und die von Riggenbach insbesondere anzuhören, die sache zu überlegen, und löbl. Haushaltung darüber einen bericht und gutachten vorzulegen»*.[979] Diese nahm einen Augenschein beim Weiher und erstattete einen längeren Bericht zuhanden der Haushaltung. Wegen schlechten Wetters konnte der Weiher nicht ausgemessen werden, die Deputierten stellten allerdings fest, dass das Weihergelände grösser sei als von den Farnsburger Beamten angegeben. Im Kanzleiarchiv wurde ein Bericht über die Vermessung des Weihers von 1618 gefunden, wonach die Fläche des Weihergeländes 13, 25 Jucharten betrage. Die Deputierten wollten die Geschworenen von Rickenbach und die Amtspfleger zum Thema befragen, diese weigerten sich jedoch und fügten an, alle Gemeinden des Amts müssten sich zum Thema äussern können und entscheiden, was weiter zu tun sei.[980] Die Deputierten verlangten deshalb, dass sich alle Gemeinden einig würden und ihre Beschlüsse dem Landvogt meldeten.[981] Um der Diskussion in den Gemeinden eine gewisse Richtung zu geben, machten die Deputierten den Amtspflegern das Angebot, dass die Obrigkeit den Weiher für 2600 lb verkaufe und gegen 1000 lb auch die Frondienste daran abgegolten werden könnten. In jedem Fall solle aber das Amt dabei helfen, für das Dorf Rickenbach einen neuen Wassersammler zu erstellen. Auch wurde überlegt, die Kaufsumme als Schuld auf das Weihergrundstück zu legen und nur die Zinsen vom Amt einzuziehen. Betreffend Wassersammler lenkten die Amtspfleger sogleich ein, da keine Gemeinde daran Anstoss nehme. Die Umwandlung der Schuld in einen Bodenzins lehnten sie jedoch einhellig ab, *«sonderlich da fast alle güter in Rickenbach bodenzins freÿ sind, und die belegung mit einem solchen das land, wo nicht gar unverkäuflich doch sehr wenig geltend machen würde»*. Gleich äusserten sich auch die Beamten von Rickenbach und wiesen das schriftliche Einverständnis ihrer Gemeinde vor. Sie könnten gut mit der Auffüllung des Weihers leben und wollten den Betrieb und Unterhalt des neuen Wassersammlers, wenn ihn das Amt anlege, gerne übernehmen. Sämtliche Gemeinden machten auf das Angebot der Deputierten das Gegenangebot, das gesamte Weihergelände zu einem Preis von 6000 lb zu kaufen oder den Ausfall bei einer Aufhebung des Weihers mit 3000 lb zu entschädigen.[982] Die Entscheidung über den Verkauf stellte die Deputation der Haushaltung anheim, gab allerdings zu bedenken, dass das Weihergelände gutes Mattland abgebe, dass die Aufhebung des

Weihers *«zu grosser erleichterung der landschaft diente»* und dass die Obrigkeit das für den Bau eines neuen Wassersammlers für Rickenbach benötigte Holz aus ihren Waldungen bereitstellen müsse. Ferner sei die Anlage eines solchen Sammlers oberhalb des Dorfs besser, *«weil mittelst eröfnung des schutzbretts selbiger in einem augenblick ins dorf geleitet und das graben so eingerichtet werden könnte, dass keinem haus einiger schaden davon zufliesse»*.[983] Das Amt müsse allerdings auch den Unterhalt der Brücke am Auslauf des Weihers übernehmen und den jetzigen Weihermeister für seinen Verdienstausfall entschädigen.[984] Diesem solle lebenslänglich wie bisher ein Viernzel Korn jährlich und die Nutzniessung des Landes, das für den Wassersammler nicht benötigt werde, zustehen. Auch solle man ihm die Aufsicht über den Sammler übertragen. Nach seinem Tod aber solle die Aufsicht der Gemeinde Rickenbach und die Nutzung des Landes dem Amt zufallen.[985] Ergänzend zu den Aussagen der Amtspfleger holte die Deputation auch noch die Meinung der Gemeinden ein. Die Gemeinde Rickenbach unter dem Geschworenen Martin Handschin erklärte sich gegenüber der Deputation schriftlich, dass *«alless wohl zu friden»* sei, *«wann mann von disen beschwärten könnte entlediget werden»*, und *«zweÿtens wahr die gantz gemein ein helig von dises weÿerli könnte unden harr im dorf zu oberst in dem weÿer gemacht werden»*.[986] Auch die übrigen Gemeinden unterstrichen in ihrer Antwort an die Deputierten vom 25. November 1776, sie seien von der *«landesväterlichen schulde einer hohen obrigkeit aüsserst überzeuget»* und davon, *«dass hochderselben das wahre wol und die erleichterung der sorgen hochdero iren ergebenen unterthanen selbst recht väterl. angelegen»* sei. Die Gemeinden wiederholten, entweder 6000 lb für den ganzen Weiher oder 3000 lb als Entschädigung für seine Aufhebung zu bezahlen.[987] Die Mehrheit der Gemeinden sprach sich für einen Kauf des ganzen Weihers gegen eine Summe von 6000 lb aus.[988] Damit standen die Gemeinden hinter ihren Amtspflegern.

Die Haushaltung dankte den Deputierten und trug Landvogt Zeller am 3. Dezember 1776 auf, die Gemeinden zu befragen, ob sie bereit wären, das Weihergelände für 7000 lb zu kaufen, das Kapital zu 3,5% zu verzinsen und diesen Zins jährlich auf Weihnachten dem Landvogt auf Farnsburg abzuliefern. Die Obrigkeit sollte den Zins dann gewinnbringend anlegen. Die Deputierten wurden gebeten, hierüber eine Vorlage an die Haushaltung auszuarbeiten.[989] Zeller antwortete am 10. Dezember 1776 auf diesen Auftrag und sandte gleich alle Dokumente nach Basel.[990] Die Amtspfleger erklärten im Namen des Amts, dass sie aus der beschwerlichen Fronung entlassen zu werden wünschten und dass sie den

Weiher mitsamt dazu gehörenden Grundstücken als Amt kaufen wollten, um damit wie Gemeindegut verfahren, es also auch verkaufen zu können. Den Weiher und das dazu gehörige, oberhalb von Rickenbach gelegene, Land wollte das Amt für 7000 lb Basler Währung in neuen französischen Talern, der Taler zu 40 Batzen, von der Obrigkeit kaufen.[991] Die Kaufsumme sollte zurückbehalten, jedoch jährlich zu 3 lb 10 ß pro 100 lb[992] und erstmals zu Weihnachten 1777 dem Landvogt von Farnsburg verzinst werden. Das Amt verpflichtete sich weiter, «*die beÿ dem ausslauf vorbemelten weÿers befindliche brücke von nun an in des amts kösten zu unterhalten, und wenn es nöthig seÿn wird, zu erneüern, ingleichem einen zur sicherheit des dorfs Rickenbach oberhalb demselben zu machen gutbefundenen wassersammler, so gross es die beschaffenheit des orts erlaubet, ohne in unsere gnädigen herren mindesten beÿtrag, das erforderliche holz aussgenommen, herzustellen, und das allda übrig bleibende land dem dissmaligen weÿermeister, welcher dagegen die aufsicht über disen weÿer halten solle, zur nutzniessung lebenslänglich zu überlassen*». Die Gemeinde Rickenbach sollte nach dem Tod des Weihermeisters die Aufsicht über den Sammler übernehmen und das Land dem Amt zufallen.[993] Die Amtspfleger sprachen mit Vollmacht aller Gemeinden des Amts, und die Geschworenen von Rickenbach stimmten namens der Gemeinde zu.[994]

Wenig später änderten die Gemeinden offensichtlich ihre Meinung und baten am 16. Dezember 1776 durch Landvogt Zeller um einen Preisnachlass oder die Bezahlung der Summe ohne Zins in drei- oder mehrjährlichen Raten.[995] Alle übrigen Bedingungen zu akzeptieren seien sie bereit. Die Gemeinden führten an, dass der Wert des Landes erst bei einer ordentlichen Gant ermittelt werden könne und nach dem Gesetz die Kaufsumme für Land immer in drei Raten ohne Verzinsung fällig werde. Um die Summe zu bezahlen, müsse das Amt deshalb zuerst das Weiherland versteigern und das erlöste Geld eintreiben, was einige Zeit in Anspruch nehme und eine vorherige Verzinsung verunmögliche.[996] Die Untertanen argumentierten, das Amt könne die 7000 lb nirgendwo zinstragend anlegen und die Gemeinden könnten die fälligen Zinsen nur schwer bezahlen. Auch wolle niemand die Verwaltung dieses Gelds übernehmen.[997] Die Idee, dies den Amtspflegern zu überlassen, lehnten diese ab, da sie dann Sicherheiten erbringen müssten und entweder jeder für den anderen bürgen oder aber jeder einzelne Bürgen stellen müsse.[998] Die Belastung für die Bürgen sei in jedem Fall zu hoch, und wenn die Amtspfleger selbst als Käufer auftreten müssten, sei es ihnen unmöglich, die gesetzlich vorgeschriebene Anzahl Bürgen zu stellen. Ferner seien die Amtspfleger dann dem Risiko ausgesetzt, Zinsen zu zahlen, ohne selbst Zinsen aus dem Kapital einzunehmen. Die Gemeinden baten also, die Kaufsumme von 7000 lb in drei zinslosen Jahresraten bezahlen zu können, damit auch der Erlös aus dem Verkauf des Landes zur Zahlung verwendet werden könne.[999]

Die Deputation hatte Verständnis für dieses Anliegen des Amts und warnte davor, dass das Amt möglicherweise nicht zahlungsfähig sei, wenn nach dem bisherigen Vorschlag verfahren werde, und so der Staatskasse ein grosser Einnahmeausfall drohe. Eine Bezahlung in drei Jahresraten sei deshalb vorzuziehen, auch könnten das Geld dann besser angelegt und der Zins dem Dreieramt abgeliefert werden. Die Deputation schlug deshalb der Haushaltung die Zahlung in vier zinslosen Jahresraten, die erste fällig zu Weihnachten 1777, vor.[1000]

In einem Gutachten von 1777 teilten die Haushaltung und die Verordneten zum Gemeinen Gut mit, dass die Deputation den Weiher besichtigt, über das Kaufangebot des Amtes Farnsburg beratschlagt und entschieden habe, den Weiher samt zugehörigem Land, zusammen etwa 15 Jucharten, für 7000 lb zu verkaufen. Ausser einem Herrn, *«der es beÿm alten lassen wollte»*, befürworteten in der Beratung alle Mitglieder den Verkauf des Weihers. Der einzige Gegner führte als Gründe erstens an, dass das Geld und die Zinsen aus dem Verkauf nicht der Staatskasse zuflössen, sondern man im Gegenteil zum Kauf der Kompetenz-Karpfen jährlich noch etwa 1000 lb aufwenden müsse. Zweitens bleibe trotz Verkauf des Weihers der Aufwand an Holz, das am Auslauf des Weihers benötigt werde, für die Obrigkeit gleich, da *«der projectierte neue anzulegende weÿer, oder wasserbehalter, auch ein sogenantes gümpelhauss erforderete, wozu sich das amt das holz vorbehaltet»*. Drittens werde es bei der Lieferung der Fischkompetenzen zu Stadt und Land Probleme geben.[1001] Die Mehrheit der Herren beider Kollegien folgte diesen Argumenten allerdings nicht und führte an, dass sie keine Gründe mehr für die Beibehaltung des Weihers, jedoch einige für dessen Aufhebung finden könne. Fünfzehn Jucharten Land, *«die bis her keinen nutzen verschaffet, und zum nachtheil des benachbarten landes ungeziefer erzogen»* hätten, könnten zu gutem Mattland gemacht werden.[1002] Das Wasser, das den am Weiher liegenden Matten Schaden zugefügt habe, könne durch die Aufhebung abgeleitet werden, was dem ganzen Tal zugute komme.[1003] Für das Dorf Rickenbach sei bei *«faursgefahr»* durch einen oberhalb desselben liegenden Wassersammler, der noch dazu auf Kosten des Amts erstellt werde, besser gesorgt als bisher. Dem Amt fiele ferner eine *«hohe beschwerliche und kostbare fron»*, die als Handfron zu nur 5 Batzen alle zehn Jahre einen Aufwand von über 2000 lb darstelle, gänzlich weg, und die Einnahmen der Obrigkeit würden derweilen eher steigen denn fallen. Etwa 100 lb liessen sich für Bauholz und Fischungen sparen, und man könne aus zwei Jahresraten Zins die alle zwei Jahre fälligen Kompetenzfische problemlos kaufen.[1004] Die Haushaltung und die Verordneten zum Gemeinen Gut waren deshalb einhellig der Meinung, dem Farnsburger Amt den Rickenbacher Weiher unter den genannten Konditionen zu überlassen.[1005] Die Einnahmen aus den Jahresraten sollten von der Haushaltung angelegt werden und die Zinsen daraus dem Dreieramt zum Ankauf der Kompetenzfische dienen. Zu den übrigen Weihern versprachen beide Gremien einen baldigen Bericht.[1006]

Im Januar 1778 stand der Kaufpreis für den Weiher nochmals zur Diskussion. Offenbar war man in Basel der Meinung, dass *«dieses amt in rücksicht des mit der zeit daraus ziehen könnenden nutzens mehr als die anerbottenen sieben tausend pfunde in neuen franz. thalern zu 40 batzen dafür bezahlen könne»*.[1007] Der Landvogt solle die Gemeinden nochmals befragen und Rechenrat Merian als Präsident der Deputation Bericht erstatten.[1008] Landvogt Zeller berichtete am 20. Januar 1778 nach Basel, dass er das Anliegen den Amtspflegern vorgetragen habe. Diese hätten nochmals ihre Gemeinden einzeln befragt. Die Gemeinden seien aber nicht bereit, ihr Angebot von 7000 lb zu erhöhen, sondern wollten nur bei den Verkaufsbedingungen leicht nachgeben, indem sie *«das sämtliche weÿergelände und zugehörde bodenzinsfrei für diese summe dem amt überlassen werden, möchte in dem fernern verstand die kaufsumme in dreÿen nacheinander folgenden jahreszihlern unzinsbar ablösen zu können»*. Die Gemeinden hätten ansonsten bis zum Verkauf des Geländes und mit dem Unterhalt der Brücke schon genug Unkosten zu tragen.[1009]

Haushaltung und Deputierte zum Gemeinen Gut befassten sich in ihrer Antwort am 26. Februar 1778 mit diesem neuen Angebot und arbeiteten die definitive und detaillierte Vorlage zuhanden des Grossen Rates aus.[1010] Darin wiederholten sie die bereits zuvor genannten Gründe für die Aufgabe des Weihers.[1011] Die Obrigkeit spare Kosten für Bauholz, Teuchel, Arbeitslöhne und Fischeten.[1012] Die 7000 lb aus dem Verkauf reichten zur Bestreitung der Auslagen für die Fischkompetenzen aus. Gegen den Verkauf wurde angeführt, da die Kaufsumme erst nach einer gewissen Zeit ganz eingehe, müssten die Fischkompetenzen bis dann aus der Staatskasse bezahlt werden und für den neuen Wassersammler werde noch Bauholz benötigt.[1013] Allerdings müssten die Kompetenzfische aus dem Rickenbacher Weiher, wenn er weiterbestehe, das nächste Mal gekauft werden, weil man ihn erst im nächsten Spätjahr säubern und die nächsten Fische deshalb erst in drei Jahren fischen könne.[1014] Auch sei der Weiher wegen der Verkaufsverhandlungen ein Jahr länger als üblich ungesäubert, und eine Säuberung sei *«nunmehr für das amt ohne sein verschulden viel kostbarer als vorhin nie»*. Den Holzaufwand für den neuen Wasserbehälter könne man nicht mit dem für den grossen Weiher vergleichen, da jener *«kein gümpelhauss, sondern nur zweÿ schutzbretter»* benötige und die Stadt keine Lohnkosten übernehmen müsse, weil alles zuerst vom Amt und später von der Gemeinde Rickenbach getragen würde.[1015] Der beste und am meisten Gewinn bringende Weg, den Weiher aufzuheben, sei, ihn zu fruchtbarem Land zu machen, meinten die Deputierten, weil so auch die Einkünfte der Obrigkeit gesteigert würden. Es könne *«dieses aber nicht füglicher geschen»*, *«als wenn dieses geländ denjenigen, denen es den meisten vortheil bringen kann und die zu dessen herstellung die beste gelegenheit haben, überlassen wird»*, weshalb der Verkauf an das Amt ratsam sei.[1016] Die Fischkompetenzen sollten inskünftig mit 15 ß pro Karpfen abgegolten werden.[1017]

Die Deputation erachtete den Verkauf des Weihers an das Farnsburger Amt als das Beste: *«in betrachtung dass, um dieses geländ in nutzbaren stand zu bringen, viele mühe und kösten erforderet werden, dass manche jahre wenig oder gar kein nutzen daraus zu ziehen, dass das amt gleich anfänglich ein billiches darauf geboten und seine unmöglichkeit ein mehreres dafür zu geben erst jung schonwieder vorgestellet hat»*. Bezüglich der Verkaufsbedingungen hielt die Deputation fest, die Stadt solle dem Amt den *«weÿer, als das dazu gehörige beÿ demselben und oberhalb dem dorfe Rickenbach ligende land»* für 7000 lb in neuen französischen Talern à 4 Batzen, zahlbar in drei zinslosen Jahresraten und fällig erstmals 1779, verkaufen.[1018]

Kontroverser wurde die Frage diskutiert, inwieweit das Land nach der Aufgabe des Weihers mit Abgaben belegt werden solle. Einige Deputierte wollten die normalen Abgaben verlangen, ein Herr aber gab zu bedenken, dass die insgesamt 15 Jucharten Land als obrigkeitliches Gut bisher nicht abgabenpflichtig seien und es auch in Zukunft bleiben sollten.[1019] Eine Mehrheit beschloss aber, das Land künftig den gleichen Abgaben wie die anderen Güter im Rickenbacher Bann zu unterwerfen, mit Ausnahme des Bodenzinses.[1020]

Der Erlös aus dem Verkauf des Weihers sollte am besten von der Haushaltung gegen Zins angelegt werden, um aus den Zinsen in Zukunft die Fischkompetenzen zu bezahlen. Die Deputation schlug vor, das Geld bei der Dompropstei anzulegen.[1021] Dieser Fonds könne auch über den Tod der Fischkompetenzen-Bezüger hinaus belassen werden.[1022]

Der Kleine Rat folgte offenbar den Vorschlägen der Haushaltung und der Verordneten zum Gemeinen Gut weitestgehend.[1023]

Am 7. September 1778 befasste sich der Grosse Rat mit dem Geschäft und stimmte dem Verkauf des Weihers zu. Er wollte indes die bestimmten und unbestimmten Fischkompetenzen für Stadt und Land beibehalten und beauftragte die Haushaltung und die Deputierten zum Gemeinen Gut, eine Lösung dafür zu finden.[1024] Auch sollten beide Gremien einen Vorschlag ausarbeiten, wie der Erlös aus dem Verkauf am lukrativsten angelegt werden könne. Ferner erwartete der Grosse Rat endlich den Bericht über die anderen Weiher.[1025]

Nachdem nun dem Verkauf des Weihers nichts mehr im Weg stand, beauftragte die Haushaltung am 15. September 1778 die Rechenräte Merian und Rosenburger damit, die nötigen Schriftstücke für den Verkauf bei der Kanzlei in Auftrag zu geben und der Haushaltung vorzulegen,[1026] und diese betrauten den Landschreiber von Sissach, Johannes Sarasin, damit, die Verkaufsurkunde auszuarbeiten. Sarasin legte sie am 13. Oktober 1778 vor.[1027] Landvogt Melchior Blech auf Farnsburg wurde bereits am 10. Oktober 1778 über das genaue Prozedere des Verkaufs orientiert und informierte seinerseits alle Amtspfleger und die Beamten von Rickenbach mit einem Zirkularschreiben. Die Amtspfleger versicherten noch einmal, dass sie mit dem Kauf unter den angebotenen Bedingungen einverstanden seien.[1028] Sie gaben ihrer Hoffnung Ausdruck, dass es ihnen gestattet sei, das Weihergelände in Rickenbach *«in offene gant zu ziehen, und versilberen zu dürfen, als ohne welches sie die versprochene zahlung nicht leisten könnten»*.[1029] Die Haushaltung befürwortete dieses Vorgehen und überwies es mit der Empfehlung zur Genehmigung an den Kleinen Rat.[1030]

Am 29. September 1778 war auch der Beschluss der Haushaltung gefallen, die Fischkompetenzen zukünftig in Geld, ein Karpfen zu 15 ß gerechnet, auszubezahlen. Sie teilte dies dem Landvogt auf Farnsburg mit, damit dieser die Betroffenen informieren konnte.[1031] Die Auszahlung erfolgte erstmals im Herbst 1780, und der Anspruch darauf bestand nur noch, solange die Berechtigten lebten.[1032] Als Grundlage dafür diente eine Liste über die Fischausteilung von 1752. Gesamthaft mussten 38 Karpfen zu 15 ß abgegolten werden.[1033]

Ende November 1778 erstatteten die Haushaltung und die Verordneten zum Gemeinen Gut ihren Bericht über die künftige Verwendung des Ertrags aus dem Weiherverkauf. Sie machten den Vorschlag, die Kaufsumme bereits vor Eingang bei der Dompropstei anzulegen, damit von Anfang an der volle Ertrag aus der gesamten Summe für die Fischkompetenzen von

1780 zur Verfügung stehe.[1034] Das Dreieramt solle bei der Dompropstei 10000 lb gegen einen zweijährigen Zins von 2.5% anlegen, der immer dann abzuliefern sei, wenn die Fischkompetenzen ausbezahlt werden müssten.[1035] Einige Herren waren aber der Meinung, dass die Verkaufssumme zur Schonung der Finanzen nicht, und schon gar nicht mehr, vorgeschossen werden solle, sondern das Dreieramt die Fischkompetenzen bezahlen solle, solange der Zinsertrag aus der Verkaufssumme noch nicht ausreiche. Offensichtlich waren auch bis anhin auf Staatsrechnung Fische gekauft worden, wenn es nicht genügend Weiherfische für die Fischkompetenzen gab.[1036] Dass letztendlich tatsächlich 10000 lb aus dem Weiherverkauf bei der Dompropstei gegen 2.5 % Zins angelegt wurden, beweisen erhaltene Quittungen der Zinslieferungen aus den Jahren 1781 bis 1792. Die Einnahmen beliefen sich alle zwei Jahre auf 250 lb.[1037]

Am 22. November 1778 stellte Landschreiber Johannes Sarasin in Sissach Rechnung für die Ausfertigung der Kaufurkunden, mit der Bemerkung, dass er noch nie ein solches Schriftstück habe anfertigen müssen und sich deshalb unsicher bezüglich der Kosten sei. Er überliess den Preis deshalb dem Rat, gab aber zu bedenken, dass normalerweise vom Schloss für ein Siegel 2 lb und 10 ß verlangt würden.[1038] Wenig später bedankte sich Sarasin beim Rat für den Lohn von 32 lb für seine Arbeit und informierte ihn, dass das Weihergelände in Rickenbach am 26. Oktober 1778 öffentlich versteigert worden war. Es sei von Männern aus Rickenbach für 5507 lb gekauft worden, zahlbar jeweils auf den 1. August 1779, 1780 und 1781. Die Beamten der Gemeinden seien alle sehr froh, dankbar und erleichtert über den Verkauf.[1039]

Am 7. Oktober 1778 wurde im Grossen Rat das Gutachten der Haushaltung und der Verordneten zum Gemeinen Gut verlesen, wie mit den unbestimmten Fischkompetenzen weiter zu verfahren sei. Da neun Mitglieder der Haushaltung solche Fischgebühren bezogen, traten sie in den Ausstand.[1040] Nach Betrachtung der Listen für die letzte Fischausteilung aus dem Rickenbacher Weiher, wonach jedem dieser neun Herren bis anhin jeweils zwischen 20 und 30 Karpfen ausgeteilt wurden, schlugen die Herren vor, dass inskünftig jedem 25 Karpfen in Geld vergütet würden.[1041] Am 10. Oktober 1778 legte Landvogt Melchior Blech auf Farnsburg die Liste aller Bezüger von Kompetenzfischen aus dem Farnsburger Amt vor. Ihnen allen sollten in Zukunft die Fische in Geld, den Karpfen zu 15 ß, ausgezahlt werden. Gesamthaft wurden 39 Karpfen abgegolten.[1042] Eine letzte Liste über die Fischbezüger ist von Landvogt Leonhard Schardt auf Farnsburg aus dem Jahr 1792 überliefert, als gesamthaft noch 21 Karpfen in Geld ausbezahlt werden mussten.[1043] Letztmals wurden 1797 Fische ausbezahlt, was eine entsprechende Anweisung des Dreieramts an den Schultheissen von Liestal belegt.[1044]

Der Verkauf des Rickenbacher Weihers erscheint mir höchst bemerkenswert. Als Käufer und Verkäufer standen sich die Obrigkeit und die Amtsuntertanen hier auf Augenhöhe gegenüber. Die Initiative zum Kauf des Weihers ging vom Amt Farnsburg aus, und es bemühte sich, vor allem vertreten von den Amtspflegern, den Kauf auch wirklich zu realisieren. Ein solches Geschäft erforderte einen hohen Koordinationsaufwand auf Seiten der Untertanen. Alle Gemeinden mussten informiert werden und ihrerseits entscheiden. Diese Entscheidungen mussten dann wieder gesammelt und der Obrigkeit vorgetragen werden. Den Amtspflegern kam wohl deshalb eine Führungsrolle auf Seiten der Untertanen zu, weil sie zuvor bereits die Frondienste zu organisieren hatten, als deren Ablösung der Kauf des Weihers durch das Amt verstanden wurde. Organisation und Koordination innerhalb des Amts waren für die Amtspfleger beinahe täglich zu leisten. Ferner waren sie die höchsten Unterbeamten im Amt und auch die einzigen, die über gemeindeübergreifende Kompetenzen verfügten. Über ein

Abbildung 27: Luftaufnahme von Rickenbach 1950. Das aufgegebene Weihergelände im Südosten des Dorfs ist immer noch gut erkennbar.

Abbildung 28: Im früheren Weihergelände befindet sich heute wieder ein Naturschutzgebiet.

Abbildung 29: Standort beim rückgebauten Weiherdamm («dentschen») und dem Flurnamen «Kümpfel» mit Blick gegen Norden. Die heutige Kantonsstrasse verläuft hier über das ehemalige Weihergelände.

entsprechendes (Kommunikations-)Netzwerk innerhalb des Amts dürften sie also ebenfalls bereits verfügt haben. Ihre Wahl durch den Rat verschaffte ihnen in den Verhandlungen mit der Obrigkeit ferner zusätzliche Legitimation und Akzeptanz. Alles in allem erscheinen die Untertanen beim Verkauf des Rickenbacher Weihers als proaktiv und als eigentlich treibende Kräfte. Sie waren bewandert in den Bereichen Recht und Geldanlagen, was ihre Verhandlungsposition stärkte.

Die Obrigkeit konnte aus einer Position landesväterlicher Stärke und Mildtätigkeit agieren. Mit dem Verkauf des Weihers konnte sie die Untertanen einerseits von deren Fronpflichten entlasten, andererseits bot sich nun nach der schon längeren Diskussion über die Beibehaltung oder Abschaffung der Weiherwirtschaft die Gelegenheit, sich eines Weihers sogar gewinnbringend zu entledigen. Vorerst sollte dies aber die Ausnahme bleiben, denn die Weiherwirtschaft generell abzuschaffen war 1778 noch nicht mehrheitsfähig, wohl aber der Verkauf eines einzelnen Weihers und die Umwandlung von dessen Fischkompetenzen in Geldzahlungen.

b) Arisdorf

Nach dem Verkauf des Rickenbacher Weihers an das Amt Farnsburg war der erste Schritt zu neuen Entwicklungen getan. 1794 kam auch die Idee einer Veräusserung der Arisdörfer Weiher auf. Das Dreieramt gab in einem ersten Bericht zu bedenken, dass in einem solchen Fall und bei gleicher Kompensation der Fischkompetenzen wie in Rickenbach, etlichen Herren wegen der markant gestiegenen Fischpreise ein merkliches Einkommen verloren ginge.[1045] Das Dreieramt wollte keine Empfehlung abgeben, drängte aber auf eine baldige Entscheidung über die Zukunft der Arisdörfer Weiher.[1046] Falls man verkaufen wolle, solle man die Weiher potentiellen Käufern nicht länger vorenthalten; falls man sie behalten wolle, stünden notwendige Reparaturen und die Neubesetzung an.[1047] Die Haushaltung fügte in ihrem Bericht an, dass sich in Bezug auf die Arisdörfer Weiher erneut die Gelegenheit biete, zu entscheiden, was zukünftig mit den obrigkeitlichen Weihern geschehen solle. Es sei allerdings klar, dass der Ertrag in keinem Verhältnis mehr zum Aufwand stehe.[1048]

Am 20. Februar 1794 stellte das Dreieramt fest, dass an den Arisdörfer Weihern Reparaturen im Wert von 100 lb nötig seien. Ihre Fische seien aber immer klein gewesen, und der Aufwand liesse sich darum nicht mehr rechtfertigen. Der Landvogt von Farnsburg konnte die Kosten der Fronen indes nicht genau beziffern. Bis man wisse, wie es weitergehe, solle Gras angesät werden, was allerdings nicht möglich war, weil der Boden zu feucht war. Nur ein kleiner Teil wurde von einem

Arisdorfer als Krautgarten genutzt.[1049] Die Amtspfleger des Farnsburger Amts waren um ein Kaufangebot angefragt worden, gaben jedoch keine genaue Summe an, sondern verlangten, die Obrigkeit möge eine Summe vorschlagen. Dieses Vorgehen wurde vom Rat nicht gutgeheissen, und man gab den Untertanen zu verstehen, dass die Weiher nicht eigentlich zum Verkauf stünden, sondern dass sie eine angemessene Summe für die Erleichterungen durch Wegfall der Frondienste nennen sollten. Darauf reagierten die Untertanen allerdings nicht. Das Dreieramt setzte Druck auf und bestellte alle Amtspfleger nach Arisdorf mit der Ankündigung, man erwarte ein Angebot oder werde eigenständig über die Weiher entscheiden.[1050] Die Amtspfleger wollten immer noch kein konkretes Kaufangebot machen und verlangten weiterhin, man solle ihnen einen Preis nennen. Das Dreieramt schlug nun von sich aus, um die Verhandlungen zu beschleunigen, 6000 lb vor. Dabei orientierten sie sich am Preis für den Rickenbacher Weiher. Die Arisdörfer Weiher seien 1793 von Orismüller Johann Jakob Schäfer vermessen worden, und deren Fläche betrage mit Zugelände 10⅝ Jucharten. Proportional zum Rickenbacher Weiher rechnend, sei das Dreieramt auf diesen Betrag gekommen. Ferner sicherte man den Untertanen zu, dass das Gelände von allen Abgaben ausser dem Zehnten befreit werde. Die Amtspfleger berieten sich, schlugen einen Preis von 4500 lb vor und wollten diesen ihren Gemeinden vorlegen. Dann kehrten sie heim mit der Aufforderung vom Dreieramt, möglichst bald einen Entschluss zu fassen.[1051]

In der Zwischenzeit forschte das Dreieramt weiter und fand aus dem Bericht der Haushaltung und der Verordneten zum Gemeinen Gut aus dem Jahr 1774 heraus, dass es zwischen 1754 und 1774 für Arisdorf 42 Fronfuhren und 1315 Handfronen gegeben hatte. Die Anzahl der Fische konnte nicht genau beziffert werden, jedoch nahm man an, dass aus den Liestaler und Arisdörfer Weihern alle zwei Jahre 600 bis 700 Karpfen gefischt wurden, laut den Aufzeichnungen von Lohnherr Sarasin alle drei Jahre etwa 400 Karpfen und einige Forellen. Forellen wie Karpfen waren jedoch immer sehr klein. 400 Karpfen kamen gemäss dem Preis von 1778 auf 300 lb zu stehen. Die Liestaler und Arisdörfer Fische wurden jeweils gemeinsam ausgeteilt, jedem Ratsherrn vier abgegeben, anderen nach Proportion[1052] und der Rest den Häuptern, den Dreiern, dem Stadt- und dem Ratsschreiber verteilt, jedem etwa 20 bis 30 Stück. In Zukunft könnten die 2 Kompetenzfische aus dem Langenbrucker Weiher zusammen mit denen aus Liestal verteilt werden, weshalb man nur die fehlenden Fische von Arisdorf finanziell abgelten müsse. Dies führe für jeden Ratsherrn für zwei Fische à 1 lb 10 ß zu Gesamtkosten von 90 lb, für die Häupter für je 30 Fische à 15 ß wie 1778 zu Kosten von 75 lb. Ferner hatten die Landpfarrer bis zu ihrem Tod auch aus den Arisdörfer Weihern jeweils circa 30 Stück bezogen, was zusammen 22 lb 10 ß ausmache. Gesamthaft müsse man also 217 lb 10 ß aufwenden. Aus einem Kaufpreis von 5000 lb lasse sich bei einem Zinssatz von 3 % alle zwei Jahre ein Gewinn von 300 lb erwirtschaften, und die Kosten von 100 lb alle zwei Jahre für Fischung und Reparaturen fielen weg. Auch das Bauholz liesse sich sparen. Alles in allem wäre dies für die Staatsfinanzen der beste Weg,[1053] jedoch nur, weil man mit den Fischpreisen von anno 1778 gerechnet habe. So käme ausser den Häuptern, die markant weniger erhalten würden, niemand zu kurz.[1054] Schliesslich sei dem Weihermeister wie in Rickenbach lebenslang ein Lohn von einem Viernzel Korn und die Nutzniessung von etwa 2 Jucharten Land neben den Weihern zu gewähren. Der Weihermeister selber rechnete seinen Ertrag daraus auf 80 bis 100 lb und hoffte, auf dieser Basis entschädigt zu werden.[1055]

Einige Antwortschreiben der Gemeinden des Farnsburger Amts an ihre Amtspfleger sind in den Akten erhalten. Der Untervogt von Oltingen, Christian Gysin, schrieb seinem Amtspfleger relativ salopp, dass die Obrigkeit wohl gut daran täte, die Arisdörfer Weiher zu verkaufen, jedoch nicht das Amt damit behelligen, sondern demjenigen den Weiher verkaufen solle, der ihn haben wolle.[1056] Gysins Meinung war allerdings nicht repräsentativ, denn Amtspfleger Moritz Handschin aus Gelterkinden meldete, dass alle Gemeinden seines Kreises mit einem Kauf des Weihers für 4500 lb einverstanden seien.[1057] Die Zustimmung der Gemeinde Ormalingen bekräftigten der Geschworene Hans Fryburger, Martin Wäber aus Rothenfluh, Heinrich Schafner als Untervogt von Anwil, Heinrich Buess als Geschworener von Wenslingen, und für diese vier Gemeinden zusammen unterschrieb der Amtspfleger von Ormalingen, Hans Jacob Weber.[1058] Ebenfalls die Zustimmung meldete der Amtspfleger von Maisprach, Jacob Dettviler.[1059] Die Amtspflegerei Sissach stimmte ebenfalls zu und forderte die Zahlbarkeit der Summe in drei Jahresraten. Es unterschrieben der Amtspfleger Heinrich Gÿsler und Matis Müller, der Geschworene von Eptingen.[1060]

Es ist leider aus den Quellen nicht ersichtlich, warum der Verkauf der Weiher an das Amt nicht zustande kam. Fest steht hingegen, dass die Weiher erst 1799 durch die Helvetische Republik öffentlich versteigert wurden. Die für den 1. Mai 1799 angesetzte Versteigerung musste am 3. Juni wiederholt werden, da das Helvetische Direktorium seine Zustimmung zum ersten Verkauf versagt hatte.[1061] Am 3. Juni wurden die Arisdörfer Weiher wie folgt verkauft: Den oberen Weiher erhielt für 20 Fr.

die Gemeinde Arisdorf, vertreten vom Agenten und vom Präsidenten der Munizipalität, beide namens Hans Jacob Thommen.[1062] Den mittleren Weiher erwarb für 870 Fr. Heini Itin aus Hersberg, und den unteren Weiher kauften Hans Jacob Griner aus Arisdorf, Arthur Griner, Hans Haumüller, Jacob Haumüller und Jacob Heyd für 985 Fr.[1063]

Bemerkenswert am gescheiterten Verkauf der Arisdörfer Weiher an das Farnsburger Amt erscheint mir, dass dieses 16 Jahre nach dem Kauf des Rickenbacher Weihers zwar noch mehrheitlich, aber offenbar nicht mehr geschlossen hinter einem Kauf der Arisdörfer Weiher stand. Die Initiative zum Verkauf kam in diesem Fall eindeutig von Seiten der Obrigkeit, und diese hoffte auf die Untertanen als Käufer. Diese waren sich anscheinend dieses Vorteils bewusst und wollten wohl die Situation zu ihren Gunsten entscheiden, also einen möglichst tiefen Kaufpreis verabreden. Die Obrigkeit liess sich aber wahrscheinlich nicht auf dieses «Spiel» ein, weshalb ein Verkauf nicht zustande kam. Das Selbstbewusstsein der Untertanen war 1794 in diesem Fall bereits beträchtlich. Eventuell war es bereits so

Abbildung 30: Heutiges Gewerbegebiet Weihermatt in Arisdorf. Das aufgegebene Weihergelände ist nahezu vollständig überbaut.

gross, dass die Obrigkeit Gefahr lief, ihr Gesicht zu verlieren, wenn sie mit ihren eigenen Untertanen als bittstellende Partei verhandeln, also aus der schwächeren Position hätte agieren müssen. Erst die Revolution und das Ende der Alten Ordnung 1798 beendeten dieses Dilemma.

c) Liestal

Schon 1640 schrieben Schultheiss und Rat von Liestal an ihre Herren in Basel, dass «*auss gnedigem befelch ist verwichenen sommer der alhiesige fischweÿer (weil selbiger theils verwaxen, theils dass grien sich darin geheufft, also der fisch sein nahrung nicht merh darin gehaben mögen, unbesetzt ligen, verbleiben*» sei und «*darbeÿ andeütung beschehen, dass selbiger umb herbstzeit sole geseüberet und geflösst werden*». Da nun aber Zeit dazu sei, wollten die Liestaler ihre Obrigkeit «*in underthänigkheit (...) erinneren (...), nicht zweÿfflendt, sie jemanden auss ihrem mittel absenden, wie solches werckh anzugreiffen entweders notthürfftige anordnung zuthun, oder ob e.g. nutzlicher, dass der platz (welcher komlich zu matten gemacht und umb ein zümlichen preiss verkaufft werden könnte in berathschlagung zu ziehen*». [1064] Eine Aufgabe der Weiher in Liestal war allerdings für die Obrigkeit bis zu ihrem Ende kein Thema.

Aber auch die junge Helvetische Republik duldete keine Missbräuche bei den Weihern. Am 1. Juni 1798 schrieb der Regierungsstatthalter Schmid aus Basel an seinen Kollegen Unterstatthalter in Liestal, ihm sei zu Ohren gekommen, dass einige Liestaler den Weiher eigenmächtig ausgefischt und die Fische behalten hätten, die eigentlich Nationaleigentum seien. Besonders sauer stiess Schmid auf, dass Unterstatthalter Niklaus Brodtbeck ihm diese Vorgänge nicht gemeldet hatte, und er forderte von diesem eine entsprechende Stellungnahme.[1065] Offensichtlich musste sich die ganze Gemeinde Liestal im Anschluss an diesen Vorfall verantworten, die den Vorfall mehrheitlich missbilligte. Der Regierungsstatthalter verhörte wohl die Anstifter, überliess das weitere Vorgehen allerdings dem Unterstatthalter in Liestal. Dieser solle jenen anzeigen, dass sie vorgeladen würden und sich vor Gericht verantworten müssten.[1066]

Am 21. Juni 1798 schrieb Regierungsstatthalter Wieland für die Verwaltungskammer an Unterstatthalter Niklaus Brodtbeck nach Liestal, dass diese eben über die Weiher des Kantons berate. Er wies Brodtbeck an, den Garten und den trockengelegten Teil des Sees auf ein Jahr zu verpachten. Den mit Fischen besetzten Weiher solle Brodtbeck allerdings als Nationaleigentum vor fremdem Zugriff schützen, bis man diesen wieder fischen und die Fische öffentlich verkaufen werde.[1067]

Abbildung 31: Standort des früheren unteren Weihers von Liestal am Orisbach. An den Weiher erinnert kaum mehr etwas.

Abbildung 32: Blick von der Seestrasse auf das Gelände des stillgelegten Sees. Ausser dem Strassennamen sind praktisch alle Spuren des Fischweihers beseitigt.

Am 4. April 1799 meldete Amtsbürgermeister Wieland nach Liestal, dass er soeben grünes Licht aus Bern für den Verkauf des Weihers in Liestal erhalten habe und nun offen sei für ein Kaufangebot der Gemeinde Liestal.[1068]

Am 1. Mai 1799 wurden die Liestaler Weiher in Basel öffentlich versteigert.[1069] Den See von Liestal erwarb für 150 Fr. die Gemeinde Liestal, vertreten von den Munizipalen Martin Brodbeck und Rudolf Hoch. Auch den Weiher kaufte die Gemeinde Liestal, für 200 Fr.[1070]

Am 4. Mai 1799 schrieb der Sekretär der Verwaltungskammer, Iselin, an den Statthalter, man möge endlich die ausstehenden Zahlungen für die Ausbeute des Sees in Liestal abliefern, die schon seit 1798 fällig seien. Es handelte sich um den Zins für den See und den vormaligen Garten des Schultheissen.[1071]

Am 22. August 1799 teilte der helvetische Finanzminister der Verwaltungskammer des Kantons Basel mit, dass das Direktorium dem Verkauf des Weihers in Liestal zugestimmt habe.[1072]

Wie lange die Weiher danach noch bestanden, ist unklar. In den Katasterplänen von Friedrich Baader aus den Jahren 1824–1826 sind sie noch teilweise eingezeichnet.[1073]

d) Waldenburg

Die Waldenburger Weiher wurden am 1. Mai 1799 für 735 Fr. an die Gemeinde Langenbruck verkauft, vertreten von Jacob Bader und Friedrich Plattner.[1074] Jedoch gab das Landkollegium erst im Oktober 1811 auf Bitte der Gemeinde Langenbruck seine Zustimmung, einen Weiher trockenzulegen und teilweise zu versteigern.[1075] Der Waldenburger Weiher bestand also noch über die Helvetische Republik hinaus und wurde als solcher betrieben.[1076]

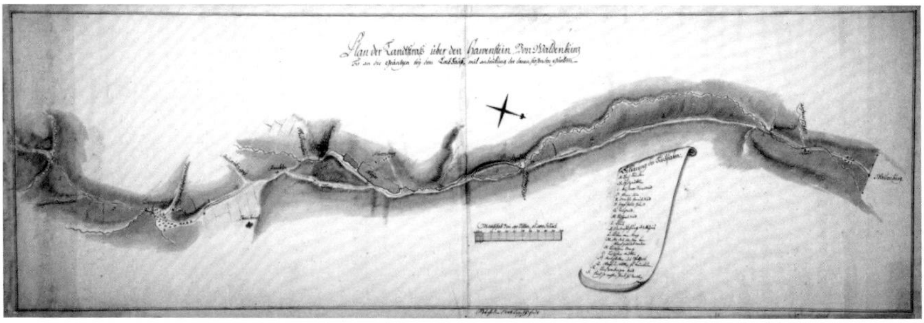

Abbildung 33: Plan der neuen Passstrasse über den Oberen Hauenstein aus dem 19. Jahrhundert. Damals bestanden die Waldenburger Weiher noch.

Abbildung 34: Das aufgegebene Gelände der Waldenburger Weiher ist heute teilweise immer noch sumpfig.

e) Ormalingen

Das Weihergelände von Ormalingen wurde 1799 begutachtet und ein Bericht darüber verfasst.[1077] An der Versteigerung vom 1. Mai 1799 wurden die Ormalinger Weiher für 850 Fr. von Fridrich Freyvogel, Präsident des Distriktsgerichts zu Gelterkinden, und Hans Jacob Buser aus Ormalingen erworben.[1078] Ob sie die Weiher noch weiterführten oder sofort aufgaben, ist nicht klar.

f) Riehen

Auch die Riehener Weiher kamen am 1. Mai 1799 schliesslich unter den Hammer und wurden für 4700 Fr. von den Erben des Johann Jacob Merian im Rollerhof, vertreten von Johannes Wagner, ersteigert.[1079] Bis heute bestehen am Südufer der Wiese in Riehen verschiedene Weiher: Ob es sich dabei um die ehemaligen obrigkeitlichen handelt oder ob die heutigen später angelegt wurden, lässt sich nicht sagen.

Abbildung 35: Der Weiherdamm von Ormalingen ist in der Landschaft immer noch sehr gut sichtbar.

Abbildung 36: Grosser Weiherdamm im Vordergund. Im Hintergrund der Damm des kleineren Weihers.

Abbildung 37: Ormalinger Weihergelände heute. In der Bildmitte im Hintergrund der Farnsberg mit der Ruine des ehemaligen Landvogteischlosses. Rechts der Weiherhof.

Die Gründe für das Ende der Basler Weiherwirtschaft lassen sich nur schwer auf einen Nenner bringen. Vielmehr dürften einander mehrere Ursachen überlagert haben.

Eine Mehrheit der Basler Obrigkeit war bis zum Ende der Alten Ordnung 1798 der Meinung, dass die Weiher erhalten bleiben sollten. Auch wenn sie den Verkauf des Rickenbacher Weihers billigten und auch der Verkauf der Arisdörfer Weiher ins Auge gefasst wurde, tasteten die Ratsherren das System der Weiherwirtschaft im Grundsatz nicht an, denn der Erlös aus dem Verkauf wurde explizit als Ersatzabgabe für die früheren Kompetenzfische ausgegeben. Das System wurde also nicht abgeschafft, sondern vielmehr teilweise von der Natural- in die Geldwirtschaft transformiert.

Gegen die Abschaffung sprach freilich auch der Charakter der aus den Weihern bezogenen Kompetenzfische als Lohn für die Ratsherren und Lohnbestandteile der städtischen Beamten. Die Ratsstellen wurden bis zum Ende der Alten Ordnung in Basel nur gering entlöhnt. Die Kompetenzfische waren deshalb für die Ratsherren eine willkommene Einnahme, die sie, zumindest teilweise, vor dem Kauf teuren Rheinfischs oder Importfischs auf dem städtischen Markt bewahrte. Das Recht auf Kompetenzfische oder deren Geldwert wurde denn auch bis zum Ende der Alten Ordnung verteidigt. Gegen Ende des 18. Jahrhunderts wurde jedoch Kritik an dieser Praxis laut. Diese kam aber anscheinend vor allem von denjenigen, die zwar auch der Obrigkeit angehörten, jedoch nicht Mitglieder des Kleinen Rats waren. Obwohl sich die Kritiker nicht namentlich benennen lassen, scheinen sie aus dem Grossen Rat gestammt zu haben, dessen Mitglieder nicht in den Genuss der Kompetenzfische kamen. Wie stark hierbei Motive wie die zunehmende Bedeutung des Grossen Rats seit 1691, Ansätze von Vorstellungen einer Rechtsgleichheit (zumindest innerhalb der Aristokratie) oder schlichter Sozialneid eine Rolle spielten, lässt sich nicht entgültig bestimmen. Klar scheint hingegen, dass die Akzeptanz der Privilegien einiger weniger innerhalb der Oberschicht bereits im 18. Jahrhundert schwand, ohne dass aber eine Abschaffung der Vorrechte mehrheitsfähig gewesen wäre. Unter den völlig veränderten Vorzeichen nach der Revolution von 1798 war dieses bereits zuvor angeschlagene Privilegiensystem aber nicht mehr zu halten und verschwand sang- und klanglos. Beschleunigend wirkte sicherlich der ständige Geldmangel der Helvetischen Republik; sie forcierte den Verkauf der Weiher wohl auch aus der eigenen Notlage oder verhinderte ihn zumindest nicht.

Von der Seite der Untertanen lassen sich zwei Hauptmotive für die Abschaffung der Weiherwirtschaft erkennen. Ein erstes Motiv war zweifelsohne die Agrarmodernisierung, die auch als «Einschlagsbewegung» bekannt ist.[1080] Da der Bedarf an Grünland seit dem 17. Jahrhundert beständig wuchs, wurden die Flächen der Weiher zu begehrten Objekten für die örtlichen Bauern. Daraus sollten Matten für das Vieh werden. Für die Untertanen auf der Landschaft müssen die Weiher wie Relikte aus einer längst vergangenen (Agrar-) Epoche gewirkt haben, die ihnen wenig nützten, ihnen jedoch viel Aufwand bescherten. Dies führt zum zweiten Hauptmotiv, weshalb die Untertanen das Ende der Weiherwirtschaft anstrebten. Ihre Bereitschaft, Frondienste an den Weihern (und andernorts) zu leisten, nahm während des 18. Jahrhunderts beständig ab. Zwar wurde die Alte Ordnung nie explizit in Frage gestellt, hingegen stieg die Kritik an ihren «feudalsten» Teilen, zu denen die Weiherwirtschaft als obrigkeitliche Eigenwirtschaft mit Frondiensten im 18. Jahrhundert sicherlich gehörte. In den Augen der Untertanen hatte diese Herrschaftsform sich wahrscheinlich überlebt. Mit dieser Haltung gerieten sie aber ohne Zweifel in einen latenten Konflikt mit ihrer Obrigkeit, für deren grosse Mehrheit der status quo im Grundsatz unantastbar war. Jedoch stieg auch bei der Obrigkeit während des 18. Jahrhunderts die Bereitschaft, den Untertanen bezüglich Erleichterung der Frondienste entgegenzukommen. Diese entwickelten dabei ein recht erstaunliches Selbstbewusstsein und kauften sich schliesslich teilweise von den Frondiensten an den Weihern los.

17. Fazit

Die Stadt Basel betrieb in ihrem ländlichen Herrschaftsgebiet seit dem Spätmittelalter in Eigenwirtschaft verschiedene Fischweiher. Diese lagen in Liestal, Waldenburg, Ormalingen, Rickenbach, Arisdorf und Riehen. Ausser denjenigen in Riehen bestanden sehr wahrscheinlich alle Weiher schon in vorbaslerischer Zeit, und ihr Betrieb wurde von der Stadt nach Übernahme der Herrschaft weitergeführt.

Verwaltet und organisiert wurde die Basler Weiherwirtschaft von verschiedenen Behörden und Beamten in Stadt und Land, unter anderem vom Lohnamt, dem um 1700 abgeschafften «Weiheramt» und vor allem vom Dreieramt. Auf der Landschaft hatten die Landvögte die Oberaufsicht über die Weiher in ihren Ämtern. Für die täglichen Arbeiten wurden lokale Untertanen als Weihermeister angestellt. Die Verantwortung für die Frondienste an den Weihern lag bei den Amtspflegern.

Besetzt wurden die Weiher meist mit auswärts eingekauften Setzfischen, es wurden aber auch eigene Setzfische gezüchtet. Die dominante Fischart war der Karpfen. Geringeren Stellenwert hatten Hechte und Forellen. Das Niveau der Zucht war allerdings nie sehr hoch, da das Fachwissen für eine effiziente Fischzucht fehlte.

Gefischt wurden die Fischweiher durch Entleerung. Die Fische wurden entnommen und lebendig in Fässer abgefüllt. Diese lud man auf Wagen und brachte sie nach Augst an den Rhein, von wo sie die letzte Wegstrecke auf dem Fluss bis in die Stadt zurücklegten. Die Fischungen waren jeweils grössere Unternehmungen, die einen entsprechenden Aufwand erforderten.

Ein Teil der Weiherfische wurde verkauft. Der grösste Teil hingegen diente als so genannter «Kompetenzfisch», der nach einem festen Schlüssel gratis an die Ratsherren und städtischen Beamten ausgeteilt wurde. Im 18. Jahrhundert kamen dann auch vermehrt ländliche Beamte, Unterbeamte und Untertanen in den Genuss von Fischen.

Der Unterhalt der Weiher verursachte hohen Arbeits- und Geldaufwand. Man musste die Weiher regelmässig von Schlamm und Vegetation befreien und die Bauwerke instandstellen.

Diesen Unterhalt erledigten bis zum Ende des 17. Jahrhunderts vor allem so genannte Friesen als Spezialhandwerker für Erd- und Wasserbau. Allmählich aber gingen die Arbeiten der Friesen in die Verantwortung der Amtsuntertanen über, die sie entweder im Frondienst oder gegen Lohn ausführten.

Im 18. Jahrhundert zeigten sich immer stärkere Auflösungserscheinungen der Basler Weiherwirtschaft, und 1778 wurde sogar ein Weiher verkauft und aufgelöst. Die übrigen Weiher hingegen wurden bis zum Ende der Alten Ordnung 1798 betrieben und erst unter der Helvetischen Republik verkauft und danach grossmehrheitlich aufgegeben.

Die Geschichte der Teichwirtschaft und der Fischzucht auf der Basler Landschaft im Spätmittelalter und in der Frühen Neuzeit fördert einige neue Erkenntnisse zutage. Grundsätzlich lässt sich sicherlich sagen, dass die Weiherwirtschaft für die Stadt von untergeordneter ökonomischer Bedeutung war. Basel war in erster Linie auf Handel, Handwerk und Protoindustrie spezialisiert, so dass man die Zucht von Fischen nicht als «Kerngeschäft» der Stadtrepublik ansehen kann. Entsprechend gering war deshalb der organisatorische und finanzielle Aufwand, den die Stadt für ihre Weiher betrieb. Erstaunlicherweise bestand aber das System der Weiherwirtschaft bis zum Ende der Alten Ordnung 1798 fort. Folglich war die Motivation zu deren Aufrechterhaltung also nicht rein ökonomischer Natur. Die Basler Obrigkeit, insbesondere der Kleine Rat als Hauptnutzniesser der Fische von der Landschaft, hing bis zum Schluss an ihren Weihern und den daraus gezogenen Privilegien. Möglicherweise symbolisierte das System der Weiherwirtschaft für die Obrigkeit als «feudaler Rest» einen Typ von Herrschaft, der im Verlauf der Frühen Neuzeit allmählich verschwand. Es müssen vor allem ideelle Gründe den Ausschlag dafür gegeben haben, dass ein noch im Mittelalter wurzelndes System sich bis zum Beginn des 19. Jahrhunderts ohne grössere Schwierigkeiten halten konnte. Die Obrigkeit hätte sonst gewiss andere Wege gefunden, sich selbst Einkünfte zu verschaffen, und dafür nicht ein Netz von Fischweihern mit der dazu gehörenden Verwaltungsstruktur aufrechterhalten müssen. Ob letztlich der Hang am Althergebrachten oder die Unfähigkeit, sich davon zu lösen, die Beibehaltung der Weiherwirtschaft bestimmte, lässt sich nicht entscheiden. Was genau dahinter stand, muss somit offen bleiben.

In meiner Arbeit habe ich die Basler Teichwirtschaft und Fischzucht umfassend dargelegt. Aufgrund des mikrohistorischen Blickwinkels war eine vergleichende Betrachtung, etwa mit der Teichwirtschaft im Elsass, in Württemberg oder der Ostschweiz, nicht möglich. Hier läge denn auch der Ansatzpunkt für weitere Forschungen auf diesem Gebiet. Ernährungsgeschichtlich wäre die weitgehende Verdrängung des Fischs als Nahrungsmittel in Binnengebieten durch Fleisch im Zusammenhang mit der Agrarmodernisierung zu untersuchen. Dabei verdiente auch der erneute Aufschwung der Teichwirtschaft im 19. Jahrhundert eine vertiefte Untersuchung anhand von lokalen Beispielen. Dies alles muss anderen anheimgestellt werden.

Sehr interessant an der Untersuchung der Teichwirtschaft und Fischzucht am lokalen Basler Beispiel ist die Vielschichtigkeit. Die Themen erstrecken sich von Konflikten zwischen Weihermeister und Dorfgenossen zum Fachwissen über die Fischzucht, von Fischfässern zu Frondiensten, von Fischausteilung zu Flötzung, von Setzfischen zu Friesen. Die Beleuchtung dieser vielen Aspekte erlaubt einen wertvollen Blick in die Gesellschaft der Vormoderne, zeigt deren Struktur, Kultur und Mentalität und lässt den Historiker immer wieder staunen. Erfahrungen von Fremdheit und von Nähe wechseln sich bei der Betrachtung der Themen ab. Auch wenn die Fremdheit mit zunehmender zeitlicher Distanz zur behandelten Epoche zunimmt, bleibt trotzdem immer eine gewisse Nähe gewährleistet, denn im Zentrum aller Fragen stehen die Menschen, ihre Sorgen, Probleme und ihre Beziehungen. Diese Fragen kennen wir heute noch, wenn auch in anderer Gestalt, und die Betrachtung unserer Vergangenheit ist deshalb immer auch die Betrachtung unserer selbst.

Literaturverzeichnis

Gedruckte Quellen

Actensammlung aus der Zeit der Helvetischen Republik (1789–1803), hg. von Johannes Strickler und Alfred Ruefer, 16 Bde., Bern/Freibung, 1886–1966

Amtsblatt des Kantons Basel-Landschaft, hg. von der Landeskanzlei Basel-Landschaft, 1832ff.

Basler Gesetzessammlung, hg. vom Justizdepartement Basel-Stadt, 1803ff.

Dürr, Emil / Roth Paul (Hg.): Aktensammlung zur Geschichte der Basler Reformation, 6 Bde., Basel, 1921–1950

Amtliche Sammlung der ältern Eidgenössischen Abschiede, 8 Bde., Bern, 1839–1856

Gesetzessammlung Basel-Landschaft, hg. von der Landeskanzlei Basel-Landschaft, 1832ff.

Harms, Bernhardt: Der Stadthaushalt Basels im ausgehenden Mittelalter. Quellen und Studien zur Basler Finanzgeschichte , 3 Bde., Tübingen, 1909–1913

Kantonsblatt Basel, hg. vom Kanton Basel/Basel-Stadt, 1798ff.

Urkundenbuch der Landschaft Basel (ULB), 2 Bde., hg. von Heinrich Boos, Basel, 1881–1883

Urkundenbuch der Stadt Basel (BUB), hg. von der Historischen und Antiquarischen Gesellschaft zu Basel, bearb. von Rudolf Wackernagel und Rudolf Thommen, 11 Bde., Basel, 1890-1910

Schnell, Johannes: Rechtsquellen von Basel. Stadt und Land, 2 Bde., Basel, 1856–1865

Ungedruckte Quellen

Staatsarchiv Basel-Landschaft (StABL)

StABL, AA 1010, 2 A, Lade L. 83
StABL, AA 1010, 2 A, Lade L. 17
StABL, AA 1010, 2 A, Lade L. 19
StABL, AA 1010, 2 A, Lade L. 35
StABL, AA 1010, 2 A, Lade L. 70
StABL, NA 2084, M3
StABL, NA 2084, M10

Staatsarchiv Basel-Stadt (StABS)

StABS, Bau Y 2
StABS, Bau Y 5
StABS, Klosterarchiv Domstift WW 56
StABS, Fischerei C 1
StABS, Ratsbücher A7

Wörterbücher und Nachschlagewerke

Historisches Lexikon der Schweiz (HLS), hg. von der Stiftung Historisches Lexikon der Schweiz, 13 Bde., Basel, 2002–2014

Grotefend, Hermann: Zeitrechnung des deutschen Mittelalters und der Neuzeit, 2 Bde., Aalen, 1970

Schweizerisches Idiotikon. Wörterbuch der schweizerdeutschen Sprache / ges. auf Veranstaltung der Antiquarischen Gesellschaft in Zürich unter Beihülfe aus allen Kreisen des Schweizervolkes; bearb. von Friedrich Staub und Ludwig Tobler (et al.), Frauenfeld, 1881ff.

Sekundärliteratur

Alioth, Martin (Hg. et al.): Basler Stadtgeschichte, Bd. 2, Basel, 1981

Alt-Basler Münzen, Masse und Gewichte, ohne Verfasser und Jahr (UB Basel, Lesesaal 55, 130)

Amacher, Urs: Zürcher Fischerei im Spätmittelalter. Realienkunde, Sozial- und Wirtschaftsgeschichte der Fischerei im Zürcher Gebiet, Zürich, 1996

Ders.: Die Teichwirtschaft im Spätmittelalter. Vom Frischhaltebecken zum Fischmastweiher, in: Medium Aevum Quotidianum 34, 1996

Ders.: Geschichte der Fischer und der Fischerei im Mittelalter, in: Hüster Plogmann, Heide (Hg.): Fisch und Fischer aus zwei Jahrtausenden. Eine fischereiwirtschaftliche Zeitreise durch die Nordwestschweiz (Forschungen in Augst, Bd. 39), Augst, 2006, S. 95-106

Blum, Ernst/Nüesch, Theophil: Basel einst und jetzt. Eine kulturhistorische Heimatkunde, Basel, 1913

Bruckner, Daniel: Versuch einer Beschreibung historischer und natürlicher Merkwürdigkeiten der Landschaft Basel, 27 Bde, Basel, 1748–1754 (Faksimile Dietlikon/Zürich, 1968)

Bundesamt für Umwelt BAFU (Hg.): Monitoring der Nase (Chondrostoma nasus) in der Schweiz, Mitteilungen zur Fischerei Nr. 67, Bern, 2000

Campana, Urs: Die Fischerei im Kanton Basel-Landschaft, in: Baselbieter Heimatbuch 27, Liestal, 2009, S. 423-437

Dubler, Anne-Marie: Masse und Gewichte im Staat Luzern und in der alten Eidgenossenschaft, Luzern, 1975

Fouquet, Gerhard: Bauen für die Stadt. Finanzen, Organisation und Arbeit in kommunalen Baubetrieben des Spätmittelalters. Eine vergleichende Studie vornehmlich zwischen den Städten Basel und Marburg, Köln, 1999

Frei, August: Sechshundert Jahre E.E. Zunft zu Fischern in Basel, 1354–1954, Basel, 1954

Freivogel, Ludwig: Die Landschaft Basel in der zweiten Hälfte des 18. Jahrhunderts, Basel, 1893

Gaugler, Hans: Die historischen Fischereigerechtigkeiten am Oberrhein zwischen Basel und dem Untersee, Berlin, 1928

Gauss, Karl et al.: Geschichte der Landschaft Basel und des Kantons Basel-Landschaft, 2 Bde., Liestal, 1932

Häberle, Simone/Marti-Grädel, Elisabeth: Die Teichwirtschaft vom Mittelalter bis in die Frühe Neuzeit, in: Hüster Plogmann, Heide (Hg.): Fisch und Fischer aus zwei Jahrtausenden. Eine fischereiwirtschaftliche Zeitreise durch die Nordwestschweiz (Forschungen in Augst, Bd. 39), Augst, 2006, S. 149–159

Heimatkunde Birsfelden, Liestal, 1976

Hoffmann, Richard C.: Der Karpfen (Cyprinus carpio L.): Der lange Weg eines «Fremdlings» in die Schweiz, in: Hüster Plogmann, Heide (Hg.): Fisch und Fischer aus zwei Jahrtausenden. Eine fischereiwirtschaftliche Zeitreise durch die Nordwestschweiz (Forschungen in Augst, Bd. 39), Augst, 2006, S. 161–167

Hug, Werner: Stammtafeln Handschin von Gelterkinden/Rickenbach, Muttenz, 1986 (StABL, Hilfsw. Bro q 34)

Huggel, Samuel: Die Einschlagsbewegung in der Basler Landschaft. Gründe und Folgen der wichtigsten agrarischen Neuerung im Ancien Régime, 2 Bde., Liestal, 1979

Kettiger, Johann Jakob: Landwirthschaftliche Zustände in Basel-Land, Liestal, 1857

Kreis, Georg/von Wartburg, Beat (Hg.): Basel. Geschichte einer städtischen Gesellschaft, Basel, 2000

Landolt, Niklaus: Untertanenrevolten und Widerstand auf der Basler Landschaft im 16. und 17. Jahrhundert, Liestal, 1996

Laur-Belart, Rudolf (Hg. et al.): Geschichte von Augst und Kaiseraugst, Liestal, 1976

Manz, Matthias: Die Basler Landschaft in der Helvetik (1798-1803). Über die materiellen Ursachen von Revolution und Konterrevolution, Liestal 1991
Meier, Eugen A.: Vogel Gryff. Geschichte und Brauchtum der drei Ehrengesellschaften Kleinbasels, Basel, 1987
Merz, Walther: Die Burgen des Sisgaus, 4 Bde., Aarau, 1909–1914
Müller, Lukas: Die Fischerei im spätmittelalterlichen Basel, unveröffentlichte Lizentiatsarbeit, 2 Bde., Basel, 1989
Nah dran, weit weg. Geschichte des Kantons Basel-Landschaft, 6 Bde., Liestal, 2001
Othenin-Girard, Mireille: Ländliche Lebensweise und Lebensformen im Spätmittelalter, Liestal, 1994
Rezzoli, Michael: Die Teichwirtschaft der Fürstabtei St. Gallen. Untersuchung der Karpfenzucht in den Statthaltereiämtern Wil und St. Gallen sowie der Herrschaft Neuravensburg von 1457-1798, unveröffentlichte Lizentiatsarbeit, Zürich, 2009
Rippmann, Dorothee: Der Weiher zu Oberwil (BL) im 16. Jahrhundert: Lohnarbeit und Interessenkonflikte im fürstbischöflichen Amt Birseck, in: Geschichte 2001. Mitteilungen der Forschungsstelle Baselbieter Geschichte, Nr. 9, 1992, S. 1-8 (Beilage zu den Baselbieter Heimatblättern 57)
Dies.: Liestal (Historischer Städteatlas der Schweiz), Zürich, 2009
Roth, Paul: Die Organisation der Basler Landvogteien im 18. Jahrhundert, Zürich, 1922
Salathé, René (Hg. et al.): Augst und Kaiseraugst. Zwei Dörfer – Eine Geschichte, 2 Bde., Liestal, 2007
Salvisberg, André: Die Basler Strassennamen, Basel, 1999
Schönberg, Gustav: Finanzverhältnisse der Stadt Basel im 14. und 15. Jahrhundert, Tübingen, 1879
Stiftung für Orts- und Flurnamenforschung Baselland (Hg.): Ormalingen (Ortsmonografie), Liestal, 2007
Stopp, Barbara/Bietenbeck, Kristina: Von der Erfindung der künstlichen Fischzucht im 19. Jahrhundert, in: Hüster Plogmann, Heide (Hg.): Fisch und Fischer aus zwei Jahrtausenden. Eine fischereiwirtschaftliche Zeitreise durch die Nordwestschweiz (Forschungen in Augst, Bd. 39), Augst, 2006, S. 169–176
Suter, Paul: Beiträge zur Landschaftskunde des Ergolzgebietes, Liestal, 1971
Vettori, Arthur: Finanzhaushalt und Wirtschaftsverwaltung Basels (1689–1798). Wirtschafts- und Lebensverhältnisse einer Gesellschaft zwischen Tradition und Umbruch, Basel/Frankfurt am Main, 1984
Wanner, Gustaf Adolf: Zunftkraft und Zunftstolz, Basel, 1976

Anhang

1. Glossar

Bären

Einfache Fischfanggeräte, bei denen die Fische mit einem an einer Handhabe (meist Stiel) befestigten Netz verschiedenster Form von Hand aus dem Wasser geschöpft werden. Es wird unterschieden in Schöpfbären (auch Feimer oder Kescher), Schiebebären, Brettbären, Zeinen und Hebebären.[1081]

Dentschen oder Täntschen

Weiherdamm, meist durch künstliche Aufschüttung von Erde und Steinen an einer günstigen Stelle im Gelände, abgedichtet mit Lehm. Der Dentschen hatte meist ein so genanntes «Güssbett», eine befestigte Rinne für überlaufendes Wasser.[1082]
Eventuell war das «Güssbett» identisch mit dem *Teichbett (dÿchbett).*

Kümpfel oder Strümpfel

(Zapfenartige) Ablassvorrichtung eines Weihers, im Weiherdamm eingelassen. Es handelte sich um eine Art Schieber, entweder in Form eines Stöpsels oder eines Fallbretts («Schutzbrett»). Gezogen wurde der Kümpfel vom Damm aus über eine Stange oder einen Galgen. Den Fischen versperrte beim Entleeren ein Gatter den Weg in die Freiheit.[1083] Eingerahmt und/oder überdacht waren die Kümpfel mit dem so genannten «Kümpfelhaus». Nebst dem Haupt-Kümpfel für die Totalentleerung des Weihers gab es so genannte «Wetterkümpfel» oder «Wetterhäuschen», mit denen der Wasserstand auf höherem Niveau zusätzlich reguliert werden konnte, beispielsweise bei Hochwasser.

Grundkänel

An der Sohle des Weiherdamms durch diesen hindurch geführte, meist hölzerne Röhre, die durch den Kümpfel gegen den Weiher hin abgeschlossen war. Zum Grundkänel hin führten meist Gräben im Weiherboden, damit sich der Weiher vollständig entleeren liess.

2. Masse und Gewichte

Längenmasse:

1 Basler Werkschuh	=	12 Zoll = 30,5 cm (Handwerkermass)
1 Basler Feldschuh	=	28,13 cm (Feldvermessungsmass)[1084]
1 Klafter	=	6 Feldschuh
1 Rute	=	10 Feldschuh[1085]

Brenn – und Bauholz:

1 Klafter = ca. 6 Werkschuh Höhe mal ca. 6 Werkschuh Breite mal 4 Werkschuh Tiefe = 144 Kubikschuh = 4,103 Kubikmeter[1086]

Gewicht (Detailhandel):

1 Pfund Eisengewicht = 486,177 g[1087]

Hohlmasse für Flüssigkeiten:

Vor 1591:
1 Saum = 3 Ohm = 136,51 Liter
1 Ohm = 32 Mass = 45,50 Liter
1 Mass = 4 Quärtlein = 1,42 Liter

Nach 1591:
1 Saum = 3 Ohm = 135,6 Liter
1 Ohm = 40 Mass = 45,2 Liter
1 Mass = 4 Quärtlein = 1,13 Liter[1088]
1 Farnsburger Mass: 1,52 Liter
1 Basler Mass: 1,42 Liter[1089]
1 Liestaler Schenkmass: 1,54 Liter
1 Liestaler Saummass: 1,62 Liter[1090]

Hohlmasse für Trockenfrüchte:

Bürgermass:
1 Viernzel = 2 Sack = 8 grosse Sester = 16 kleine Sester = 273,13 Liter
1 Becher = 2 Immli = 2,13 Liter[1091]

Viertelmass/Rittermass:
1 Viernzel = 2 Sack = 12 Viertel = 16 Sester = 298,94 Liter
1 Mütt = 4 Viertel
1 Viertel = 24,91 Liter
1 Sester = 18,68 Liter
32 Sester Viertelmass = 35 Sester Bürgermass[1092]

Flächenmasse:

1 Jucharte = 0,2835 ha

Münzen (Rechnungseinheiten):

1 Pfund (lb) = 20 Schilling (ß) = 240 Pfennig (d)
1 Schilling = 12 Pfennige. Der Schilling wurde auch Plappart genannt.[1093]
1 Gulden = 2 Pfund = 40 Schilling = 480 Pfennige
Der reale Wert der Münzen schwankte jeweils beträchtlich.[1094]

3. Preise für Fische[1095]

Setzfische (pro Fisch)

Jahr	*Fischart*	*Preis*
1429/1430	Setzfisch	4 d
1472/1473	Setzfisch	4 d
1474/1475	Setzfisch	2 d
1475/1476	Setzfisch	4 d
1478/1479	Setzfisch	2 d
1498/1499	Litzkarpfen	5 ß 5 d
1505/1506	Setzfische	6 d
1515/1516	Hecht	3 d
1520/1521	Hecht	8 d
1531/1532	Setzfisch	3 d
1533/1534	Setzfisch	2 d
1534/1535	Litzfisch	7 ß 6 d
1711	Karpfen	1 ß
1782	Forelle	2 ß 6 d
1797	Forelle	5 ß 5 d

Ausgewachsene Teichfische (pro Fisch)

Jahr	*Fischart*	*Preis*
1456/1457	Nase[1096]	6 d
1710	Karpfen	5 ß 8 d
1714	Karpfen	5 ß
1718	Karpfen	5 ß
1778	Karpfen	15 ß
1794	Karpfen	1 lb 10 ß

Rheinfische (pro Fisch)

Jahr	*Fischart*	*Preis*
1440/1441	Salmen[1097]	2 lb
1468/1469	Salmen	1 lb 14 ß
1468/1469	Lachs	1 lb 5 ß
1468/1469	Salmen	1 lb 10 ß
1468/1469	Salmen	1 lb 7 ß
1469/1470	Lachs	1 lb 10 ß
1469/1470	Lachs	1 lb 6 ß
1470/1471	Salmen	2 lb 6 ß
1470/1471	Salmen	1 lb 13 ß
1472/1473	Salmen	2 lb 10 ß
1474/1475	Salmen	2 lb 12 ß
1475/1476	Salmen	1 lb 13 ß 6 d
1479/1480	Lachs	1 lb 16 ß
1479/1480	Salmen	2 lb 6 ß
1482/1483	Lachs	2 lb
1482/1483	Lachs	4 lb 4 d
1488/1489	Salmen	1 lb 16 ß
1493/1494	Lachs	1 lb 16 ß 7 d
1493/1494	Salmen	2 lb 8 ß 10 d
1498/1499	Salmen	2 lb 15 ß
1499/1500	Salmen	2 lb 7 ß 6 d
1510/1511	Salmen	3 lb
1513/1514	Salmen	1 lb 15 ß
1514/1515	Salmen	1 lb 15 ß
1519/1520	Salmen	3 lb
1519/1520	Salmen	3 lb 15 ß
1520/1521	Salmen	2 lb
1520/1521	Salmen	1 lb 7 ß
1520/1521	Salmen	5 lb
1521/1522	Salmen	2 lb 5 ß
1522/1523	Lachs	2 lb 10 ß
1523/1524	Salmen	3 lb 10 ß
1523/1524	Salmen	2 lb 13 ß 2 d
1523/1524	Salmen	3 lb
1524/1525	Salmen	2 lb 10 ß
1524/1525	Lachs	5 lb 10 ß
1528/1529	Salmen	3 lb

4. **Fischausteilungen 1626–1666**; in () von mir eingesetzte Angaben[1098]

Jahr	Datum	Anzahl zu verteilen (Soll)	Anzahl verteilt	Fischart	Herkunft
1626	–	400	363	Karpfen	Rickenbach
1631	18. Februar	200	–	Karpfen	Arisdorf
1631	7. April	200	190	Karpfen	Waldenburg
1631	26. Oktober	200	200	Karpfen	Liestal, See
1632	16. November	400	390	Karpfen	Rickenbach
1633	27. Februar	200	199	Karpfen	Arisdorf
1633	25. März	(600)	–	Nasen	(Birs)
1634	2. April	(600)	576	Nasen	(Birs)
1634	23. Oktober	400	–	Karpfen	Rickenbach
1635	11. April Samstag	(600)	590	Nasen	(Birs)
1635	8. Mai	200	202	Karpfen	Waldenburg
1635	6. November	200	200	Karpfen	Liestal, See
1636	29. März Dienstag	(600)	572	Nasen	(Birs)
1636	6. Oktober	400	–	Karpfen	Rickenbach
1637	24. Februar	200	204	Karpfen	Arisdorf
1637	7. April Karfreitag	600	611	Nasen	(Birs)
1637	6. Oktober	200	213	Karpfen	Liestal, See
1638	1. April Sonntag	(600)	602	Nasen	(Birs)
1638	13. Oktober	400	–	Karpfen	Rickenbach
1639	16. März Samstag	(600)	–	Nasen	(Birs)
1640	22. Februar	200	217	Karpfen	Liestal, See
1640	8. April Mittwoch	600	608	Nasen	(Birs)
1641	10. April Samstag	(600)	–	Nasen	(Birs)
1641	2. od. 11. März	200	200	Karpfen	Arisdorf
1642	23. März	200	215	Karpfen	Waldenburg
1642	5. April	(600)	–	Nasen	(Birs)
1643	23. Februar	200	190	Karpfen	Arisdorf
1643	9. April Sonntag	600	602	Nasen	Birs
1644	23. Februar	200	201	Karpfen	Liestal, See
1644	7. April Sonntag	600	596	Nasen	(Birs)
1644	31. Oktober Sonntag	400	363	Karpfen	Rickenbach

Jahr	Datum	Anzahl zu verteilen (Soll)	Anzahl verteilt	Fischart	Herkunft
1645	7. März	200	196	Karpfen	Arisdorf
1645	25. März	600	540	Nasen	(Birs)
1645	4. September	200	202	Karpfen	Waldenburg
1646	20. Februar	200	–	Karpfen	Liestal, See
1646	1. April Mittwoch	600	602	Nasen	Birs
1647	6. März	200	203	Karpfen	Arisdorf
1647	26. März	600	612	Nasen	Birs
1647	9. September	200	204	Karpfen	Waldenburg
1648	10. Februar	200	207	Karpfen	Liestal, See
1648	17. April Freitag	600	612	Nasen	Birs
1649	13. März	200	199	Karpfen	Arisdorf
1649	6. April Freitag	600	572	Nasen	Birs
1650	4. April Donnerstag	600	–	Nasen	Birs
1650	6. September Freitag	200	–	Karpfen	Waldenburg
1650	31. Oktober Donnerstag	400	392	Karpfen	Rickenbach
1651	14. April Sonntag	600	592	Nasen	Birs
1652	2. April Freitag	600	606	Nasen	Birs
1652	13. Februar	200	200	Karpfen	Liestal, See
1652	2. April Freitag	600	606	Nasen	Birs
1652	11. November Donnerstag	400	–	Karpfen	Rickenbach
1653	30. März Mittwoch	600	600	Nasen	Birs
1653	18. März Freitag	200	203	Karpfen	Arisdorf
1654	12. April Mittwoch	600	592	Nasen	Birs
1655	9. Februar	200	191	(Karpfen)	Liestal, See
1655	23. Februar	(200)	–	Karpfen	Arisdorf
1655	14. September	200	–	Karpfen	Waldenburg
1654	27. Oktober	400	400	Karpfen	Rickenbach
1656	30. Oktober	400	398	Karpfen	Rickenbach
1656	5. April	600	–	Nasen	Birs

Jahr	Datum	Anzahl zu verteilen (Soll)	Anzahl verteilt	Fischart	Herkunft
1657	–	600	600	Nasen	Birs
1657	–	600	586	Nasen	Birs
1657	6. Februar	200	202	Karpfen	Liestal, See/Weiher
1659	25. Februar	200	200	Karpfen	Arisdorf
1659	25. Februar	200	200	Karpfen	Liestal, See
1659	27. April	200	199	Karpfen	Waldenburg
1660	26. Juli		760	Karpfen	Riehen
1660	19. Oktober	400	400	Karpfen	Rickenbach
1660	6. April	600	595	Nasen	Birs
1661	–	600	–	Nasen	Birs
1662	5. Oktober	200	198	Karpfen	Riehen, unterer Weiher
1662	28. März	600	600	Nasen	Birs
1662	10. Oktober	400	–	Karpfen	Riehen, neuer/grosser Weiher
1664	–	400	399	Karpfen	Riehen
1664	27. Oktober	400	399	Karpfen	Rickenbach
1665	12. Februar	200	–	Karpfen	Arisdorf
1666	7. April	600	–	Nasen	Birs

5. Einnahmen aus der Flussfischerei in den Basler Stadtrechnungen[1099]

Jahr	Ort / Rubrik	Fischenz / Gewässer	Einnahme aus	Fischart	Summe
1405/1406		Ergolz	Fisch	Nase	22 lb 15 ß
1411/1412	Basel		Fisch	Nase	11 lb 17 ß
1412/1413		Ergolz	Fisch	Nase	10 lb
1413/1414	Liestal	Ergolz	Fisch	Nase	36 lb 8 ß 10 d
	Olten		Zins		32 ß
	Olten		Fisch	Nase	11 lb 8 ß
1414/1415	Liestal	Ergolz	Fisch	Nase	24 lb
	Olten		Fisch	Nase	2 lb 15 ß 6 d
1415/1416	Liestal	Ergolz	Fisch	Nase	59 lb
	Olten		Fisch	Nase	7 lb 16 ß
1416/1417	Liestal		Fisch	Nase	65 lb
	Olten		Fisch	Nase	5 lb
1417/1418	Liestal	Ergolz	Fisch	Nase	40 lb
	Olten		Fisch	Nase	6 lb 15 ß
1418/1419	Olten		Zins		30 ß
1419/1420	Liestal	Ergolz	Fisch	Nase	16 lb 3 ß
	Olten		Fisch	Nase	1 lb 8 ß
1420/1421	Olten		Zins		1 lb 6 ß 8 d
1421/1422	Liestal	Ergolz	Fisch	Nase	6 lb 16 ß 6 d
	Olten	Dünnern	Zins		6 lb 4 ß 8 d
1422/1423	Olten		Fisch	Nase	4 lb 2 ß
1423/1424	Liestal	Ergolz	Fisch	Nase	6 lb 18 ß
	Olten		Fisch	Nase	4 lb
1424/1425	Liestal	Ergolz	Fisch	Nase	15 lb 6 d
	Olten		Fisch	Nase	8 lb 6 ß
1425/1426	Basel	Ergolz	Fisch	Nase	31 lb
	Olten		Zins		1 lb 2 ß
1426/1427	Basel	Ergolz	Fisch	Nase	35 lb 17 ß
	Olten		Zins		13 ß 4 d
1427/1428	Basel	Ergolz	Fisch	Nase	1 lb 7 ß 10 d
1428/1429	Basel	Kleinbasel	Zins		30 lb
	Liestal	Ergolz	Fisch	Nase	20 lb 5 ß 10 d
1429/1430	Basel	Kleinbasel	Zins		30 lb
	Liestal	Ergolz	Fisch	Nase	2 lb 10 ß
1430/1431	Basel	Kleinbasel	Zins		30 lb
	Liestal	Ergolz	Fisch	Nase	48 lb 6 ß 6 d
1431/1432	Liestal	Ergolz	Fisch	Nase	1 lb 4 ß
1432/1433	Basel	Wiese	Zins		62 lb 10 ß
	Basel	Ergolz	Fisch	Nase	2 ß

Jahr	Ort / Rubrik	Fischenz / Gewässer	Einnahme aus	Fischart	Summe
1433/1434	Basel	Wiese	Zins		36 lb 10 ß
	Basel	Ergolz	Fisch	Nase	5 lb 10 ß
1434/1435	Basel	Wiese	Zins		30 lb
	Basel	Ergolz	Fisch	Nase	5 ß
1435/1436	Basel	Wiese	Zins		30 lb
	Liestal	Ergolz	Fisch	Nase	13 lb 14 ß
1437/1438	Basel	Wiese	Zins		30 lb
	Liestal	Ergolz	Fisch	Nase	9 lb 9 ß
1438/1439	Liestal	Ergolz	Fisch	Nase	2 lb 15 ß
1439/1440	Basel	Wiese	Zins		35 lb 15 ß
1440/1441	Basel	Wiese	Zins		3 lb
	Liestal	Ergolz	Fisch	Nase	14 lb 2 ß
1441/1442	Basel	Wiese	Zins		20 lb
1444/1445	Basel	Wiese	Zins		16 lb
1445–1448	Basel	Wiese	Zins		
1447/1448	Basel	Salmenwaage Rheinfelden/Augst	Zins		8 lb 11 ß
1449/1450	Basel	Ergolz	Fisch		
1450/1451	Basel	Ergolz	Fisch	Nase	11 lb
1451/1452	Basel	Ergolz	Fisch	Nase	15 lb 16 ß
1452/1453	Basel		Fisch		21 lb 11 ß
1463/1464	Basel	Ergolz	Fisch		7 lb
1464/1465	Sissach		Zins		4 lb 3 ß
1465/1466	Sissach		Zins		2 lb 10 ß
1466/1467	Basel	Salmenwaagen Rheinfelden	Zins		32 lb 6 d
	Basel	Fachenzins	Zins		5 ß
	Basel	Birs	Fisch	Nase	9 lb 3 d
	Sissach		Zins		2 lb 10 ß
1467/1468	Rheinfelden	Zinsfisch			35 ß
1468/1469	Sissach		Zins		2 lb 10 ß
1469/1470	Sissach		Zins		2 lb 10 ß
1470/1471	Sissach		Zins		2 lb 10 ß
	Rheinfelden	Sissel	Fisch	Nase	4 lb 19 ß
1471/1472	Sissach		Zins		2 lb 10 ß
	Böckten		Zins		10 ß
	Rheinfelden		Fisch	Nase	12 lb
1472/1473	Sissach		Zins		2 lb 10 ß
	Böckten		Zins		10 ß
	Münchenstein		Fisch	Nase	13 lb 2 ß

Jahr	Ort / Rubrik	Fischenz / Gewässer	Einnahme aus	Fischart	Summe
1473/1474	Böckten		Zins		10 ß
1474/1475	Basel	Ergolz	Fisch	Nase	13 lb 10 ß
	Sissach		Zins		2 lb 10 ß
	Böckten		Zins		10 ß
1475/1476	Sissach		Zins		2 lb 10 ß
	Böckten		Zins		10 ß
1476/1477	Sissach		Zins		2 lb 10 ß
	Böckten		Zins		10 ß
1477/1478	Basel	Ergolz	Fisch	Nase	8 lb 10 ß
	Sissach		Zins		2 lb 10 ß
	Böckten		Zins		10 ß
1478/1479	Basel	Ergolz	Fisch	Nase	14 lb
	Sissach		Zins		2 lb 10 ß
	Böckten		Zins		10 ß
1479/1480	Basel	Ergolz	Fisch	Nase	25 lb
	Sissach		Zins		2 lb 10 ß
	Böckten		Zins		10 ß
	Münchenstein	Birs	Zins		3 lb
	Münchenstein	Birs	Fisch	Nase	18 lb
1480/1481	Basel	Ergolz	Fisch	Nase	18 lb
	Sissach		Zins		2 lb 10 ß
	Böckten		Zins		10 ß
1481/1482	Sissach		Zins		2 lb 10 ß
	Böckten		Zins		10 ß
1482/1483	Basel	Ergolz	Fisch	Nase	6 lb 13 ß
	Sissach		Zins		2 lb 10 ß
	Böckten		Zins		10 ß
	Münchenstein	Birs	Zins		3 lb
1483/1484	Sissach		Zins		2 lb 10 ß
	Böckten		Zins		10 ß
	Münchenstein	Birs	Zins		3 lb
	Muttenz		Zins		7 lb
1484/1485	Sissach		Zins		2 lb 10 ß
	Böckten		Zins		10 ß
	Münchenstein	Birs	Zins		3 lb
	Muttenz		Zins		7 lb
	Muttenz		Fisch	Nase	–
1485/1486	Basel		Fisch	Nase	18 lb 15 ß
	Sissach		Zins		2 lb 10 ß
	Böckten		Zins		10 ß
	Münchenstein	Birs	Zins		3 lb
	Muttenz		Zins		7 lb
	Muttenz		Fisch	Nase	–

Jahr	Ort / Rubrik	Fischenz / Gewässer	Einnahme aus	Fischart	Summe
1486/1487	Basel		Fisch	Nase	–
	Sissach		Zins		2 lb 10 ß
	Böckten		Zins		10 ß
	Münchenstein	Birs	Zins		3 lb
	Muttenz		Zins		7 lb
	Muttenz		Fisch	Nase	–
1487/1488	Basel		Fisch	Nase	–
	Sissach		Zins		2 lb 10 ß
	Münchenstein	Birs	Zins		3 lb
	Muttenz		Zins		7 lb
1488/1489	Basel	Ergolz	Fisch	Nase	13 lb
	Sissach		Zins		2 lb 10 ß
	Münchenstein	Birs	Zins		3 lb
	Muttenz		Zins		7 lb
1489/1490	Basel		Fisch	Nase	4 lb 10 ß
	Sissach		Zins		2 lb 10 ß
	Münchenstein	Birs	Zins		3 lb
	Muttenz		Zins		7 lb
1490/1491	Basel		Fisch	Nase	4 lb
	Sissach		Zins		2 lb 10 ß
	Münchenstein	Birs	Zins		3 lb
	Muttenz		Zins		7 lb
1491/1492	Basel		Fisch	Nase	–
	Sissach		Zins		2 lb 10 ß
	Münchenstein	Birs	Zins		3 lb
	Muttenz		Zins		7 lb
1492/1493	Basel		Fisch	Nase	8 lb
	Sissach		Zins		2 lb 10 ß
	Münchenstein	Birs	Zins		3 lb
	Muttenz		Zins		7 lb
1493/1494	Basel		Fisch	Nase	–
	Sissach		Zins		2 lb 10 ß
	Münchenstein	Birs	Zins		3 lb
	Muttenz		Zins		7 lb
1494/1495	Basel		Fisch	Nase	7 lb 7 ß 10 d
	Sissach		Zins		2 lb 10 ß
	Münchenstein	Birs	Zins		3 lb
	Muttenz		Zins		7 lb
1495/1496	Basel		Fisch	Nase	–
	Sissach		Zins		2 lb 10 ß
	Münchenstein	Birs	Zins		3 lb
	Muttenz		Zins		7 lb

Jahr	Ort / Rubrik	Fischenz / Gewässer	Einnahme aus	Fischart	Summe
1496/1497	Basel		Fisch	Nase	16 lb 17 ß 6 d
	Sissach		Zins		2 lb 10 ß
	Münchenstein	Birs	Zins		3 lb
	Muttenz		Zins		–
1497/1498	Basel		Fisch	Nase	12 lb 5 ß
	Sissach		Zins		2 lb 10 ß
	Münchenstein	Birs	Zins		3 lb
	Muttenz		Zins		7 lb
1498/1499	Basel		Fisch	Nase	–
	Basel	Ergolz	Fisch	Nase	2 lb
	Sissach		Zins		2 lb 10 ß
	Münchenstein	Birs	Zins		3 lb
	Muttenz		Zins		7 lb
1499/1500	Basel		Fisch	Nase	–
	Sissach		Zins		2 lb 10 ß
	Münchenstein	Birs	Zins		1 lb
	Muttenz		Zins		7 lb
1500/1501	Basel		Fisch	Nase	–
	Sissach		Zins		2 lb 10 ß
	Münchenstein	Birs	Zins		3 lb
	Muttenz		Zins		7 lb
1501/1502	Sissach		Zins		2 lb 10 ß
	Münchenstein	Birs	Zins		3 lb
	Muttenz		Zins		7 lb
1502/1503	Basel	Ergolz	Fisch	Nase	–
	Sissach		Zins		2 lb 10 ß
	Münchenstein	Birs	Zins		3 lb
	Muttenz		Zins		7 lb
1503/1504	Basel	Ergolz	Fisch	Nase	–
	Sissach		Zins		2 lb 10 ß
	Münchenstein	Birs	Zins		3 lb
	Muttenz		Zins		7 lb
1504/1505	Basel	Ergolz	Fisch	Nase	–
	Sissach		Zins		2 lb 10 ß
	Münchenstein	Birs	Zins		3 lb
	Muttenz		Zins		7 lb
1505/1506	Basel	Ergolz	Fisch	Nase	–
	Sissach		Zins		2 lb 10 ß
	Münchenstein	Birs	Zins		3 lb
	Muttenz		Zins		7 lb

Jahr	Ort / Rubrik	Fischenz / Gewässer	Einnahme aus	Fischart	Summe
1506/1507	Basel	Ergolz	Fisch	Nase	–
	Sissach		Zins		2 lb 10 ß
	Münchenstein	Birs	Zins		3 lb
	Muttenz		Zins		7 lb
1507/1508	Basel	Birs	Fisch	Nase	25 lb
	Basel	Ergolz	Fisch	Nase	5 lb
	Sissach		Zins		2 lb 10 ß
	Münchenstein	Birs	Zins		3 lb
	Muttenz		Zins		7 lb
1508/1509	Basel	Birs	Fisch	Nase	–
	Basel	Ergolz	Fisch	Nase	–
	Sissach		Zins		2 lb 10 ß
	Münchenstein	Birs	Zins		3 lb
	Muttenz		Zins		7 lb
1509/1510	Basel	Birs	Fisch	Nase	7 lb
	Basel	Ergolz	Fisch	Nase	5 ß
	Sissach		Zins		2 lb 10 ß
	Münchenstein	Birs	Zins		3 lb
	Muttenz		Zins		7 lb
1510/1511	Basel	Birs	Fisch	Nase	–
	Basel	Ergolz	Fisch	Nase	–
	Sissach		Zins		2 lb 10 ß
	Münchenstein	Birs	Zins		3 lb
	Muttenz		Zins		7 lb
1511/1512	Basel	Birs	Fisch	Nase	26 lb 3 d
	Basel	Ergolz	Fisch	Nase	–
	Sissach		Zins		2 lb 10 ß
	Münchenstein	Birs	Zins		3 lb
	Muttenz		Zins		7 lb
1512/1513	Basel	Birs	Fisch	Nase	9 lb 10 ß
	Basel	Ergolz	Fisch	Nase	–
	Sissach		Zins		2 lb 10 ß
	Münchenstein	Birs	Zins		3 lb
	Muttenz		Zins		7 lb
1513/1514	Basel	Birs	Fisch	Nase	19 lb 12 ß
	Basel	Ergolz	Fisch	Nase	5 lb 4 d
	Sissach		Zins		2 lb 10 ß
	Münchenstein	Birs	Zins		3 lb
	Muttenz		Zins		7 lb

Jahr	Ort / Rubrik	Fischenz / Gewässer	Einnahme aus	Fischart	Summe
1514/1515	Basel	Birs	Fisch	Nase	119 lb 12 ß 10 d
	Basel	Ergolz	Fisch	Nase	17 lb 5 ß
	Sissach		Zins		2 lb 10 ß
	Münchenstein	Birs	Zins		3 lb
	Muttenz		Zins		7 lb
1515/1516	Basel	Birs	Fisch	Nase	33 lb 16 ß 5 d
	Basel	Ergolz	Fisch	Nase	10 lb 1 ß 6 d
	Sissach		Zins		2 lb 10 ß
	Münchenstein	Birs	Zins		3 lb
	Muttenz		Zins		7 lb
1516/1517	Basel	Birs	Fisch	Nase	13 lb 15 ß 4 d
	Basel	Ergolz	Fisch	Nase	–
	Sissach		Zins		2 lb 10 ß
	Münchenstein	Birs	Zins		3 lb
	Muttenz		Zins		7 lb
1517/1518	Basel	Birs	Fisch	Nase	5 lb 16 ß
	Basel	Ergolz	Fisch	Nase	16 ß 10 d
	Sissach		Zins		2 lb 10 ß
	Münchenstein	Birs	Zins		3 lb
	Muttenz		Zins		7 lb
1518/1519	Basel	Birs	Fisch	Nase	42 lb 6 ß 6 d
	Basel	Ergolz	Fisch	Nase	–
	Sissach		Zins		2 lb 10 ß
1519/1520	Basel	Birs	Fisch	Nase	50 lb 6 d
	Basel	Ergolz	Fisch	Nase	13 lb 7 ß
	Sissach		Zins		2 lb 10 ß
	Münchenstein	Birs	Zins		3 lb
	Muttenz		Zins		7 lb
1520/1521	Basel	Birs	Fisch	Nase	23 lb 9 d
	Basel	Ergolz	Fisch	Nase	–
	Sissach		Zins		2 lb 10 ß
	Muttenz		Zins		7 lb
1521/1522	Basel	Birs	Fisch	Nase	39 lb 7 ß
	Basel	Ergolz	Fisch	Nase	–
	Sissach		Zins		2 lb 10 ß
	Muttenz		Zins		7 lb
1522/1523	Basel	Birs	Fisch	Nase	25 lb 5 ß 4 d
	Basel	Ergolz	Fisch	Nase	14 lb 12 ß 4 d
	Sissach		Zins		2 lb 10 ß
	Muttenz		Zins		7 lb
	Riehen		?		22 lb

Jahr	Ort / Rubrik	Fischenz / Gewässer	Einnahme aus	Fischart	Summe
1523/1524	Basel	Birs	Fisch	Nase	94 lb 9 ß 7 d
	Basel	Ergolz	Fisch	Nase	–
	Sissach		Zins		2 lb 10 ß
	Muttenz		Zins		7 lb
1525/1526	Basel	Birs	Fisch	Nase	–
	Basel	Ergolz	Fisch	Nase	–
1526/1527	Basel	Birs	Fisch	Nase	181 lb 2 ß 6 d
	Basel	Ergolz	Fisch	Nase	26 lb 18 ß
	Riehen		?		69 lb
1527/1528		Birs	Fisch	Nase	–
		Ergolz	Fisch	Nase	–
	Riehen		?		29 lb 15 ß
1528/1529	Basel	Birs	Fisch	Nase	16 lb 7 ß 4 d
	Basel	Ergolz	Fisch	Nase	–
	Riehen		?		26 lb
1529/1530	Basel	Birs	Fisch	Nase	94 lb 7 ß 6 d
	Basel	Ergolz	Fisch	Nase	–
	Riehen		?		24 lb
1530/1531	Basel	Birs	Fisch	Nase	6 lb 15 ß 6 d
	Basel	Ergolz	Fisch	Nase	–
	Riehen		?		22 lb 10 ß
1531/1532	Basel	Birs	Fisch	Nase	13 lb 4 ß 9 d
	Basel	Ergolz	Fisch	Nase	12 lb 5 ß
	Riehen		?		25 lb
1532/1533	Basel	Birs	Fisch	Nase	25 lb 2 ß 8 d
	Basel	Ergolz	Fisch	Nase	–
	Sissach		Zins		2 lb 10 ß
	Münchenstein	Birs	Zins		2 lb
	Riehen		?		26 lb 10 ß
1533/1534	Basel	Birs	Fisch	Nase	14 lb 9 ß 8 d
	Basel	Ergolz	Fisch	Nase	2 lb 14 ß
	Sissach		Zins		2 lb 10 ß
	Riehen		?		26 lb
1534/1535	Basel	Birs	Fisch	Nase	1 lb 5 ß 8 d
	Basel	Ergolz	Fisch	Nase	5 lb 15 ß
	Sissach		Zins		2 lb 10 ß
	Münchenstein	Birs	Zins		2 lb
	Riehen		?		26 lb

Anmerkungen

1 Beim «Wartolf» handelt es sich um eine spezifische Art einer Reuse. Vgl. dazu Schweizerisches Idiotikon. Wörterbuch der schweizerdeutschen Sprache / ges. auf Veranstaltung der Antiquarischen Gesellschaft in Zürich unter Beihülfe aus allen Kreisen des Schweizervolkes; bearb. von Friedrich Staub und Ludwig Tobler (et al.), Frauenfeld, 1881ff., Bd. 16, Sp. 1619–1620 [Idiotikon].

2 Fischfanggerät, wahrscheinlich auch eine Art Reuse. Vgl. dazu Idiotikon, Bd. 14, Sp. 1308.

3 Eidgenössische Abschiede, Bd. IV, Abteilung 1a, S. 659.

4 Freivogel, Ludwig: Die Landschaft Basel in der zweiten Hälfte des 18. Jahrhunderts, Basel, 1893, S. 15 [Freivogel]. Auch Othenin-Girard hat diese Meinung übernommen. Vgl. dazu Othenin-Girard, Mireille: Ländliche Lebensweise und Lebensformen im Spätmittelalter, Liestal, 1994, S. 289 [Othenin-Girard].

5 Urkundenbuch der Landschaft Basel, hrsg. von Heinrich Boos, Bd. 2, Basel, 1881, Nr. 550, S. 623–26 [ULB]. Erwähnt auch bei Bruckner, Daniel: Versuch einer Beschreibung historischer und natürlicher Merkwürdigkeiten der Landschaft Basel, Basel,1748–1754, Bd. 17, S. 2083–2084 [Bruckner].

6 ULB, Bd. 2, Nr. 853, S. 1016–1017. Erwähnt auch bei Bruckner, Bd. 17, S. 2086–2087.

7 ULB, Bd. 2, Nr. 956, S. 1098. Erwähnt auch bei Bruckner, Bd. 19, S. 2250 und S. 2267.

8 ULB, Bd.2, Nr. 880, S. 1032–1033. Erwähnt auch bei Bruckner, Bd. 17, S. 2050–2051.

9 ULB, Bd. 2, Nr. 548, S. 620–622.

10 ULB, Bd. 2, Nr. 606, S. 710.

11 ULB, Bd. 2, Nr. 606, S. 711.

12 ULB, Bd. 2, Nr. 606, S. 711–712. Erwähnt auch bei Bruckner, Bd. 13, S. 1472.

13 ULB, Bd. 2, Nr. 637, S. 749.

14 Lausen.

15 ULB, Bd. 1, Nr. 387, S. 362.

16 ULB, Bd. 2, Nr. 502, S. 558.

17 ULB, Bd. 2, Nr. 502, S. 559.

18 ULB, Bd. 2, Nr. 682, S. 812.

19 ULB, Bd. 2, Nr. 682, S. 812–813.

20 ULB, Bd. 2, Nr. 682, S. 813.

21 Urkundenbuch der Stadt Basel, hrsg. von der historischen und antiquarischen Gesellschaft zu Basel, bearb. von Rudolf Wackernagel und Rudolf Thommen, Bd. 9, Basel, 1905, Nr. 350, S. 321 [BUB].

22 Schnell, Johannes: Rechtsquellen von Basel. Stadt und Land, Bd. 2, Basel, 1865, S. 40 [Schnell].

23 Schnell, Bd. 2, S. 41.

24 Landolt, Niklaus: Untertanenrevolten und Widerstand auf der Basler Landschaft im 16. und 17. Jahrhundert, Liestal, 1996, S. 172 [Landolt].

25 Landolt, S. 179.

26 Landolt, S. 182.

27 Landolt, S. 189.

28 Landolt, S. 190.

29 Dürr, Emil (Hg.): Aktensammlung zur Geschichte der Basler Reformation, Bd. 1, Basel, 1921, S. 389 [ABR].

30 ABR, Bd. 1, S. 390.

31 Gauss, Karl: Geschichte der Landschaft Basel und des Kantons Basel-Landschaft, Bd. 1, Liestal, 1932, S. 402.

32 Schnell, Bd. 2, S. 41.

33 Wahrscheinlich seitliche Abflussgräben. Vgl. Idiotikon, Bd. 3, Sp. 442.

34 Eine während der Nacht ausgelegte Angel. Vgl. Idiotikon, Bd. 1, Sp. 328.

35 Gebüsche, Ufergehölze. Vgl. Idiotikon, Bd. 2, Sp. 1640–1641.

36 Schnell, Bd. 2, S. 40, Anmerkung 84.

37 Über das fernere Funktionieren des Fischmarkts in Liestal ist nichts bekannt. Hier könnte sich die Auswertung des Liestaler «Stubenbuchs» als nützlich erweisen.

38 StaBS, Ratsbücher A7, fol. 104. Erwähnt auch bei Bruckner, Bd. 23, S. 2699.

39 ULB, Bd. 2, Nr. 932, S. 1086.

40 ULB, Bd. 2, Nr. 937, S. 1089.

41 Bruckner, Bd. 3, S. 253–254.

42 Bruckner, Bd. 10, S. 1081.

43 Kettiger, Johann Jakob: Landwirthschaftliche Zustände in Basel-Land, Liestal, 1857, S. 19 [Kettiger].

44 Manz, Matthias: Die Basler Landschaft in der Helvetik, Liestal, 1991, S. 554–555 [Manz]
45 Manz, S. 605 und S. 608.
46 Violenbach.
47 ULB, Bd. 2. Nr. 981, S. 1114 und Nr. 987, S. 1131.
48 Freivogel, S. 15 und Othenin-Girard S. 289.
49 Gaugler, Hans: Die historischen Fischereigerechtigkeiten am Oberrhein zwischen Basel und dem Untersee, Berlin, 1928, S. 18 [Gaugler].
50 Gaugler, S. 18, Anmerkung 9.
51 Gaugler, S. 20–21.
52 Gaugler, S. 21.
53 Gaugler, S. 22.
54 Gaugler, S. 23.
55 Gaugler, S. 23–24.
56 Gaugler, S. 24–25.
57 Gaugler, S. 25. Zur Fischerei in Augst vergleiche auch: Laur-Belart, Rudolf (Hg. et al.): Geschichte von Augst und Kaiseraugst, Liestal, 1976, S. 76–81 und S. 163–168 [Laur-Belart] oder neuer Salathé, René (Hg. et al.): Augst und Kaiseraugst. Zwei Dörfer – Eine Geschichte, Bd. 1, Liestal, 2007, S. 202–206.
58 Gaugler, S. 25–26.
59 Gaugler, S. 26.
60 Gaugler, S. 27.
61 Gaugler, S. 28.
62 Gaugler, S. 29.
63 Gaugler, S. 29–30.
64 Gaugler, S. 36.
65 Gaugler, S. 36–37.
66 Beim «Fach» handelt es sich um ein fest installiertes Fischfangbauwerk.
67 ULB, Bd. 2, Nr. 734, S. 866–867.
68 Gaugler, S. 37.
69 Gaugler, S. 37–38.
70 Gaugler, S. 30.
71 Gaugler, S. 31.
72 ULB, Bd.2, Nr. 898, S. 1051–1056.
73 Harms, Bernhardt: Der Stadthaushalt Basels im ausgehenden Mittelalter. Quellen und Studien zur Basler Finanzgeschichte, 3 Bde, Tübingen, 1909-1913, Bd. 1, S. 269, 30 [Harms].
74 Müller, Lukas: Die Fischerei im spätmittelalterlichen Basel, unveröffentlichte Lizentiatsarbeit, Bd.2, Basel, 1989, S. 12 [Müller].
75 Müller, Bd. 1, S. 34.
76 Müller, Bd. 1, S. 34–35.
77 Müller, Bd. 1, S. 35.
78 StABL, AA 1010, 2A, Lade L 70, Nr. 4, p. 1–2.
79 StABL, AA 1010, 2A, Lade L 70, Nr. 4, Beilage, p. 3–5. Für den Hinweis auf diesen Streit danke ich Dr. Samuel Huggel, Münchenstein, sehr herzlich.
80 Die St. Johannsvorstadt in Basel war traditionell der Wohnort der meisten Fischer in der Stadt.
81 StABS, Fischerei C 1, Nr. 11, p. 1.
82 StABS, Fischerei C 1, Nr. 12, p. 1.
83 StABS, Fischerei C 1, Nr. 13, p. 1.
84 Vorstadtgesellschaft zu St. Alban. Ursprünglich die Korporation der ehemaligen Lehensleute des Klosters St. Alban. Vgl. dazu Wanner, Gustaf Adolf: Zunftkraft und Zunftstolz, Basel, 1976, S. 246–251 [Wanner].
85 Hagnau.
86 StABS, Fischerei C 1, Nr. 14, p. 1.
87 StABS, Fischerei C 1, Nr. 14, p. 1–p. 2.
88 St. Albanteich.
89 StABS, Fischerei C 1, Nr. 14, p. 2.
90 StABS, Fischerei C 1, Nr. 15, p. 1–p. 2.
91 StABS, Fischerei C 1, Nr. 22, p. 1.
92 StABS, Fischerei C 1, Nr. 31, p. 1.
93 StABS, Fischerei C 1, Nr. 31, p. 1–p. 2.
94 StABS, Fischerei C 1, Nr. 31, p. 2.
95 StABS, Fischerei C 1, Nr. 2, p. 1–p 2.
96 StABS, Fischerei C 1, Nr. 3, p. 1–p 2.
97 StABS, Fischerei C 1, Nr. 6, p. 1.
98 StABS, Fischerei C 1, Nr. 7, p. 1. Dies verweist auf die Neuanlage resp. Verlängerung des St. Albanteichs von St. Jakob bis zur Neuen Welt, die den Bau eines grossen Stauwehrs («Wuhr») zur Ableitung des Kanals aus der Birs nötig machte. Dieses Stauwehr beeinträchtigte in hohem Mass den Fischzug flussaufwärts.
99 StABS, Fischerei C 1, Nr. 7, p. 1–p 2.
100 StABS, Fischerei C 1, Nr. 7, p. 2.
101 StABS, Fischerei C 1, Nr. 7, p. 3.
102 Müller, Bd. 2, S. 114.
103 Harms, Bd. 1. S. 90, 79.
104 Harms, Bd. 1, S. 102, 47.
105 Heimatkunde Birsfelden, Liestal, 1976, S. 170.
106 Salvisberg, André: Die Basler Strassennamen, Basel, 1999, S. 298–299 [Salvisberg].

107 Blum, Ernst/Nüesch, Theophil: Basel einst und jetzt. Eine kulturhistorische Heimatkunde, Basel, 1913, S. 5.
108 ULB, Bd. 2, Nr. 724, S. 859–860.
109 ULB, Bd. 2, Nr. 868, S. 1025–1026.
110 StABS, Fischerei C1, Nr. 1.
111 ULB, Bd. 2, Nr. 895, S. 1048.
112 Müller, Bd. 1. S. 35.
113 Müller, Bd. 2, S. 9.
114 Müller, Bd. 2, S. 39.
115 StABS, Fischerei C 1, Nr. 35, p. 1.
116 StABS, Fischerei C 1, Nr. 35, p. 2.
117 StABS, Fischerei C 1, Nr. 35, p. 3–p. 4.
118 StABS, Fischerei C 1, Nr. 35, p. 4.
119 StABS, Fischerei C 1, Nr. 35, p. 4–p. 5.
120 Wahrscheinlich handelte es sich um eine Art Besen, mit denen die Fische zusammengetrieben wurden.
121 Beim Louis d'or handelte es sich um eine unter König Ludwig XIII. eingeführte französische Goldmünze. Nach 1640 gelangte der Louis d'or in grossem Stil in die Eidgenossenschaft. In mehreren Orten wurde er als «Duplone» nachgeahmt, unter anderem in Basel 1795. Vgl. Historisches Lexikon der Schweiz, hg. von der Stiftung Historisches Lexikon der Schweiz, Bd. 8, Basel, 2009, S. 55 [HLS].
122 StABS, Fischerei C 1, Nr. 35, p. 5.
123 StABS, Fischerei C 1, Nr. 35, p. 5–p. 6.
124 StABS, Fischerei C 1, Nr. 35, p. 6.
125 StABS, Fischerei C 1, Nr. 35, p. 8.
126 Vgl. Amacher, Urs: Geschichte der Fischer und der Fischerei im Mittelalter, in: Hüster Plogmann, Heide (Hg.): Fisch und Fischer aus zwei Jahrtausenden. Eine fischereiwirtschaftliche Zeitreise durch die Nordwestschweiz (Forschungen in Augst, Bd. 39), Augst, 2006, S. 100–104.
127 Frühlings-Fronfasten. Einer der vier jährlichen Quatember-Sonntage.
128 StABS, Fischerei C 1, Nr. 4, p. 1.
129 StABS, Fischerei C 1, Nr. 4, p. 1–p. 2.
130 StABS, Fischerei C 1, Nr. 4, p. 2.
131 StABS, Fischerei C 1, Nr. 5, p. 1.
132 StABS, Fischerei C 1, Nr. 5, p. 2.
133 Bei den «Sechsern» handelte es sich um den Zunftvorstand neben Ratsherr und Meister. Die Sechser waren ferner automatisch Mitglied des Grossen Rats.
134 StABS, Fischerei C 1, Nr. 5, p. 3.
135 StABS, Fischerei C 1, Nr. 5, p. 3–p. 4.
136 StABS, Fischerei C 1, Nr. 5, p. 4–p. 5.
137 StABS, Fischerei C 1, Nr. 8, p. 1–p. 2.
138 StABS, Fischerei C 1, Nr. 8, p. 1.
139 StABS, Fischerei C 1, Nr. 8, p. 2.
140 StABS, Fischerei C 1, Nr. 8, p. 3.
141 StABS, Fischerei C 1, Nr. 8, p. 4.
142 StABS, Fischerei C 1, Nr. 16, p. 1.
143 StABS, Fischerei C 1, Nr. 16, p. 1–p. 2.
144 StABS, Fischerei C 1, Nr. 16, p. 2.
145 StABS, Fischerei C 1, Nr. 16, p. 2–p. 3.
146 StABS, Fischerei C 1, Nr. 16, p. 3.
147 StABS, Fischerei C 1, Nr. 18, p. 1–p. 2.
148 StABS, Fischerei C 1, Nr. 17, p. 2.
149 StABS, Fischerei C 1, Nr. 17, p. 3.
150 StABS, Fischerei C 1, Nr. 17, p. 3–p. 4.
151 StABS, Fischerei C 1, Nr. 17, p. 4.
152 StABS, Fischerei C 1, Nr. 17, p. 5.
153 StABS, Fischerei C 1, Nr. 17, p. 5–p. 6.
154 StABS, Fischerei C 1, Nr. 19, p. 1.
155 StABS, Fischerei C 1, Nr. 19, p. 1–p. 2.
156 StABS, Fischerei C 1, Nr. 19, p. 2.
157 StABS, Fischerei C 1, Nr. 19, p. 2–p. 3.
158 StABS, Fischerei C 1, Nr. 19, p. 3.
159 StABS, Fischerei C 1, Nr. 19, p. 4.
160 StABS, Fischerei C 1, Nr. 21, p. 1.
161 StABS, Fischerei C 1, Nr. 21, p. 1–p. 2.
162 StABS, Fischerei C 1, Nr. 21, p. 2.
163 StABS, Fischerei C 1, Nr. 21, p. 2–p. 3.
164 StABS, Fischerei C 1, Nr. 21, p. 3.
165 StABS, Fischerei C 1, Nr. 23, p. 1.
166 StABS, Fischerei C 1, Nr. 23, p. 2.
167 StABS, Fischerei C 1, Nr. 24, p. 1.
168 StABS, Fischerei C 1, Nr. 24, p. 1–p. 2.
169 StABS, Fischerei C 1, Nr. 24, p. 2.
170 StABS, Fischerei C 1, Nr. 24, p. 2–p. 3.
171 StABS, Fischerei C 1, Nr. 24, p. 3.
172 StABS, Fischerei C 1, Nr. 24, p. 4.
173 StABS, Fischerei C 1, Nr. 30, p. 1.
174 StABS, Fischerei C 1, Nr. 30, p. 2.
175 StABS, Fischerei C 1, Nr. 30, p. 3.
176 Die erwähnte Blockade stand in Zusammenhang mit den revolutionären Vorgängen in Frankreich.
177 StABS, Fischerei C 1, Nr. 32, p. 3.
178 StABS, Fischerei C 1, Nr. 32, p. 3–p. 1.
179 StABS, Fischerei C 1, Nr. 32, p. 1.

180 StABS, Fischerei C 1, Nr. 32, p. 2.
181 Seit 1666 das oberste Organ der Basler Finanz- und Wirtschaftsverwaltung.
182 StABS, Fischerei C 1, Nr. 34, p. 1–p. 2.
183 StABS, Fischerei C 1, Nr. 34, p. 2.
184 StABS, Fischerei C 1, Nr. 34, p. 3.
185 StABS, Fischerei C 1, Nr. 34, p. 3–p. 4.
186 StABS, Fischerei C 1, Nr. 34, p. 4.
187 StABS, Fischerei C 1, Nr. 33, p. 1.
188 StABS, Fischerei C 1, Nr. 10, p. 1.
189 StABS, Fischerei C 1, Nr. 10, p. 1–p. 2.
190 StABS, Fischerei C 1, Nr. 10, p. 2.
191 StABS, Fischerei C 1, Nr. 10, p. 2–p. 3.
192 StABS, Fischerei C 1, Nr. 10, p. 3.
193 Die Zisterzienserabtei Lützel (Lucelle) wurde im 12. Jahrhundert auf einem Grundstück der Basler Kirche gegründet und unterhielt enge Beziehungen zur Stadt Basel. Vgl. HLS, Bd. 8, S. 127.
194 StABS, Fischerei C 1, Nr. 20, p. 1.
195 StABS, Fischerei C 1, Nr. 20, p. 1–p. 2.
196 Kettiger, S. 19.
197 Harms, Bd. 2, S. 61, 15.
198 Müller, Bd. 2, S. 114.
199 Müller, Bd. 2, S. 114.
200 Harms, Bd. 1, S. 114, 74.
201 Harms, Bd. 1, S. 144, 94.
202 Harms, Bd. 1, S. 187, 14.
203 Harms, Bd. 1, S. 249, 34.
204 StABS, Fischerei C 1, Nr. 35, p. 7.
205 StABS, Bau Y5, Nr. 2, fol. 13, recto.
206 StABS, Bau Y5, Nr. 2, fol. 51, recto/verso.
207 StABS, Bau Y5, Nr. 2, fol. 99, recto.
208 StABS, Bau Y5, Nr. 2, fol. 128, recto.
209 Bruckner, Bd. 5, S. 534.
210 Bruckner, Bd. 5, S. 535.
211 Der Zürcher Naturforscher Konrad Gessner (1516–1565).
212 Bruckner, Bd. 5, S. 536.
213 Bruckner, Bd. 5, S. 537.
214 Bruckner, Bd. 5, S. 538.
215 Bruckner, Bd. 5, S. 539.
216 StABL, NA 2084, M3, Nr. 14.
217 Actensammlung aus der Zeit der Helvetischen Republik, hg. von Johannes Strickler, Bd. 1, Bern, 1886, S. 931.
218 Kantonsblatt Basel, hg. vom Kanton Basel/Basel-Stadt, 1798ff., 13. Juli 1798, S. 159 [Kantonsblatt Basel].
219 Kantonsblatt Basel, 27. Juli 1798, S. 193.
220 Kantonsblatt Basel, 27. Juli 1798, S. 194.
221 Kantonsblatt Basel, 13. März 1801, S. 262.
222 Kantonsblatt Basel, 27. November 1801, S. 82–83.
223 Kantonsblatt Basel, 21. Mai 1802, S. 235–236.
224 Kantonsblatt Basel, 30. September 1803, S. 351–352.
225 Kantonsblatt Basel, 18. November 1803, S. 80.
226 Kantonsblatt Basel, 4. Mai 1804, S. 365–366.
227 Kantonsblatt Basel, 25. Mai 1804, S. 53–55.
228 Kantonsblatt Basel, 15. Juni 1804, S. 112.
229 Kantonsblatt Basel, 7. Dezember 1804, S. 193.
230 Kantonsblatt Basel, 19. Juli 1805, S. 274–257.
231 Kantonsblatt Basel, 27. September 1805, S. 76.
232 Kantonsblatt Basel, 20. November 1807, S. 176.
233 Kantonsblatt Basel, 6. April 1810, S. 278–281.
234 Kantonsblatt Basel, 3. Mai 1816, S. 5–7.
235 Kantonsblatt Basel, 24. Mai 1822, S. 49–50.
236 Kantonsblatt Basel, 23. Mai 1828, S. 52–53 und Nr. 9, 27 Juni 1828, S. 136. Verzeichnisse der Pächter der Fischweiden befinden sich in StABL, NA 2084.
237 Basler Gesetzessammlung, hg. vom Justizdepartement Basel-Stadt, 1803ff., Bd. 7, 1828 -1833, S. 154.
238 Gesetzessammlung Basel-Landschaft, hg. von der Landeskanzlei Basel-Landschaft, 1832ff., Bd. 1, 1832–1833, S. 42 [Gesetzessammlung Basel-Landschaft].
239 Gesetzessammlung Basel-Landschaft, Bd. 3, S. 14.
240 Amtsblatt des Kantons Basel-Landschaft, hg. von der Landeskanzlei Basel-Landschaft, 1832ff., Nr. 16, 2. April 1863, S. 246–247 [Amtsblatt Basel-Landschaft].
241 Gesetzessammlung Basel-Landschaft, Bd. 10, S. 647–651.
242 Gesetzessammlung Basel-Landschaft, Bd. 14, S. 38–47.
243 Gesetzessammlung Basel-Landschaft, Bd. 27, S. 753–761.
244 Gesetzessammlung Basel-Landschaft, Bd. 27, S. 797–806.

245 Gesetzessammlung Basel-Landschaft, Bd. 29, S. 302.
246 Gesetzessammlung Basel-Landschaft, Bd. 33, S. 710–718.
247 Gesetzessammlung Basel-Landschaft, Bd. 33, S. 719–726.
248 Campana, Urs: Die Fischerei im Kanton Basel-Landschaft, in: Baselbieter Heimatbuch 27, Liestal, 2009, S. 423 [Campana]. Seit 1. Januar 1994 gehört auch das Laufental zum Kanton Basel-Landschaft.
249 Campana, S. 424.
250 Gesetzessammlung Basel-Landschaft, Bd. 14, S. 41.
251 StABL, NA 2084, M10, Nr. 19.
252 StABL, NA 2084, M10, Nr. 18, Beilage 1.
253 StABL, NA 2084, M10, Nr. 18, Beilage 2.
254 StABL, NA 2084, M10, Nr. 18, Beilage 4.
255 StABL, NA 2084, M10, Nr. 17.
256 StABL, NA 2084, M10, Nr. 16.
257 StABL, NA 2084, M10, Nr. 15.
258 StABL, NA 2084, M10, Nr. 13.
259 StABL, NA 2084, M10, Nr. 12.
260 StABL, NA 2084, M10, Nr. 11.
261 StABL, NA 2084, M10, Nr. 10, S. 1.
262 StABL, NA 2084, M10, Nr. 10, S. 2.
263 StABL, NA 2084, M10, Nr. 10, S. 3.
264 StABL, NA 2084, M10, Nr. 9, S. 1–3.
265 StABL, NA 2084, M10, Nr. 9, S. 5.
266 StABL, NA 2084, M10, Nr. 8.
267 StABL, NA 2084, M10, Nr. 7.
268 StABL, NA 2084, M10, Nr. 6. Eine Schilderung des Nasenfangs findet sich bei Laur-Belart, S. 167.
269 StABL, NA 2084, M10, Nr. 5.
270 StABL, NA 2084, M10, Nr. 4.
271 StABL, NA 2084, M10, Nr. 3.
272 StABL, NA 2084, M10, Nr. 2.
273 StABL, NA 2084, M10, Nr. 1, S. 1–3.
274 StABL, NA 2084, M10, Nr. 1, S. 5.
275 Gesetzessammlung Basel-Landschaft, Bd. 33, S. 721.
276 Bundesamt für Umwelt BAFU (Hg.): Monitoring der Nase (Chondrostoma nasus) in der Schweiz, Mitteilungen zur Fischerei Nr. 67, Bern, 2000, S. 7–8.
277 Vgl. dazu Stopp, Barbara/Bietenbeck, Kristina: Von der Erfindung der künstlichen Fischzucht im 19. Jahrhundert, in: Hüster Plogmann, Heide (Hg.): Fisch und Fischer aus zwei Jahrtausenden. Eine fischereiwirtschaftliche Zeitreise durch die Nordwestschweiz (Forschungen in Augst, Bd. 39), Augst, 2006, S. 169–176.
278 Häberle, Simone/Marti-Grädel, Elisabeth: Die Teichwirtschaft vom Mittelalter bis in die Frühe Neuzeit, in: Hüster Plogmann, Heide (Hg.): Fisch und Fischer aus zwei Jahrhunderten. Eine fischereiwirtschaftliche Zeitreise durch die Nordwestschweiz (Forschungen in Augst, Bd. 39), Augst, 2006, S. 149 [Häberle/Marti Grädel].
279 Häberle/Marti Grädel, S. 151.
280 Häberle/Marti Grädel, S. 153.
281 Freivogel, S. 15; auch Othenin-Girard S. 289.
282 Vgl. Rippmann, Dorothee: Liestal (Historischer Städteatlas der Schweiz), Zürich, 2009 [Rippmann, Liestal] S. 14.
283 Dies waren insbesondere die Grafen von Thierstein-Farnsburg, die Freiherren von Falkenstein und kurzzeitig auch die Grafen von Habsburg.
284 Freivogel, S. 37. Siehe auch ULB, Bd.2, Nr. 725, S. 860–861.
285 Vgl. dazu ausführlich Rippmann, Liestal, S. 38–41.
286 ULB, Bd. 1, Nr. 322 und Rippmann, Liestal, S. 39.
287 Vgl. Rippmann, Liestal, S. 11.
288 Vgl. dazu Suter, Paul: Beiträge zur Landschaftskunde des Ergolzgebietes, Liestal, 1971, S. 73 [Suter].
289 ULB, Bd.1, Nr. 358, S. 314.
290 Bruckner, Bd. 10, S. 1067.
291 Bruckner, Bd. 10, S. 1067–1068.
292 Harms, Bd. 2, S. 133, 92.
293 BUB, Bd. 6, Nr. 264, S. 269.
294 Harms, Bd. 2, S. 289, 23 und S. 289, 25.
295 Harms, Bd. 1, S. 55, 46.
296 Harms, Bd. 2, S. 317, 66.
297 Vgl. dazu Suter, S. 67.
298 Vgl. dazu Suter, S. 67, Anmerkung 2 oder direkt Bruckner, Bd. 13, S. 1502.
299 Stiftung für Orts- und Flurnamenforschung Baselland (Hg.): Ormalingen (Ortsmonografie), Liestal, 2007, S. 42 [Flurnamenbuch Ormalingen].
300 Als «Setzkarpfen» werden Jungkarpfen bezeichnet, die für ihr Wachstum in andere Weiher eingesetzt werden.

301 StABL, AA 1010, 2 A, Lade L. 83, Bb 1, Nr. 1, p 1.
302 Flurnamenbuch Ormalingen, S. 42.
303 StABL, AA 1010, 2 A, Lade L. 17, Nr. 152, p. 2.
304 StABL, AA 1010, 2 A, Lade L. 83, Bb 2, p 2.
305 Vgl. dazu Suter, S. 68.
306 Harms, Bd. 2, S. 313, 50.
307 Bruckner, Bd. 18, S. 2195.
308 Gemäss Suter sind dies circa 370 a. Vgl. Suter, S. 68, Anmerkung 3.
309 StABL, AA 1010, 2 A, Lade L. 83, B 2, Nr. 15, recto.
310 StABL, AA 1010, 2 A, Lade L. 83, B 1, Nr. 9, p 1.
311 Bruckner, Bd. 18, S. 2195.
312 Vgl. dazu Suter, S. 68.
313 Harms, Bd. 2, S. 383, 91.
314 Harms, Bd. 2, S. 383, 94.
315 Vgl. Harms, Bd. 1, S. 244, 35.
316 Bruckner, Bd. 20, S. 2341.
317 Harms, Bd. 3, S. 437, 36.
318 StABL, AA 1010, 2 A, L. 35, 285, G 1, p. 1.
319 Vgl. dazu Suter, S. 66.
320 StABS, Bau Y 5, Nr. 2, fol. 122, recto.
321 StABS, Bau Y 5, Nr. 2, fol. 128, recto.
322 StABS, Bau Y 5, Nr. 2, fol. 131, recto.
323 StABS, Bau Y 5, Nr. 2, fol. 132, recto.
324 StABS, Bau Y 5, Nr. 11, p 1.
325 StABS, Bau Y 5, Nr. 11, p 2.
326 Zu den Teuchelweihern vgl. auch Suter, S. 72.
327 Salvisberg, S. 427–428.
328 Salvisberg, S. 365.
329 Salvisberg, S. 207. Das massgebliche Werk zum Kanalsystem der Stadt Basel ist Fouquet, Gerhard: Bauen für die Stadt. Finanzen, Organisation und Arbeit in kommunalen Baubetrieben des Spätmittelalters. Eine vergleichende Studie vornehmlich zwischen den Städten Basel und Marburg, Köln, 1999.
330 StABS, Bau Y 2, Nr. 3, p. 1.
331 StABS, Bau Y 2, Nr. 5, p. 1.
332 StABS, Bau Y 2, Nr. 5, p. 2.
333 StABS, Bau Y 2, Nr. 6, p. 1.
334 Merz, Walther: Die Burgen des Sisgaus, 4 Bde., Aarau, 1909–1914, Bd. 3, S. 134–135 [Merz].
335 Merz, Bd. 3. S. 161.
336 Merz, Bd. 3, S. 163.
337 Merz, Bd. 1, S. 91.
338 Vgl. dazu Vettori, Arthur: Finanzhaushalt und Wirtschaftsverwaltung Basels (1689-1798). Wirtschafts- und Lebensverhältnisse einer Gesellschaft zwischen Tradition und Umbruch, Basel/Frankfurt am Main, 1984, S. 43–50 [Vettori].
339 Vettori, S. 51–57.
340 Vgl. Vettori, S. 65-89.
341 Lienhart (Pfirter) zum Bluomen war Ratsherr der Weinleutenzunft in den Jahren 1406/1407, 1418/1419, 1420/1421, 1422/1423, 1424/1425 und 1412/1413 deren Zunftmeister. Vgl. Schönberg, Gustav: Finanzverhältnisse der Stadt Basel im 14. und 15. Jahrhundert, Tübingen, 1879, S. 774-780 [Schönberg]. Harms, Bd. 2, S. 155, 58.
342 Harms, Bd. 3, S. 139, 19.
343 Harms, Bd. 3, S. 135, 76.
344 Harms, Bd. 3, S. 158, 74.
345 Harms, Bd. 2, S. 442, 40.
346 Harms, Bd. 3, S. 15, 11.
347 Harms, Bd. 3, S. 74, 82.
348 Harms, Bd. 3, S. 74, 70.
349 Harms, Bd. 3, S. 139, 17.
350 Harms, Bd. 3, S. 158, 66 und S. 158, 72.
351 Zur «Flötzung» vgl. Kap. 13.2.
352 StABL, AA 1010, 2 A, Lade L. 83, C 1, Nr. 1, recto.
353 BUB, Bd. 9, Nr. 359, S. 329.
354 Ludwig Kilch(en)mann stammte aus dem Kleinbasel, war aber zu Schlüssel zünftig. Er war auch Oberstzunftmeister. Vgl. dazu Meier, Eugen A.: Vogel Gryff. Geschichte und Brauchtum der drei Ehrengesellschaften Kleinbasels, Basel, 1987, S. 10.
355 StABL, AA 1010, 2 A, Lade L. 83, B 1, Nr. 1, p 1.
356 StABL, AA 1010, 2 A, Lade L. 83, Bb 1, Nr. 2, p 1.
357 StABL, AA 1010, 2 A, Lade L. 83, C 1, Nr. 7, p 1.
358 StABL, AA 1010, 2 A, Lade L. 19, Nr. 4, recto.
359 StABS, Bau Y 5, Nr. 1. p 1.
360 Die beiden Halbzünfte der Fischer und Schiffleute vereinigten sich 1354 zu einer gespaltenen Zunft. Beide Halbzünfte waren weitestgehend eigenständig, bildeten politisch allerdings eine Einheit. Im Rat waren sie durch einen Ratsherren und einen Meister vertreten, welche

abwechselnd aus den beiden Halbzünften gewählt wurden. Vgl. dazu Wanner, S. 178–179.
361 StABS, Fischerei C 1, Nr. 5, p. 1.
362 StABS, Bau Y 5, Nr. 11, p 2.
363 StABL, AA 1010, 2 A, Lade L. 83, C 1, Nr. 2, recto.
364 StABL, AA 1010, 2 A, Lade L. 83, C 1, Nr. 14, recto.
365 Vgl. dazu Vettori, S. 65–89.
366 Vgl. dazu Vettori, S. 168–176.
367 StABL, AA 1010, 2 A, Lade L. 83, C 8, Nr. 1b, verso.
368 StABL, AA 1010, 2 A, Lade L. 83, C 1, Nr. 18, p 1.
369 StABS, Bau Y 5, Nr. 3, p 1.
370 StABL, AA 1010, 2 A, Lade L. 83, C 4, Beilage 2, p 1.
371 StABL, AA 1010, 2 A, Lade L. 83, C 5a, Nr. 3, recto.
372 StABL, AA 1010, 2 A, Lade L. 83, Bb 3, recto.
373 Vgl. Vettori, S. 65.
374 Das Ende des «Weiheramts» bedürfte im Bezug auf diese Frage einer eingehenderen Untersuchung.
375 Vgl. dazu Nah dran, weit weg. Geschichte des Kantons Basel-Landschaft, Bd. 3, Liestal, 2001, S. 163–186 [Nah dran, weit weg].
376 Vgl. unten, S. 77.
377 Harms, Bd. 2, S. 142, 49.
378 Harms, Bd. 2, S. 145, 54.
379 Vgl. Harms, Bd. 2, S. 149, 18; S. 152, 65; S. 155, 52; S. 160, 46.
380 Harms, Bd. 2, S. 166, 44.
381 Harms, Bd. 2, S. 175, 45.
382 Harms, Bd. 2, S. 178, 92.
383 BUB, Bd. 6, Nr. 264, S. 269.
384 Harms, Bd. 1, S. 125, 91.
385 StABL, AA 1010, 2 A, Lade L. 83, A 1, Nr. 3, p 1.
386 Zu dieser Fragestellung müsste das so genannte Liestaler «Stubenbuch» noch vertiefter ausgewertet werden.
387 StABL, AA 1010, 2 A, Lade L. 83, A 1, Nr. 11, p 1.
388 StABL, AA 1010, 2 A, Lade L. 83, A 1, Nr. 11, p 1–p 2.
389 StABS, Bau Y 5, Nr. 6, Beilage 3, p 4.
390 StABS, Bau Y 5, Nr. 6, Beilage 4, recto.
391 StABL, AA 1010, 2 A, Lade L. 83, Ba 4, recto.
392 Vgl. unten, S. 25-26.
393 Harms, Bd. 3, S. 88, 59.
394 Harms, Bd. 3, S. 154, 63.
395 Harms, Bd. 3, S. 196, 71.
396 Harms, Bd. 3, S. 211, 89.
397 Harms, Bd. 3, S. 300, 44.
398 StABS, Bau Y 5, Nr. 6, Beilage 6, p 3.
399 StABL, AA 1010, 2 A, Lade L. 17, Nr. 2, recto.
400 StABL, AA 1010, 2 A, Lade L. 83, Bb 1, Nr. 2, p 1.
401 StABL, AA 1010, 2 A, Lade L. 83, B 1, Nr. 16, recto.
402 StABL, AA 1010, 2 A, Lade L. 17, Nr. 66, p 1.
403 StABS, Bau Y 5, Nr. 6, Beilage 5, p 4.
404 StABL, AA 1010, 2 A, Lade L. 83, C 5a, Nr. 2, recto.
405 StABL, AA 1010, 2 A, Lade L. 83, B 1, Nr. 2, recto.
406 StaBL, AA 1010, 2 A, Lade 83, B 1, Nr. 5, recto.
407 StaBL, AA 1010, 2 A, Lade 83, B 1, Nr. 6, p 1.
408 StaBL, AA 1010, 2 A, Lade 83, B 1, Nr. 6, p 1–p 2.
409 StaBL, AA 1010, 2 A, Lade 83, B 1, Nr. 6, p 2.
410 StaBL, AA 1010, 2 A, Lade 83, B 1, Nr. 7, p 1.
411 StaBL, AA 1010, 2 A, Lade 83, B 1, Nr. 7, p 6.
412 StaBL, AA 1010, 2 A, Lade 83, B 1, Nr. 7, p 1.
413 StaBL, AA 1010, 2 A, Lade 83, B 1, Nr. 7, p 2.
414 StaBL, AA 1010, 2 A, Lade 83, B 1, Nr. 7, p 3.
415 Flurname Rickenbach, nahe Landstrasse nach Buus.
416 StaBL, AA 1010, 2 A, Lade 83, B 1, Nr. 7, p 3.
417 StaBL, AA 1010, 2 A, Lade 83, B 1, Nr. 7, p 3–4.
418 StaBL, AA 1010, 2 A, Lade 83, B 1, Nr. 7, p 4.
419 StaBL, AA 1010, 2 A, Lade 83, B 1, Nr. 7, p 4.
420 StaBL, AA 1010, 2 A, Lade 83, B 1, Nr. 7, p 5.
421 StaBL, AA 1010, 2 A, Lade 83, B 1, Nr. 7, p 5.
422 StaBL, AA 1010, 2 A, Lade 83, B 1, Nr. 7, p 5.
423 StaBL, AA 1010, 2 A, Lade 83, B 1, Nr. 7, p 6.
424 StaBL, AA 1010, 2 A, Lade 83, B 1, Nr. 7, p 6.
425 StaBL, AA 1010, 2 A, Lade L 19, Nr. 8, p. 1–p. 2.
426 StaBL, AA 1010, 2 A, Lade 83, B 1, Nr. 8, eingelegtes Blatt, recto.
427 StaBL, AA 1010, 2 A, Lade 83, B 1, Nr. 8, p 1.
428 StaBL, AA 1010, 2 A, Lade 83, B 1, Nr. 8, p 1–2.
429 StaBL, AA 1010, 2 A, Lade 83, B 1, Nr. 8, p 2.
430 StaBL, AA 1010, 2 A, Lade 83, B 1, Nr. 10, p 3.

431 StaBL, AA 1010, 2 A, Lade 83, B 1, Nr. 11, p 1; StaBL, AA 1010, 2 A, Lade 83, B 1, Nr. 13, p 1.
432 StaBL, AA 1010, 2 A, Lade 83, B 1, Nr. 14, p 1.
433 StaBL, AA 1010, 2 A, Lade L 19, B 3, p. 1.
434 StaBL, AA 1010, 2 A, Lade L 19, B 3, p. 2.
435 StaBL, AA 1010, 2 A, Lade L 19, B 5, p. 1.
436 StaBL, AA 1010, 2 A, Lade L 19, B 5, p. 2.
437 StaBL, AA 1010, 2 A, Lade L 19, Nr. 13, p. 1.
438 StaBL, AA 1010, 2 A, Lade L 19, Nr. 13, p. 2.
439 StaBL, AA 1010, 2 A, Lade L 19, Nr. 14, p. 1.
440 StaBL, AA 1010, 2 A, Lade L 19, Nr. 14, p. 1–p. 2.
441 StaBL, AA 1010, 2 A, Lade L 19, Nr. 14, p. 2.
442 StaBL, AA 1010, 2 A, Lade L 19, Nr. 14, p. 3.
443 StaBL, AA 1010, 2 A, Lade L 19, Nr. 15, p. 1.
444 StaBL, AA 1010, 2 A, Lade L 19, B 12, recto.
445 Hug, Werner: Stammtafeln Handschin von Gelterkinden/Rickenbach, Muttenz, 1986, Tafel 4 (StaBL, Hilfsw. Bro q 34) [Hug].
446 Hug, Tafel 6.
447 StaBL, AA 1010, 2 A, Lade L 19, Nr. 23a, p. 1.
448 Hug, Tafel 4.
449 StaBS, Bau Y 5, Nr. 6, Beilage 5, p. 3.
450 StaBS, Bau Y 5, Nr. 2, p 138, recto.
451 StaBS, Bau Y 5, Nr. 2, p 139, recto.
452 StABL, AA 1010, 2 A, L. 35, 285, G 3, p 2.
453 StABS, Bau Y 5, Nr. 6, Beilage 5, p 6.
454 Eventuell amtete der Schultheiss in seiner Eigenschaft als Obervogt des Liestaler Amts.
455 StABL, AA 1010, 2 A, Lade L. 83, Ba 1, Nr. 1, recto.
456 StABL, AA 1010, 2 A, Lade L. 83, Ba 1, Nr. 2, p 1.
457 StABL, AA 1010, 2 A, Lade L. 83, Ba 1, Nr. 3, p 1.
458 StABL, AA 1010, 2 A, Lade L. 17, Nr. 4, p 2–p 3.
459 StABL, AA 1010, 2 A, Lade L. 19, Nr. 7, recto.
460 Vgl. dazu Hoffmann, Richard C.: Der Karpfen (Cyprinus carpio L.): Der lange Weg eines «Fremdlings» in die Schweiz, in: Hüster Plogmann, Heike (Hg.): Fisch und Fischer aus zwei Jahrtausenden. Eine fischereiwirtschaftliche Zeitreise durch die Nordwestschweiz (Forschungen in Augst, Bd. 39), Augst, 2006, S. 161–167.
461 Vgl. dazu Rezzoli, Michael: Die Teichwirtschaft der Fürstabtei St. Gallen. Untersuchung der Karpfenzucht in den Statthaltereiämtern Wil und St. Gallen sowie der Herrschaft Neuravensburg von 1457-1798, unveröffentlichte Lizentiatsarbeit, Zürich, 2009, S. 21-22 [Rezzoli].
462 Rezzoli, S. 23.
463 Vgl. dazu Amacher, Urs: Zürcher Fischerei im Spätmittelalter. Realienkunde, Sozial- und Wirtschaftsgeschichte der Fischerei im Zürcher Gebiet, Zürich, 1996, S. 97–98 [Amacher].
464 Wahrscheinlich handelt es sich bei den in den Quellen immer wieder genannten «Litz- oder Pflanzfischen» um eben solche Mutterfische.
465 Rezzoli, S. 36-37.
466 Harms, Bd. 2, S. 482, 31.
467 Harms, Bd. 2, S. 447, 6.
468 Harms, Bd. 3, S. 215, 15.
469 Harms, Bd. 3, S. 243, 79.
470 Harms, Bd. 3, S. 13, 21.
471 Harms, Bd. 3, S. 263, 88.
472 Harms, Bd. 1, S. 222, 49.
473 Harms, Bd. 2, S. 142, 47.
474 Harms, Bd. 2, S. 149, 29.
475 Harms, Bd. 2, S. 152, 71.
476 Harms, Bd. 2, S. 166, 47.
477 Harms, Bd. 2, S. 175, 49.
478 Harms, Bd. 2, S. 178, 97.
479 Harms, Bd. 2, S. 223, 17.
480 Harms, Bd. 2, S. 226, 73.
481 Harms, Bd. 2, S. 235, 1.
482 Harms, Bd. 2, S. 246, 27.
483 Harms, Bd. 2, S. 271, 78. Zu Litzkarpfen vgl. Anm. 464. Die Einsetzung von Litzkarpfen deutet auf die Setzlingszucht hin. Leider ist nicht klar, wo die Litzkarpfen eingesetzt wurden. Erst von 1621 ist bekannt, dass im Weiher die Setzfische für den See gezüchtet wurden.
484 Harms, Bd. 2, S. 346, 4.
485 Harms, Bd. 2, S. 366, 85.
486 Harms, Bd. 2, S. 383, 91.
487 Harms, Bd. 2, S. 390, 9.
488 Harms, Bd. 2, S. 390, 13.
489 Harms, Bd. 2, S. 408, 49.
490 Harms, Bd. 2, S. 418, 15.
491 Harms, Bd. 2, S. 426, 18.
492 Harms, Bd. 2, S. 433, 29.
493 Harms, Bd. 2, S. 442,40.
494 Harms, Bd. 2, S. 458, 7.
495 Harms, Bd. 3, S. 87, 39.

496 Harms, Bd. 3, S. 139, 13.
497 Harms, Bd. 3, S. 305, 26.
498 Harms, Bd. 3, S. 415, 49.
499 Harms, Bd. 3, S. 436, 7.
500 StABL, AA 1010, 2 A, Lade L. 83, A 1, Nr. 11, p 1.
501 StABL, AA 1010, 2 A, Lade L. 83, A 2, p 1.
502 StABL, AA 1010, 2 A, Lade L. 83, A 7, p 1.
503 StABS, Bau Y 5, Nr. 11, p 1.
504 Harms, Bd. 2, S. 127, 99.
505 Harms, Bd. 2, S. 131, 62.
506 Harms, Bd. 2, S. 139, 63.
507 Harms, Bd. 2, S. 317, 66.
508 Harms, Bd. 2, S. 367, 13.
509 Harms, Bd. 2, S. 390, 42 und 390, 51.
510 Harms, Bd. 2, S. 418, 15.
511 Harms, Bd. 2, S. 426, 41.
512 Harms, Bd. 2, S. 482, 31.
513 Harms, Bd. 3, S. 168, 66.
514 Harms, Bd. 3, S. 211, 84.
515 Harms, Bd. 3, S. 228, 60. Dies deutet wiederum auf die Zucht eigener Setzfische in Waldenburg hin.
516 StABL, AA 1010, 2 A, Lade L. 83, C 1, Nr. 3, recto.
517 StABL, AA 1010, 2 A, Lade L. 83, C 1, Nr. 11, p 1.
518 StABL, AA 1010, 2 A, Lade L. 83, C 1, Nr. 14, recto.
519 StABL, AA 1010, 2 A, Lade L. 83, C 1, Nr. 16, p 1.
520 StABL, AA 1010, 2 A, Lade L. 83, C 1a, recto.
521 StABS, Bau Y 5, Nr. 2, fol. 137, verso.
522 StABL, AA 1010, 2 A, Lade L. 83, C 1, Nr. 19, p 2.
523 StABS, Bau Y 5, Nr. 11, p 2.
524 StABL, AA 1010, 2 A, Lade L. 83, C 5a, Nr. 2, recto.
525 StABL, AA 1010, 2 A, Lade L. 83, Bb 2, p 2.
526 StABL, AA 1010, 2 A, Lade L. 83, C 5a, Nr. 1, p 3.
527 StABL, AA 1010, 2 A, Lade L. 83, Bb 1, Nr. 1, p 1.
528 StABL, AA 1010, 2 A, Lade L. 17, Nr. 4, p 1.
529 StABL, AA 1010, 2 A, Lade L. 17, Nr. 4, p 1–p 2.
530 StABL, AA 1010, 2 A, Lade L. 17, Nr. 4, p 2.
531 StABL, AA 1010, 2 A, Lade L. 17, Nr. 4, p 2–p 3.
532 StABL, AA 1010, 2 A, Lade L. 17, Nr. 4, p 3.
533 StABS, Bau Y 5, Nr. 11, p 2.
534 StABL, AA 1010, 2 A, Lade L. 83, Bb 2, p 1.
535 StABL, AA 1010, 2 A, Lade L. 83, Bb 2, p 2.
536 Harms, Bd. 2, S. 317, 78.
537 Harms, Bd. 2, S. 366, 85.
538 Harms, Bd. 2, S. 408, 49.
539 Harms, Bd. 2, S. 433, 89.
540 Harms, Bd. 3, S. 50, 67.
541 Harms, Bd. 3, S. 224, 1.
542 Harms, Bd. 3, S. 305, 26.
543 Harms, Bd. 3, S. 415, 68.
544 Harms, Bd. 3, S. 428, 95.
545 StABL, AA 1010, 2 A, Lade L. 17, Nr. 4, p 1.
546 StABS, Bau Y 5, Nr. 2, fol. 137, recto.
547 StABS, Bau Y 5, Nr. 2, fol. 137, verso.
548 Harms, Bd. 2, S. 383, 91.
549 23. Juli, vgl. dazu Grotefend, Hermann: Zeitrechnung des deutschen Mittelalters und der Neuzeit, Bd. 1, Aalen, 1970, S. 12 [Grotefend].
550 StABS, Bau Y 5, Nr. 2, fol. 137, recto.
551 StABS, Bau Y 5, Nr. 2, fol. 137, verso.
552 StABS, Bau Y 5, Nr. 11, p 2.
553 StABS, Bau Y 5, Nr. 9, Beilage 1, p 1.
554 StABS, Bau Y 5, Nr. 9, Beilage 1, p 1–p 2.
555 StABS, Bau Y 5, Nr. 9, Beilage 1, p 2.
556 StABS, Bau Y 5, Nr. 9, Beilage 1, p 3.
557 StABS, Bau Y 5, Nr. 11, p 1.
558 StABS, Bau Y 5, Nr. 11, p 2.
559 Harms, Bd. 1 und Bd. 2.
560 Auch bezüglich der Daten der Fischungen in Liestal wäre das Liestaler «Stubenbuch» ergänzend auszuwerten.
561 StABL, AA 1010, 2 A, Lade L. 83, C 1, Nr. 2, recto.
562 Vgl. dazu StABS, Bau Y 5, Nr. 2 und StABS, Bau Y 5, Nr. 11, p 1.
563 Harms, Bd. 2, S. 166, 77.
564 Harms, Bd. 2, S. 374, 16. Peterhanns Möry war nachweislich Fischer und Angehöriger der Fischerzunft. Er wohnte in der Steinenvorstadt in Basel. Dies geht aus der Liste der Margzalsteuer von 1453/1454 hervor. Damals hatte Möry ein Vermögen von über 1000 Gulden. Vgl. dazu Schönberg, S.684. Möry war 1448 bis 1451 Ratsherr und Zunftmeister der Fischerzunft und wieder Ratsherr zwischen 1454 und 1467. Vgl. Schönberg, S. 788-794.
565 Harms, Bd. 2, S. 384, 41.

566 Harms, Bd. 2, S. 23, 29 und Bd. 3, S. 60, 72.
567 Harms, Bd. 3, S. 75, 9.
568 StABL, AA 1010, 2 A, Lade L. 83, C 1, Nr. 2, recto.
569 StABL, AA 1010, 2 A, Lade L. 83, C 1, Nr. 17, p 1.
570 StABL, AA 1010, 2 A, Lade L. 83, C 5, Beilage 1, recto.
571 StABL, AA 1010, 2 A, Lade L. 83, C 5a, Nr. 1, p 3.
572 StABL, AA 1010, 2 A, Lade L. 83, C 1, Nr. 1, recto.
573 BUB 9, Nr. 359, S. 329-330.
574 Harms, Bd. 2, S. 374, 18.
575 Harms, Bd. 2, S. 390, 11.
576 Harms, Bd. 3, S. 139, 13.
577 StABS, Bau Y 5, Nr. 2, fol. 138, recto.
578 StABS, Bau Y 5, Nr. 2, fol. 139, recto.
579 StABL, AA 1010, 2 A, Lade L. 83, C 5a, Nr. 3, recto.
580 StABL, AA 1010, 2 A, Lade L. 83, C 5a, Nr. 5, recto.
581 StABL, AA 1010, 2 A, Lade L. 83, Bb 3, recto.
582 StABL, AA 1010, 2 A, Lade L. 83, Bb 4, recto.
583 StABL, AA 1010, 2 A, Lade L. 83, Bb 6, recto.
584 Harms, Bd. 2, S. 374, 24. Zu den verschiedenen Garnen vgl. Amacher, S. 27-34. Die Verwendung von Garnen für die Weiherfischung ist eher ungewöhnlich und machte nur dann Sinn, wenn der Weiher nicht entleert werden konnte.
585 Harms, Bd. 3, S. 74, 77.
586 StABL, AA 1010, 2 A, Lade L. 83, A 1, Nr. 1, p 2.
587 StABL, AA 1010, 2 A, Lade L. 83, C 1, Nr. 18, p 1.
588 Zum «Bären» vgl. Glossar, oben S. 201.
589 StABL, AA 1010, 2 A, Lade L. 83, B 1, Nr. 7, p 1.
590 StABL, AA 1010, 2 A, Lade L. 83, B 1, Nr. 7, p 2.
591 Harms, Bd. 2, S. 367, 11.
592 Harms, Bd. 2, S. 374, 22.
593 Harms, Bd. 2, S. 474, 15.
594 Harms, Bd. 3, S. 23, 39.
595 Harms, Bd. 2, S. 500, 20.
596 Harms, Bd. 3, S. 74, 75.
597 StABL, AA 1010, 2 A, Lade L. 83, C 8, Nr. 1a, recto.
598 StABL, AA 1010, 2 A, Lade L. 83, C 5, Beilage 1, recto.
599 StABL, AA 1010, 2 A, Lade L. 83, C 5a, Nr. 4, recto.
600 Harms, Bd. 2, S. 155, 63.
601 Harms, Bd. 2, S. 374, 20.
602 Harms, Bd. 2, S. 156, 32.
603 Harms, Bd. 2, S. 257, 7.
604 Harms, Bd. 2, S. 160, 50.
605 Harms, Bd. 3, S. 12, 71.
606 StABS, Bau Y 5, Nr. 2, fol. 138, recto.
607 StABS, Bau Y 5, Nr. 2, fol. 139, recto.
608 StABL, AA 1010, 2 A, Lade L. 83, C 8, Nr. 1e, recto.
609 StABL, AA 1010, 2 A, Lade L. 83, C 5, Beilage 1, recto.
610 StABS, Bau Y 5, Nr. 2, fol. 137, verso.
611 StABS, Bau Y 5, Nr. 2, fol. 143, recto.
612 StABL, AA 1010, 2 A, Lade L. 83, C 8, Nr. 3, recto.
613 StABL, AA 1010, 2 A, Lade L. 83, C 5, Beilage 1, recto.
614 StABL, AA 1010, 2 A, Lade L. 83, C 5a, Nr. 1, p 2.
615 Vgl. dazu StABL, AA 1010, 2 A, Lade L. 83, A 20, recto.
616 StABL, AA 1010, 2 A, Lade L. 83, C 8, Nr. 1b, recto.
617 StABL, AA 1010, 2 A, Lade L. 83, C 8, Nr. 1c, recto.
618 StABL, AA 1010, 2 A, Lade L. 83, C 8, Nr. 1e, recto.
619 StABL, AA 1010, 2 A, Lade L. 83, C 8, Nr. 3, verso.
620 StABL, AA 1010, 2 A, Lade L. 83, C 1a, recto.
621 Bei den «Harschierern» handelt es sich um frühneuzeitliche Polizeikräfte.
622 StABL, AA 1010, 2 A, Lade L. 83, C 5, Beilage 1, recto.
623 StABL, AA 1010, 2 A, Lade L. 83, C 5a, Nr. 1, p 3.
624 StABL, AA 1010, 2 A, Lade L. 83, C 8, Nr. 4, recto.
625 StABL, AA 1010, 2 A, Lade L. 83, Ba 3, recto.
626 StABL, AA 1010, 2 A, Lade L. 83, Ba 4, recto.
627 StABL, AA 1010, 2 A, Lade L. 19, Nr. 7, recto.
628 StABL, AA 1010, 2 A, Lade L. 19, Nr. 7, verso.
629 StABS, Bau Y 5, Nr. 2, p 138, recto.
630 StABS, Bau Y 5, Nr. 2, p 139, recto.
631 Harms, Bd. 2, S. 143, 24.
632 Harms, Bd. 2, S. 155, 65.
633 Harms, Bd. 2, S. 487, 78.
634 Harms, Bd. 3, S. 81, 52.
635 Harms, Bd. 3, S. 154, 46.

636 Harms, Bd. 1, S. 105, 1 und S. 103, 96.
637 Harms, Bd. 2, S. 271, 80.
638 Harms, Bd. 2, S. 353, 66.
639 Harms, Bd. 2, S. 442, 74.
640 Harms, Bd. 2, S. 447, 6.
641 Harms, Bd. 3, S. 50, 44.
642 Vgl. Zunftbuch Fischer, fol. 23. Edition in Müller, Bd. 2, S. 42.
643 Müller, Bd. 1, S. 84.
644 StABL, AA 1010, 2 A, Lade L. 17, Nr. 4, p 2–p 3.
645 StABL, AA 1010, 2 A, Lade L. 83, C 5a, Nr. 1, p 2.
646 StABS, Bau Y 5, Nr. 7, p 3.
647 StABS, Bau Y 5, Nr. 2.
648 Vgl. dazu Anhang 4.
649 StABS, Bau Y 5, Nr. 2, fol. 4, recto.
650 StABS, Bau Y 5, Nr. 2, fol. 9, verso.
651 StABS, Bau Y 5, Nr. 2, fol. 17, recto.
652 StABS, Bau Y 5, Nr. 2, fol. 27, recto.
653 StABS, Bau Y 5, Nr. 2, fol. 37, recto.
654 StABS, Bau Y 5, Nr. 2, fol. 57, recto.
655 StABS, Bau Y 5, Nr. 2, fol. 87, recto.
656 StABS, Bau Y 5, Nr. 2, fol. 97, recto.
657 StABS, Bau Y 5, Nr. 2, fol. 106, recto.
658 StABS, Bau Y 5, Nr. 2, fol. 108, recto.
659 StABS, Bau Y 5, Nr. 2, fol. 124, recto.
660 StABS, Bau Y 5, Nr. 2, fol. 133, recto.
661 StABS, Bau Y 5, Nr. 2, fol. 4–fol. 8.
662 Als «Herrenzünfte» galten die Zünfte zum Schlüssel, zu Safran, zu Hausgenossen und zu Weinleuten.
663 StABS, Bau Y 5, Nr. 2, fol. 139, recto.
664 StABL, AA 1010, 2 A, Lade L. 83, B 2, Nr. 18, p 6–p 7.
665 StABL, AA 1010, 2 A, Lade L. 83, B 2, Nr. 18, p 7.
666 Die Häupter erhielten in ihrer Eigenschaft als Dreierherren ebenfalls die entsprechende Ration Fisch. Meist waren zwei von drei Dreierherren auch Häupter, also Bürgermeister oder Oberstzunftmeister.
667 StABS, Bau Y 5, Nr. 6, Beilage 2, recto.
668 StABS, Bau Y 5, Nr. 6, Beilage 2, verso.
669 StABS, Bau Y 5, Nr. 11, p 1.
670 StABS, Bau Y 5, Nr. 11, p 2.
671 StABL, AA 1010, 2 A, Lade L. 83, B 13, recto.
672 StABL, AA 1010, 2 A, Lade L. 83, C 1, Nr. 16, p 1.
673 StABL, AA 1010, 2 A, Lade L. 83, C 1, Nr. 16, Beilage, p 3.
674 Zu «Kümpfel» und «Grundkänel» vgl. Glossar.
675 StABL, AA 1010, 2 A, Lade L. 83, C 1, Nr. 1, recto.
676 BUB 9, Nr. 359, S. 329.
677 StABL, AA 1010, 2 A, Lade L. 83, Ba 1, Nr. 1, recto.
678 Hölzerne Gitterstäbe des Gatters, vgl. Idiotikon, Bd. 10, Sp. 918.
679 Beim «duckstein» oder «duck» handelt es sich um Tuffstein. Vgl. Idiotikon, Bd. 11, Sp. 898–900.
680 StABL, AA 1010, 2 A, Lade L. 83, B 1, Nr. 1, p 1.
681 StABL, AA 1010, 2 A, Lade 83, A 1, Nr. 1, p 1.
682 StABL, AA 1010, 2 A, Lade 83, A 1, Nr. 1, p 2.
683 StABL, AA 1010, 2 A, Lade 83, A 1, Nr. 3, p 1.
684 StABL, AA 1010, 2 A, Lade 83, A 1, Nr. 2, p 1.
685 6. Sonntag nach Ostern. 1586 war dies der 15. Mai (alter Stil). Vgl. dazu Grotefend, Bd. 1, S. 54 und Tafel 58.
686 StABL, AA 1010, 2 A, Lade 83, A 1, Nr. 4, p 1.
687 StABL, AA 1010, 2 A, Lade L. 83, Bb 1, Nr. 1, p 1. Es ist nicht klar, was mit der «Brunnstube» im Zusammenhang mit den Weihern gemeint ist. Es handelte sich wohl um einen Bestandteil des Weiherdamms, wahrscheinlich um ein gemauertes Abschlussgewölbe des Grundkänels. Vgl. dazu StABL, AA 1010, 2 A, Lade L. 83, A 1, Nr. 14, p 1-p 2.
688 StABL, AA 1010, 2 A, Lade L. 83, A 1, Nr. 5, p 1.
689 StABL, AA 1010, 2 A, Lade L. 83, A 1, Nr. 5, p 2.
690 StABL, AA 1010, 2 A, Lade L. 83, Bb 1, Nr. 2, p 1.
691 StABL, AA 1010, 2 A, Lade L. 83, Bb 1, Nr. 2, p 1–p 2.
692 StABL, AA 1010, 2 A, Lade L. 83, A 1, Nr. 6, recto.
693 StABL, AA 1010, 2 A, Lade L. 83, Bb 1, Nr. 3, p 1–p 2.
694 StABL, AA 1010, 2 A, Lade L. 83, Bb 1, Nr. 3, p 2.
695 StABL, AA 1010, 2 A, Lade L. 83, Bb 1, Nr. 3, p 1.
696 StABL, AA 1010, 2 A, Lade L. 83, C 1, Nr. 7, p 1.
697 StABL, AA 1010, 2 A, Lade L. 83, Ba 1, Nr. 2, p 1.
698 StABL, AA 1010, 2 A, Lade L. 83, Ba 1, Nr. 3, p 2.
699 StABL, AA 1010, 2 A, Lade L. 83, A 1, Nr. 10, p 1.

700 StABL, AA 1010, 2 A, Lade L. 83, C 1, Nr. 8, p 1.
701 StABL, AA 1010, 2 A, Lade L. 83, A 1, Nr. 14, p 1–p 2.
702 StABL, AA 1010, 2 A, Lade L. 83, A 1, Nr. 14, p 2.
703 StABL, AA 1010, 2 A, Lade L. 83, A 1, Nr. 14, p 3.
704 StABL, AA 1010, 2 A, Lade L. 83, A 1, Nr. 15, p 1.
705 StABL, AA 1010, 2 A, Lade L. 83, C 1, Nr. 11, p 1.
706 StABL, AA 1010, 2 A, Lade L. 83, C 1, Nr. 12, recto.
707 StABL, AA 1010, 2 A, Lade L. 83, Bb 1, Nr. 4, p 1.
708 StABL, AA 1010, 2 A, Lade L. 83, Bb 1, Nr. 4, p 2.
709 StABL, AA 1010, 2 A, Lade 83, A 1, Nr. 16, p 1.
710 «trüchen» bedeutet «wachsen, sich entwickeln». Vgl. Idiotikon, Bd. 14, Sp. 718–723.
711 StABL, AA 1010, 2 A, Lade L. 83, B 1, Nr. 11, p 1.
712 StABL, AA 1010, 2 A, Lade L. 83, B 1, Nr. 11, p 1–p 2.
713 StABL, AA 1010, 2 A, Lade L. 83, B 1, Nr. 11, p 2.
714 StABL, AA 1010, 2 A, Lade L. 83, B 1, Nr. 13, p 2.
715 StABL, AA 1010, 2 A, Lade L. 83, B 1, Nr. 15, p 1.
716 StABL, AA 1010, 2 A, Lade L. 83, B 1, Nr. 15, p 4.
717 StABL, AA 1010, 2 A, Lade L. 83, B 11, p 1.
718 StABL, AA 1010, 2 A, Lade L. 35, 285, G 1, p 1.
719 StABL, AA 1010, 2 A, Lade L. 35, 285, G 1, p 2.
720 StABL, AA 1010, 2 A, Lade L. 35, 285, G 2, p 1–p 2.
721 StABL, AA 1010, 2 A, Lade L. 35, 285, G 3, p 1.
722 StABL, AA 1010, 2 A, Lade L. 35, 285, G 3, p 1–p 2.
723 StABL, AA 1010, 2 A, Lade L. 35, 285, G 3, p 2.
724 StABL, AA 1010, 2 A, Lade L. 83, B 1, Nr. 17, p 2.
725 StABL, AA 1010, 2 A, Lade L. 83, A 6, p 1.
726 StABL, AA 1010, 2 A, Lade L. 83, A 6, p 2.
727 StABL, AA 1010, 2 A, Lade L. 83, C 4, p 1.
728 StABL, AA 1010, 2 A, Lade L. 83, A 7, Beilage, p 1.
729 StABL, AA 1010, 2 A, Lade L. 83, A 7, Beilage, p 1–p 2.
730 StABL, AA 1010, 2 A, Lade L. 83, A 7, Beilage, p 2.
731 StABL, AA 1010, 2 A, Lade L. 83, B 1, Nr. 9, p 1.
732 StABL, AA 1010, 2 A, Lade L. 83, C 1, Nr. 6, p 1–p 2.
733 StABL, AA 1010, 2 A, Lade L. 83, C 1, Nr. 9, p 1.
734 StABL, AA 1010, 2 A, Lade L. 83, C 1, Nr. 14, recto.
735 StABL, AA 1010, 2 A, Lade L. 83, C 1, Nr. 13, recto.
736 StABL, AA 1010, 2 A, Lade L. 83, C 1, Nr. 16, Beilage, p 1.
737 Auch diese Nebenteiche wurden offenbar zur Fischzucht genutzt.
738 StABL, AA 1010, 2 A, Lade L. 83, B 1, Nr. 3, p 1.
739 StABL, AA 1010, 2 A, Lade L. 83, B 1, Nr. 10, p 5.
740 StABL, AA 1010, 2 A, Lade L. 83, B 1, Nr. 10, p 6.
741 StABL, AA 1010, 2 A, Lade L. 83, B 1, Nr. 13, p 1.
742 StABL, AA 1010, 2 A, Lade L. 19, Nr. 13, p 1.
743 StABL, AA 1010, 2 A, Lade L. 83, C 1, Nr. 16, Beilage, p 2.
744 StABL, AA 1010, 2 A, Lade L. 83, B 1, Nr. 3, p 2.
745 «Grien» ist die bis heute gebräuchliche Dialektbezeichnung für Mergel oder Kies. Vgl. Idiotikon, Bd. 2, Sp. 747-748.
746 Bei den «Krucken» handelte es sich wahrscheinlich um hölzerne Stoss- oder Schürgeräte oder um Rührstangen, mit denen der Weiherschlamm entfernt oder aufgewirbelt wurde. Vgl. Idiotikon, Bd. 3, Sp. 806–807.
747 StABL, AA 1010, 2 A, Lade L. 19, Nr. 6, p 1.
748 Die Bezeichnung «Fohren» wird für eine Vielzahl verschiedener Nadelhölzer verwendet. Vgl. Idiotikon, Bd. 1, Sp. 992.
749 StABL, AA 1010, 2 A, Lade L. 83, B 1, Nr. 9, p 1.
750 StABL, AA 1010, 2 A, Lade L. 83, B 1, Nr. 10, p 5.
751 Wahrscheinlich Werkzeuge mit hölzernen Stielen. Vgl. Idiotikon, Bd. 2, Sp. 1202–1203.
752 StABL, AA 1010, 2 A, Lade L. 83, B 1, Nr. 11, p 2.

753 StABL, AA 1010, 2 A, Lade L. 83, B 1, Nr. 14, p 1.
754 StABL, AA 1010, 2 A, Lade L. 83, B 1, Nr. 17, p 1.
755 StABL, AA 1010, 2 A, Lade L. 83, C 1, Nr. 16, Beilage, p 3.
756 StABL, AA 1010, 2 A, Lade L. 83, C 1, Nr. 19, p 1.
757 StABL, AA 1010, 2 A, Lade L. 83, Bb 1, Nr. 3, p 2.
758 Idiotikon, Bd. 1, Sp. 1329-1330.
759 Harms, Bd. 2, S. 241, 92.
760 Harms, Bd. 2, S. 251, 90.
761 Harms, Bd. 2, S. 254, 96 und S. 254, 99.
762 Harms, Bd. 2, S. 313, 50.
763 Harms, Bd. 2, S. 316, 47.
764 Harms, Bd. 2, S. 317, 55.
765 Harms, Bd. 2, S. 330, 74.
766 Harms, Bd. 2, S. 358, 27.
767 Harms, Bd. 2, S. 364, 38.
768 Harms, Bd. 2, S. 408, 11.
769 Harms, Bd. 2, S. 426, 15.
770 Harms, Bd. 2, S. 430, 75.
771 Harms, Bd. 2, S. 430, 77.
772 Harms, Bd. 2, S. 433, 38.
773 Harms, Bd. 2, S. 442, 44.
774 Harms, Bd. 2, S. 442, 52.
775 Vgl. Harms, Bd. 2, S. 442, 77; S. 465, 66; S. 473, 40.
776 Harms, Bd. 2, S. 499, 75 und S. 497, 24.
777 Harms, Bd. 3, S. 15, 6.
778 Harms, Bd. 3, S. 21, 25.
779 Harms, Bd. 3, S. 23, 66.
780 Harms, Bd. 3, S. 61, 81.
781 Harms, Bd. 3, S. 73, 75.
782 Harms, Bd. 3, S. 74, 70.
783 Harms, Bd. 3, S. 75, 1.
784 Harms, Bd. 3, S. 88, 61 und S. 111, 21.
785 Harms, Bd. 3, S. 111, 39.
786 Harms, Bd. 3, S. 111, 41.
787 Harms, Bd. 3, S. 148, 83.
788 Es ist unklar, um welchen der Waldenburger Weiher es sich hierbei handelt.
789 StABL, AA 1010, 2 A, Lade L. 83, C 1, Nr. 1, recto.
790 10. Mai 1504. Vgl. Grotefend, Bd. 1, Tafel 66.
791 26. Mai 1504. Vgl. Grotefend, Bd. 1, Tafel 66.
792 2. Dezember 1504. Vgl. Grotefend, Bd. 1, Tafel 66.
793 5. April 1505. Vgl. Grotefend, Bd. 1, Tafel 36.
794 26. April 1505. Vgl. Grotefend, Bd. 1, Tafel 36.
795 31. Mai 1505. Vgl. Grotefend, Bd. 1, Tafel 36.
796 3. November 1505. Vgl. Grotefend, Bd. 1, Tafel 37.
797 StABL, AA 1010, 2 A, Lade L. 83, C 1, Nr. 1, verso.
798 Harms, Bd. 3, S. 158, 88.
799 Harms, Bd. 3, S. 196, 73.
800 Harms, Bd. 3, S. 203, 77.
801 Harms, Bd. 3, S. 208, 27.
802 BUB 9, Nr. 359, S. 329.
803 BUB 9, Nr. 359, S. 329-S. 330.
804 16. Oktober. Vgl. Grotefend, Bd. 1, S. 71.
805 11. November. Vgl. Grotefend, Bd. 1, S. 119.
806 BUB 9, Nr. 359, S. 330.
807 BUB 9, Nr. 369, S. 340.
808 Harms, Bd. 3, S. 363, 10.
809 Harms, Bd. 3, S. 389, 79. Beim «Graben» handelt es sich wahrscheinlich um den «Herrengraben», den Zulaufkanal des Teuchelweihers.
810 Harms, Bd. 3, S. 391, 8.
811 Harms, Bd. 3, S. 418, 12.
812 Harms, Bd. 3, S. 438, 56 und S. 438, 59.
813 Harms, Bd. 3, S. 449, 92.
814 StABL, AA 1010, 2 A, Lade L. 83, Ba 1, Nr. 1, recto.
815 StABL, AA 1010, 2 A, Lade L. 83, B 1, Nr. 1, p 1.
816 StABL, AA 1010, 2 A, Lade L. 83, A 1, Nr. 1, p 1.
817 StABL, AA 1010, 2 A, Lade L. 83, A 1, Nr. 1, p 2.
818 StABL, AA 1010, 2 A, Lade L. 83, A 1, Nr. 3, p 1.
819 StABL, AA 1010, 2 A, Lade L. 83, A 1, Nr. 2, p 1.
820 StABL, AA 1010, 2 A, Lade L. 83, A 1, Nr. 2, p 1–p 2.
821 StABL, AA 1010, 2 A, Lade L. 83, Bb 1, Nr. 1, p 1.
822 StABL, AA 1010, 2 A, Lade L. 83, Bb 1, Nr. 2, p 1.
823 StABL, AA 1010, 2 A, Lade L. 83, Bb 1, Nr. 2, p 1-p 2.
824 StABL, AA 1010, 2 A, Lade L. 83, Bb 1, Nr. 3, p 1.
825 StABL, AA 1010, 2 A, Lade L. 83, Bb 1, Nr. 3, p 1.
826 StABL, AA 1010, 2 A, Lade L. 83, Bb 1, Nr. 3, p 2.
827 StABL, AA 1010, 2 A, Lade L. 83, A 1, Nr. 9, p 1.
828 StABL, AA 1010, 2 A, Lade L. 83, A 1, Nr. 9, p 1–p. 2.

829 StABL, AA 1010, 2 A, Lade L. 83, A 1, Nr. 9, p 2.
830 StABL, AA 1010, 2 A, Lade L. 83, A 1, Nr. 9, p 3.
831 Wahrscheinlich handelt es sich um das «Wutachtal».
832 StABL, AA 1010, 2 A, Lade L. 83, C 1, Nr. 7, p 1.
833 StABL, AA 1010, 2 A, Lade L. 83, C 1, Nr. 7, p 2.
834 StABL, AA 1010, 2 A, Lade L. 83, C 1, Nr. 7, p 2–p 3.
835 StABL, AA 1010, 2 A, Lade L. 83, C 1, Nr. 7, p 3.
836 StABL, AA 1010, 2 A, Lade L. 83, C 1, Nr. 4, p 1.
837 StABL, AA 1010, 2 A, Lade L. 83, C 1, Nr. 4, p 1–p 2.
838 StABL, AA 1010, 2 A, Lade L. 83, C 1, Nr. 4, p 2.
839 StABL, AA 1010, 2 A, Lade L. 83, C 1, Nr. 4, p 3.
840 StABL, AA 1010, 2 A, Lade L. 83, C 1, Nr. 5, p 1.
841 StABL, AA 1010, 2 A, Lade L. 83, C 1, Nr. 6, p 1.
842 StABL, AA 1010, 2 A, Lade L. 83, C 1, Nr. 6, p 1–p 2.
843 StABL, AA 1010, 2 A, Lade L. 83, C 1, Nr. 6, p 2.
844 StABL, AA 1010, 2 A, Lade L. 83, C 1, Nr. 6, p 3.
845 StABL, AA 1010, 2 A, Lade L. 19, Nr. 4, recto.
846 StABL, AA 1010, 2 A, Lade L. 83, Ba 1, Nr. 3, p 1.
847 StABL, AA 1010, 2 A, Lade L. 83, Ba 1, Nr. 3, p 1–p 2.
848 StABL, AA 1010, 2 A, Lade L. 83, Ba 1, Nr. 3, p 2.
849 StABL, AA 1010, 2 A, Lade L. 83, B 1, Nr. 3, p 1.
850 StABL, AA 1010, 2 A, Lade L. 83, B 1, Nr. 3, p 2.
851 StABL, AA 1010, 2 A, Lade L. 19, Nr. 5, p 1.
852 StABL, AA 1010, 2 A, Lade L. 19, Nr. 5, p 2.
853 StABL, AA 1010, 2 A, Lade L. 19, Nr. 5, p 2–p 3.
854 StABL, AA 1010, 2 A, Lade L. 19, Nr. 5, p 3.
855 StABL, AA 1010, 2 A, Lade L. 83, A 1, Nr. 11, p 2.
856 StABL, AA 1010, 2 A, Lade L. 83, C 1, Nr. 8, p 1.
857 StABL, AA 1010, 2 A, Lade L. 83, C 1, Nr. 9, p 1.
858 StABL, AA 1010, 2 A, Lade L. 83, C 1, Nr. 9, p 1–p 2.
859 StABL, AA 1010, 2 A, Lade L. 83, C 1, Nr. 10, recto.
860 StABL, AA 1010, 2 A, Lade L. 83, A 1, Nr. 12, p 1–p 2.
861 StABL, AA 1010, 2 A, Lade L. 83, A 1, Nr. 13, p 1–p 2.
862 StABL, AA 1010, 2 A, Lade L. 83, A 1, Nr. 14, p 1–p 2.
863 StABL, AA 1010, 2 A, Lade L. 83, A 1, Nr. 14, p 2.
864 StABL, AA 1010, 2 A, Lade L. 83, A 1, Nr. 14, p 3.
865 StABL, AA 1010, 2 A, Lade L. 83, C 1, Nr. 13, recto.
866 StABL, AA 1010, 2 A, Lade L. 83, A 1, Nr. 16, p 1.
867 Roth, Paul: Die Organisation der Basler Landvogteien im 18. Jahrhundert, Zürich, 1922, S. 59 [Roth].
868 Roth, S. 60.
869 In den anderen Ämtern gab es das Amt des Amtspflegers nicht. Vgl. dazu Roth, S. 57.
870 Harms, Bd. 2, S. 328, 70.
871 Harms, Bd. 3, S. 417, 96.
872 StABL, AA 1010, 2 A, Lade L. 83, Bb 1, Nr. 1, p 1.
873 Diese explizite Aussage steht wohl im Zusammenhang mit dem erst wenig zurückliegenden «Rappenkrieg». Vgl. dazu Landolt, S. 286–478.
874 StABL, AA 1010, 2 A, Lade L. 83, Bb 1, Nr. 3, p 1.
875 StABL, AA 1010, 2 A, Lade L. 83, Bb 1, Nr. 3, p 1.
876 StABL, AA 1010, 2 A, Lade L. 83, Bb 1, Nr. 3, p 2.
877 StABL, AA 1010, 2 A, Lade L. 19, Nr. 3, p 1.
878 StABL, AA 1010, 2 A, Lade L. 19, Nr. 5, p 1.
879 StABL, AA 1010, 2 A, Lade L. 19, Nr. 5, p 2.
880 StABL, AA 1010, 2 A, Lade L. 19, Nr. 5, p 2–p 3.
881 StABL, AA 1010, 2 A, Lade L. 19, Nr. 5, p 3.
882 StABL, AA 1010, 2 A, Lade L. 83, C 1, Nr. 12, recto.
883 StABL, AA 1010, 2 A, Lade L. 83, C 1, Nr. 13, recto.
884 StABL, AA 1010, 2 A, Lade L. 19, Nr. 6, p 1.
885 StABL, AA 1010, 2 A, Lade L. 83, B 1, Nr. 9, p 1.
886 StABL, AA 1010, 2 A, Lade L. 83, A 1, Nr. 16, p 1.
887 StABL, AA 1010, 2 A, Lade L. 83, Bb 1, Nr. 4, p 1.
888 StABL, AA 1010, 2 A, Lade L. 83, Bb 1, Nr. 4, p 2.
889 StABL, AA 1010, 2 A, Lade L. 83, B 1, Nr. 14, p 1.

890 StABL, AA 1010, 2 A, Lade L. 83, B 1, Nr. 15, p 1.
891 StABL, AA 1010, 2 A, Lade L. 83, B 1, Nr. 15, p 4.
892 StABL, AA 1010, 2 A, Lade L. 83, B 1, Nr. 15, p 1.
893 StABL, AA 1010, 2 A, Lade L. 83, Ba 1, Nr. 4, p 1.
894 StABL, AA 1010, 2 A, Lade L. 83, Ba 1, Nr. 4, p 1.
895 StABL, AA 1010, 2 A, Lade L. 83, Ba 2, p 1.
896 StABL, AA 1010, 2 A, Lade L. 83, Ba 2, p 1.
897 StABL, AA 1010, 2 A, Lade L. 83, Ba 2, p 1.
898 StABL, AA 1010, 2 A, Lade L. 83, Ba 2, p 1–p 2.
899 StABL, AA 1010, 2 A, Lade L. 83, Ba 2, p 2. Beim «Umgeld» handelte es sich um eine Steuer auf den Weinausschank.
900 StABL, AA 1010, 2 A, Lade L. 83, B 1, Nr. 17, p 1.
901 StABL, AA 1010, 2 A, Lade L. 83, B 1, Nr. 17, p 1–p 2.
902 StABL, AA 1010, 2 A, Lade L. 83, B 1, Nr. 17, p 2.
903 StABL, AA 1010, 2 A, Lade L. 83, C 1, Nr. 19, p 1.
904 StABL, AA 1010, 2 A, Lade L. 83, C 1, Nr. 19, p 2.
905 StABL, AA 1010, 2 A, Lade L. 83, B 3, p 1.
906 StABL, AA 1010, 2 A, Lade L. 83, B 3, p 2.
907 StABL, AA 1010, 2 A, Lade L. 83, C 2, p 1.
908 StABL, AA 1010, 2 A, Lade L. 83, C 2, p 1.
909 StABL, AA 1010, 2 A, Lade L. 83, C 3, p 1.
910 StABL, AA 1010, 2 A, Lade L. 83, C 3, p 2.
911 StABL, AA 1010, 2 A, Lade L. 83, C 2, p 2–p 3.
912 StABL, AA 1010, 2 A, Lade L. 83, C 3, Beilage, p 1.
913 StABL, AA 1010, 2 A, Lade L. 83, C 4, Beilage 1, p 1.
914 StABL, AA 1010, 2 A, Lade L. 83, C 4, Beilage 2, p 1.
915 StABL, AA 1010, 2 A, Lade L. 83, C 4, Beilage 2, p 1–p 2.
916 StABL, AA 1010, 2 A, Lade L. 83, C 4, Beilage 2, p 2.
917 StABL, AA 1010, 2 A, Lade L. 83, B 11, p 1.
918 StABL, AA 1010, 2 A, Lade L. 83, B 11, p 2.
919 StABL, AA 1010, 2 A, Lade L. 83, A 7, Beilage, p 1.
920 StABL, AA 1010, 2 A, Lade L. 83, A 7, Beilage, p 2.
921 StABL, AA 1010, 2 A, Lade L. 83, A 1, Nr. 5, p 1.
922 Die «Hardt» lieg oberhalb von Zunzgen im damaligen Farnsburger Amt.
923 StABL, AA 1010, 2 A, Lade L. 83, A 1, Nr. 5, p 2.
924 StABL, AA 1010, 2 A, Lade L. 83, A 1, Nr. 7, p 1.
925 StABL, AA 1010, 2 A, Lade L. 83, A 1, Nr. 8, p 1.
926 StABL, AA 1010, 2 A, Lade L. 83, B 1, Nr. 2, recto.
927 StABL, AA 1010, 2 A, Lade L. 83, B 1, Nr. 10, p 3.
928 StABL, AA 1010, 2 A, Lade L. 83, B 1, Nr. 10, p 4.
929 StABL, AA 1010, 2 A, Lade L. 83, B 1, Nr. 10, p 5.
930 StABL, AA 1010, 2 A, Lade L. 83, B 1, Nr. 10, p 6.
931 StABL, AA 1010, 2 A, Lade L. 83, B 1, Nr. 10, p 7.
932 StABL, AA 1010, 2 A, Lade L. 83, B 1, Nr. 11, p 1.
933 Es ist nicht klar, was hier mit «kiten» gemeint ist. Denkbar wäre das Schlagen einer Spalte in die Dämme der Nebenweiher. Vgl. Idiotikon, Bd. 3, Sp. 567.
934 StABL, AA 1010, 2 A, Lade L. 83, B 1, Nr. 11, p 1–p 2.
935 Konstruktion aus verzahnten Holzbalken. Vgl. Idiotikon, Bd. 16, Sp. 2233.
936 StABL, AA 1010, 2 A, Lade L. 83, B 1, Nr. 11, p 2.
937 StABL, AA 1010, 2 A, Lade L. 83, B 1, Nr. 11, p 2–p 3.
938 StABL, AA 1010, 2 A, Lade L. 83, B 1, Nr. 11, p 3.
939 StABL, AA 1010, 2 A, Lade L. 83, B 1, Nr. 13, p 1.
940 StABL, AA 1010, 2 A, Lade L. 83, B 1, Nr. 13, p 1–p 2.
941 StABL, AA 1010, 2 A, Lade L. 83, B 1, Nr. 13, p 2.
942 StABL, AA 1010, 2 A, Lade L. 83, B 1, Nr. 13, p 2–p 3.
943 StABL, AA 1010, 2 A, Lade L. 83, B 1, Nr. 13, p 3.
944 StABL, AA 1010, 2 A, Lade L. 83, C 2, p 1.
945 StABL, AA 1010, 2 A, Lade L. 83, C 1, Nr. 12, recto.

946 StABL, AA 1010, 2 A, Lade L. 83, C 1, Nr. 13, recto.
947 StABL, AA 1010, 2 A, Lade L. 83, C 1, Nr. 14, recto.
948 StABL, AA 1010, 2 A, Lade L. 83, Bb 1, Nr. 4, p 1.
949 StABL, AA 1010, 2 A, Lade L. 83, Bb 1, Nr. 4, p 1–p 2.
950 StABL, AA 1010, 2 A, Lade L. 83, C 1, Nr. 16, p 1.
951 StABL, AA 1010, 2 A, Lade L. 83, B 1, Nr. 15, p 1.
952 StABL, AA 1010, 2 A, Lade L. 83, C 1, Nr. 16, p 2.
953 StABL, AA 1010, 2 A, Lade L. 83, C 1, Nr. 16, Beilage, p 1.
954 StABL, AA 1010, 2 A, Lade L. 83, C 1, Nr. 16, Beilage, p 1-p 2.
955 StABL, AA 1010, 2 A, Lade L. 83, C 1, Nr. 16, Beilage, p 2.
956 StABL, AA 1010, 2 A, Lade L. 83, C 1, Nr. 16, Beilage, p 3.
957 StABS, Bau Y 5, Nr. 6, p 2.
958 StABL, AA 1010, 2 A, Lade L. 83, B 2, Nr 11, p 3.
959 StABS, Bau Y 5, Nr. 4, p 1.
960 StABS, Bau Y 5, Nr. 6, p 1.
961 StABS, Bau Y 5, Nr. 6, p 2.
962 StABS, Bau Y 5, Nr. 6, p 3.
963 StABS, Bau Y 5, Nr. 7, p 1.
964 StABS, Bau Y 5, Nr. 7, p 1–p 2.
965 StABS, Bau Y 5, Nr. 7, p 2.
966 StABL, AA 1010, 2 A, Lade L. 83, B 2, Nr 11, p 1.
967 StABS, Bau Y 5, Nr. 8, p 1.
968 Vgl. dazu unten, S. 96-106.
969 StABS, Bau Y 5, Nr. 9, p 1.
970 StABS, Bau Y 5, Nr. 9, Beilage 1, p 1.
971 StABS, Bau Y 5, Nr. 9, Beilage 1, p 1–p. 2.
972 StABS, Bau Y 5, Nr. 9, Beilage 1, p 2.
973 StABS, Bau Y 5, Nr. 9, Beilage 1, p 3.
974 StABS, Bau Y 5, Nr. 9, p 2.
975 StABS, Bau Y 5, Nr. 11, p 1.
976 StABL, AA 1010, 2 A, Lade L. 83, B 2, Nr. 1, p 1.
977 StABL, AA 1010, 2 A, Lade L. 83, B 2, Nr. 1, p 2.
978 StABL, AA 1010, 2 A, Lade L. 83, B 2, Nr. 1, p 3–p 4.
979 StABL, AA 1010, 2 A, Lade L. 83, B 2, Nr. 2, recto.
980 StABL, AA 1010, 2 A, Lade L. 83, B 2, Nr. 3, p 1.
981 StABL, AA 1010, 2 A, Lade L. 83, B 2, Nr. 3, p 1–p 2.
982 StABL, AA 1010, 2 A, Lade L. 83, B 2, Nr. 3, p 3.
983 Hier klingt die Verwendung des Weihers auch als Reserve für Löschwasser an, die auch bei dessen Aufgabe wieder gewährleistet sein sollte.
984 StABL, AA 1010, 2 A, Lade L. 83, B 2, Nr. 3, p 4.
985 StABL, AA 1010, 2 A, Lade L. 83, B 2, Nr. 3, p 4.
986 StABL, AA 1010, 2 A, Lade L. 83, B 2, Nr. 4, recto.
987 StABL, AA 1010, 2 A, Lade L. 83, B 2, Nr. 5, p 2.
988 StABL, AA 1010, 2 A, Lade L. 83, B 2, Nr. 5, p 3.
989 StABL, AA 1010, 2 A, Lade L. 83, B 2, Nr. 6, recto.
990 StABL, AA 1010, 2 A, Lade L. 83, B 2, Nr. 7, p 1.
991 StABL, AA 1010, 2 A, Lade L. 83, B 2, Nr 8, p 1.
992 Dies entspricht 3,5%.
993 StABL, AA 1010, 2 A, Lade L. 83, B 2, Nr. 8, p 2.
994 StABL, AA 1010, 2 A, Lade L. 83, B 2, Nr. 8, p 3.
995 StABL, AA 1010, 2 A, Lade L. 83, B 2, Nr. 9, p 1.
996 StABL, AA 1010, 2 A, Lade L. 83, B 2, Nr. 9, p 2.
997 StABL, AA 1010, 2 A, Lade L. 83, B 2, Nr. 10, p 1.
998 StABL, AA 1010, 2 A, Lade L. 83, B 2, Nr. 10, p 1–p 2.
999 StABL, AA 1010, 2 A, Lade L. 83, B 2, Nr. 10, p 2.
1000 StABL, AA 1010, 2 A, Lade L. 83, B 2, Nr. 10, p 3.
1001 StABL, AA 1010, 2 A, Lade L. 83, B 2, Nr. 11, Beilage von anderer Hand, p 3.
1002 StABL, AA 1010, 2 A, Lade L. 83, B 2, Nr. 11, p 2.
1003 StABL, AA 1010, 2 A, Lade L. 83, B 2, Nr 11, p 2–p 3.

1004 StABL, AA 1010, 2 A, Lade L. 83, B 2, Nr 11, p 3.
1005 StABL, AA 1010, 2 A, Lade L. 83, B 2, Nr 11, p 3–p 4.
1006 StABL, AA 1010, 2 A, Lade L. 83, B 2, Nr 11, p 4.
1007 StABL, AA 1010, 2 A, Lade L. 83, B 2, Nr 16, recto.
1008 StABL, AA 1010, 2 A, Lade L. 83, B 2, Nr 16, recto-verso.
1009 StABL, AA 1010, 2 A, Lade L. 83, B 2, Nr 17, verso.
1010 StABL, AA 1010, 2 A, Lade L. 83, B 2, Nr 18, p 1–p 2.
1011 StABL, AA 1010, 2 A, Lade L. 83, B 2, Nr 18, p 3.
1012 StABL, AA 1010, 2 A, Lade L. 83, B 2, Nr 18, p 3–p 4.
1013 StABL, AA 1010, 2 A, Lade L. 83, B 2, Nr 18, p 4.
1014 StABL, AA 1010, 2 A, Lade L. 83, B 2, Nr 18, p 4-p 5.
1015 StABL, AA 1010, 2 A, Lade L. 83, B 2, Nr 18, p 5.
1016 StABL, AA 1010, 2 A, Lade L. 83, B 2, Nr 18, p 6.
1017 StABL, AA 1010, 2 A, Lade L. 83, B 2, Nr 18, p 7.
1018 StABL, AA 1010, 2 A, Lade L. 83, B 2, Nr 18, p 8–p 9.
1019 StABL, AA 1010, 2 A, Lade L. 83, B 2, Nr 18, p 9, Einschub von anderer Hand.
1020 StABL, AA 1010, 2 A, Lade L. 83, B 2, Nr 18, p 9, Einschub von gleicher Hand.
1021 StABL, AA 1010, 2 A, Lade L. 83, B 2, Nr 18, p 11.
1022 StABL, AA 1010, 2 A, Lade L. 83, B 2, Nr 18, p 12.
1023 StABL, AA 1010, 2 A, Lade L. 83, B 2, Nr 19 und Nr. 20.
1024 StABL, AA 1010, 2 A, Lade L. 83, B 2, Nr 12, recto. Bei den Deputierten ad aerarium handelt es sich um die Verordneten zum gemeinen Gut, das «Kontrollorgan der Finanzpolitik seit 1722 unter der Führung der Dreier». vgl. Alioth, Martin, et al.: Basler Stadtgeschichte 2, Basel, 1981, S. 75.
1025 StABL, AA 1010, 2 A, Lade L. 83, B 2, Nr 12, verso.
1026 StABL, AA 1010, 2 A, Lade L. 83, B2, Nr. 13, recto.
1027 StABL, AA 1010, 2 A, Lade L. 83, B 2, Nr 21, recto.
1028 StABL, AA 1010, 2 A, Lade L. 83, B 2, Nr. 22, p 1.
1029 StABL, AA 1010, 2 A, Lade L. 83, B 2, Nr. 22, p 2.
1030 StABL, AA 1010, 2 A, Lade L. 83, B 4, p 1.
1031 StABL, AA 1010, 2 A, Lade L. 83, B 2, Nr 14, p 1.
1032 StABL, AA 1010, 2 A, Lade L. 83, B 2, Nr 14, p 1–p 2.
1033 StABL, AA 1010, 2 A, Lade L. 83, B 2, Nr 14, p 2.
1034 StABL, AA 1010, 2 A, Lade L. 83, B 5, p 1.
1035 StABL, AA 1010, 2 A, Lade L. 83, B 5, p 2.
1036 StABL, AA 1010, 2 A, Lade L. 83, B 5, p 3.
1037 StABS, Klosterarchiv Domstift WW 56.
1038 StABL, AA 1010, 2 A, Lade L. 83, B 6, recto.
1039 StABL, AA 1010, 2 A, Lade L. 83, B 7, p 1.
1040 StABL, AA 1010, 2 A, Lade L. 83, B 8, p 1.
1041 StABL, AA 1010, 2 A, Lade L. 83, B 8, p 1–p 2.
1042 StABL, AA 1010, 2 A, Lade L. 83, B 9, p 1–p 2.
1043 StABL, AA 1010, 2 A, Lade L. 83, B 10, recto-verso.
1044 StABL, AA 1010, 2 A, Lade L. 83, B 13, recto.
1045 StABL, AA 1010, 2 A, Lade L. 35, 285, G 4, p 1.
1046 StABL, AA 1010, 2 A, Lade L. 35, 285, G 4, p 2.
1047 StABL, AA 1010, 2 A, Lade L. 35, 285, G 4, p 3.
1048 StABL, AA 1010, 2 A, Lade L. 35, 285, G 1, Beilage 1, p 2.
1049 StABL, AA 1010, 2 A, Lade L. 35, 285, G 4, Beilage 3, p 1.
1050 StABL, AA 1010, 2 A, Lade L. 35, 285, G 4, Beilage 3, p 2.
1051 StABL, AA 1010, 2 A, Lade L. 35, 285, G 4, Beilage 3, p 3.
1052 StABL, AA 1010, 2 A, Lade L. 35, 285, G 4, Beilage 3, p. 4.
1053 StABL, AA 1010, 2 A, Lade L. 35, 285, G 4, Beilage 2, p 1.
1054 StABL, AA 1010, 2 A, Lade L. 35, 285, G 4, Beilage 2, p 1–p 2.

1055 StABL, AA 1010, 2 A, Lade L. 35, 285, G 4, Beilage 2, p 2.
1056 StABL, AA 1010, 2 A, Lade L. 35, 285, G 4, Beilage 4, recto.
1057 StABL, AA 1010, 2 A, Lade L. 35, 285, G 4, Beilage 5, recto.
1058 StABL, AA 1010, 2 A, Lade L. 35, 285, G 4, Beilage 6, recto.
1059 StABL, AA 1010, 2 A, Lade L. 35, 285, G 4, Beilage 7, recto.
1060 StABL, AA 1010, 2 A, Lade L. 35, 285, G 4, Beilage 8, recto.
1061 Kantonsblatt Basel, Nr. 7, 24. Mai 1799, S. 185–186.
1062 StABS, Bau Y 5, Nr. 10, p 1.
1063 StABS, Bau Y 5, Nr. 10, p 2.
1064 StABL, AA 1010, 2 A, Lade L. 83, A 1, Nr. 12, p 1–p 2.
1065 StABL, AA 1010, 2 A, Lade L. 83, A 8, p 1. Zur Organisation des Staatswesens in der Helvetischen Republik vgl. Manz.
1066 StABL, AA 1010, 2 A, Lade L. 83, A 13, recto.
1067 StABL, AA 1010, 2 A, Lade L. 83, A 9, p 1.
1068 StABL, AA 1010, 2 A, Lade L. 83, A 14, p 1.
1069 Die Anzeige der öffentlichen Versteigerung der Weiher von Riehen, Liestal, Arisdorf, Langenbruck und Ormalingen erfolgte im Kantonsblatt Basel, Nr. 14 vom 5. April 1799, S. 406.
1070 StABS, Bau Y 5, Nr. 10, p 3.
1071 StABL, AA 1010, 2 A, Lade L. 83, A 15, p 1.
1072 StABL, AA 1010, 2 A, Lade L. 83, A 16, recto.
1073 Vgl. Rippmann, Liestal, S. 40.
1074 StABS, Bau Y 5, Nr. 10, p 1.
1075 StABL, AA 1010, 2 A, Lade L. 83, C 6, p 1.
1076 Laut Suter teilweise bis zum Ende des 19. Jahrhunderts, vgl. Suter, S. 69.
1077 Vgl. dazu StABL, AA 1010, 2 A, Lade L. 17, Nr. 152, p 1.
1078 StABS, Bau Y 5, Nr. 10, p 1.
1079 StABS, Bau Y 5, Nr. 10, p 3.
1080 Das massgebliche Werk darüber für die Basler Landschaft stammt von Huggel, Samuel: Die Einschlagsbewegung in der Basler Landschaft. Gründe und Folgen der wichtigsten agrarischen Neuerung im Ancien Régime, 2 Bde., Liestal, 1979.
1081 Vgl. dazu Amacher, S. 55-61.
1082 Vgl. dazu Idiotikon, Bd. 13, Sp. 829 und Amacher, S. 90–91.
1083 Vgl. dazu Idiotikon, Bd. 3, Sp. 307 und Amacher, S. 93.
1084 Alt-Basler Münzen, Masse und Gewichte, ohne Verfasser und Jahr, S. 7 [Alt-Basler Münzen].
1085 Dubler, Anne-Marie: Masse und Gewichte im Staat Luzern und in der alten Eidgenossenschaft, Luzern, 1975, S. 22 [Dubler].
1086 Alt-Basler Münzen, S. 7.
1087 Alt-Basler Münzen, S. 8.
1088 Alt-Basler Münzen, S. 9.
1089 Othenin-Girard, S. 463.
1090 Dubler, S. 44.
1091 Alt-Basler Münzen, S. 10.
1092 Othenin-Girard, S. 463.
1093 Nah dran, weit weg. Bd. 3, S. 219.
1094 Othenin-Girard, S. 463.
1095 Nach den Einträgen in Harms, Bde. 1–3. Auf ganze Münzeinheiten gerundet.
1096 Bei der Nase handelt es sich eigentlich um einen Flussfisch, der aber auch im Teuchelweiher gehalten wurde.
1097 Als «Salmen» wird der im Rhein aufsteigende Lachs bezeichnet, als «Lachs» der absteigende.
1098 Nach StABS, Bau Y 5, Nr. 2.
1099 Nach den Einträgen in Harms, Bd. 1.

Bildnachweis

1 Bruckner, Bd. 23
2 Bruckner, Bd. 11
3 Bruckner, Bd. 11
4 Bruckner, Bd. 2
5 Bruckner, Bd. 5
6 Bruckner, Bd. 5
7 Bruckner, Bd. 5
8 Staatsarchiv Basel-Stadt, BILD Falk. Fb 3, 1
9 Staatsarchiv Basel-Stadt, BILD Falk. Fb 3, 7
10 Bruckner, Bd. 23
11 Hüster Plogmann, Heide (Hg.): Fisch und Fischer aus zwei Jahrtausenden. Eine fischereiwirtschaftliche Zeitreise durch die Nordwestschweiz, Forschungen in Augst 39, Abb. 19, S. 38 [Hüster]
12 Hüster, Abb. 15, S. 34
13 Nah dran, weit weg, Bd. 2, S. 61
14 Staatsarchiv Basel-Landschaft, SL 5250 0052 BD2 448 r
15 Staatsarchiv Basel-Landschaft, SL 5250 0052 BD2 424 r
16 Staatsarchiv Basel-Landschaft, AA 1010, 2A, Lade L. 83, B2, Nr. 15 (Reproduktion M. Geu)
17 Staatsarchiv Basel-Landschaft , SL 5250 0052 BD3 699 v
18 Bruckner, Bd. 20
19 Staatsarchiv Basel-Landschaft, SL 5250 0052 BD3 531 v
20 Grafik M. Geu
21 Staatsarchiv Basel-Landschaft, SL 5250 0052 BD2 425 v
22 Hüster, Abb. 103, S. 166
23 Bruckner, Bd. 4
24 Hüster, Abb. 49, S. 98
25 Staatsarchiv Basel-Landschaft, SL 5250 0052 BD2 425 r
26 Staatsarchiv Basel-Landschaft, AA 1010, 2A, Lade L. 19, Nr. 2 (Reproduktion M. Geu)
27 ETH-Bibliothek Zürich, Bildarchiv/Stiftung Luftbild Schweiz / Fotograf: Friedli, Werner / LBS_H1-013673 / CC BY-SA 4.0
28 Fotografie M. Geu
29 Fotografie M. Geu
30 Fotografie M. Geu
31 Fotografie M. Geu
32 Fotografie M. Geu
33 Staatsarchiv Basel-Landschaft, KP 5003 0232 b
34 Fotografie M. Geu
35 Fotografie M. Geu
36 Fotografie M. Geu
37 Fotografie M. Geu

Fotografie von Nase (S. 36) und Karpfen (S. 102) beide aus Hüster, S. 209 resp. S. 211